中国高等职业技术教育研究会推荐
高等职业教育精品课程
高等职业教育"十三五"规划教材

数控加工工艺与编程

（第2版）

杨 丰　邓元山　主编
黄登红　主审

国防工业出版社
·北京·

内 容 简 介

本书是根据"高职高专教育专业人才培养目标及基本规格"的要求,结合数控操作工国家职业技能鉴定标准编写的。

本书主要介绍常用的数控加工工艺分析和设计的方法及应用,并详细讲述 FANUC 数控系统的编程方法、技巧及其应用实例。全书共 5 个模块,内容包括数控加工基础知识、数控铣削、加工中心、数控车削以及数控电火花与线切割的加工工艺与编程。在各个模块中根据各工种(岗位)的典型工作内容,以项目为纽带,以任务为载体,把相关工艺知识、编程知识和编程技能有机地结合,便于采用"项目导向、任务驱动"教学法,具有较强的可操作性。

本书可作为高等职业院校数控技术应用相关专业教学用书,也可作为其他职业教育的培训教程以及相关技术人员的参考用书。

图书在版编目(CIP)数据

数控加工工艺与编程/杨丰,邓元山主编. —2 版
. —北京:国防工业出版社,2020.1
ISBN 978-7-118-12017-2

Ⅰ.①数… Ⅱ.①杨…②邓… Ⅲ.①数控机床-加工-高等职业教育-教材②数控机床-程序设计-高等职业教育—教材 Ⅳ.TG659

中国版本图书馆 CIP 数据核字(2020)第 002489 号

※

*国防工業出版社*出版发行
(北京市海淀区紫竹院南路 23 号 邮政编码 100048)
三河市天利华印刷装订有限公司印刷
新华书店经销

*

开本 787×1092 1/16 印张 19 字数 418 千字
2020 年 1 月第 2 版第 1 次印刷 印数 1—4000 册 定价 49.00 元

(本书如有印装错误,我社负责调换)

国防书店:(010)88540777   发行邮购:(010)88540776
发行传真:(010)88540755   发行业务:(010)88540717

高等职业教育机电类专业规划教材
编审专家委员会名单

主任委员　　方　新（北京联合大学教授）

　　　　　　　刘跃南（深圳职业技术学院教授）

委　　员　　（按姓氏笔画排列）

　　　　　　　白冰如（西安航空职业技术学院副教授）

　　　　　　　刘　炯（国防工业出版社副编审）

　　　　　　　刘克旺（青岛职业技术学院副教授）

　　　　　　　刘建超（成都航空职业技术学院教授）

　　　　　　　闫大建（北京科技职业学院副教授）

　　　　　　　米国际（西安航空学院教授）

　　　　　　　李景仲（辽宁省交通高等专科学校副教授）

　　　　　　　徐时彬（四川工商职业技术学院副教授）

　　　　　　　郭紫贵（张家界航空工业职业技术学院副教授）

　　　　　　　蒋敦斌（天津职业大学教授）

　　　　　　　韩玉勇（枣庄科技职业学院副教授）

　　　　　　　颜培钦（广东交通职业技术学院副教授）

总 策 划　　江洪湖

总　　序

　　在我国高等教育从精英教育走向大众化教育的过程中,作为高等教育重要组成部分的高等职业教育快速发展,已进入提高质量的时期。在高等职业教育的发展过程中,各高校在专业设置、实训基地建设、双师型师资的培养、专业培养方案的制定等方面不断进行教学改革。高等职业教育的人才培养还有一个重点就是课程建设,包括课程体系的科学合理设置、理论课程与实践课程的开发、课件的编制、教材的编写等。这些工作需要每一位高职教师付出大量的心血,高职教材就是这些心血的结晶。

　　高等职业教育机电类专业赶上了我国现代制造业崛起的时代,中国的制造业要从制造大国走向制造强国,需要一大批高素质的、工作在生产一线的技术应用型人才,这就要求我们高等职业教育机电类专业的教师们担负起这个重任。

　　高等职业教育机电类专业的教材一要反映制造业的最新技术,因为高职学生毕业后马上要去现代制造业企业的生产一线顶岗,我国现代制造业企业使用的技术更新很快;二要反映某项技术的方方面面,使高职学生能对该项技术有全面的了解;三要深入某项需要高职学生具体掌握的技术,便于教师组织教学时切实使学生掌握该项技术或技能;四要适合高职学生的学习特点,便于教师组织教学时因材施教。要编写出高质量的高职教材,还需要我们高职教师的艰苦工作。

　　国防工业出版社组织了一批具有丰富教学经验的高职教师所编写的数控、模具、汽车、自动化、机电设备等方面的教材反映了这些专业的教学成果,相信这些专业的成功经验又必将随着本系列教材这个载体进一步推动其他院校的教学改革。

方新

《数控加工工艺与编程》
编委会

主　编　杨　丰　邓元山

副主编　冯　娟　周秦源

参　编　（按姓氏笔画排列）

　　　　　王晓磊　田小静　许文斌　宋宏明

　　　　　杨延华　赵　熹　崔　静

主　审　黄登红

前　言

近年来，随着数控机床的广泛使用，社会对数控应用型人才的需求呈现高速增长态势，"如何培养出受企业欢迎的数控技能人才"成为职业教育界关注的热点问题。作为解决这一热点问题的一种尝试，"项目导向、任务驱动"的教学改革正在各个高职院校广泛开展。

"项目导向、任务驱动"教学法是一种以职业岗位典型实践项目为中心，将教学目标融入各项目中，通过完成项目来达到教学目标的教学方法。项目教学法不以学科为中心来组织教学内容，不强调知识的系统性、完整性，而是从职业活动的实际需要出发，强调能力本位和知识的"必需、够用"原则，注重知识、技能传授与职业岗位实践项目紧密结合，让学生学有所用、学以致用。

本书主要介绍常用的数控加工工艺分析和设计的方法及应用，并详细讲述FANUC数控系统的编程方法、技巧及其应用实例。全书共5个模块26个项目，内容包括数控加工基础知识、数控铣削、加工中心、数控车削及数控电火花与线切割的加工工艺与编程。在各个模块中根据各工种（岗位）的典型工作内容，以项目为纽带，以任务为载体，把相关工艺知识、编程知识和编程技能有机的结合，便于采用"项目导向、任务驱动"教学法，具有较强的可操作性。

本书由长沙航空职业技术学院杨丰（教授、数控高级技级），中国航发南方工业有限公司邓元山（全国技术能手、中国航发技能大师）任主编，西安航空职业技术学院冯娟、张家界航空工业职业技术学院周秦源任副主编。参与本书编写工作的有杨丰（项目2、9、17、21、23、24），黄登红（项目11、13、14），长沙航空职业技术学院许文斌（项目1），长沙航空职业技术学院宋宏明（项目26），冯娟（项目3、4、6、8），西安航空职业技术学院田小静（项目5），周秦源（项目19、20），陕西工业职业技术学院崔静（项目15、22、25），陕西航空职业技术学院王晓磊（项目7），西安航空学院杨延华（项目16、18），陕西国防工业职业技术学院赵熹（项目10、12）。全书由杨丰负责统稿，黄登红任主审。

本书在编写过程中得到了中国高等职业技术教育研究会、长沙航空职业技术学院、西安航空职业技术学院、张家界航空工业职业技术学院、陕西工业职业技术学院、陕西航空职业技术学院、西安航空学院的大力支持与帮助，在此表示衷心感谢！国防工业出版社在编写过程中给予了很多技术和资源上的大力支持，在此表示衷心感谢！

尽管我们为本书的编写付出了极大的努力，但对于如何适应职业教育改革创新要求，符合职业能力培养的需要还欠缺实践经验。因此，对于本书中的不当之处，敬请读者批评指正。

编　者

目　　录

模块一　数控加工基础知识

项目1　数控机床基础知识 ·· 2
　1.1　数控机床简介 ··· 2
　　1.1.1　数控机床的产生 ·· 2
　　1.1.2　数控机床的组成 ·· 2
　　1.1.3　数控机床的分类 ·· 3
　1.2　数控加工 ··· 6
　　1.2.1　数控加工概念 ··· 6
　　1.2.2　数控加工过程 ··· 6
　　1.2.3　数控加工的特点 ·· 7
　1.3　数控机床的发展趋势 ·· 7
　思考题与习题 ·· 8

项目2　数控编程基础知识 ·· 9
　2.1　数控编程简介 ··· 9
　　2.1.1　数控编程的概念 ·· 9
　　2.1.2　数控编程方法 ··· 9
　2.2　数控编程格式 ··· 11
　　2.2.1　数控程序的结构 ·· 11
　　2.2.2　程序段 ··· 11
　　2.2.3　程序字 ··· 12
　思考题与习题 ·· 12

模块二　数控铣削加工工艺与编程

项目3　数控铣削加工基础 ··· 14
　3.1　数控铣床简介 ··· 14
　　3.1.1　数控铣床的分类 ·· 14
　　3.1.2　数控铣削的加工对象 ·· 15
　3.2　数控铣削加工工艺 ·· 16
　　3.2.1　数控铣削加工工艺的主要内容 ···································· 16
　　3.2.2　数控铣削加工工序划分与设计 ···································· 16
　　3.2.3　数控铣削加工工艺文件 ·· 18
　3.3　数控铣床坐标系 ·· 20

  3.3.1 数控铣床坐标系简介 ……………………………………………… 20
  3.3.2 机床原点和参考点 …………………………………………………… 21
  3.3.3 工件坐标系与工件原点 ……………………………………………… 22
 3.4 **数控铣床基本编程指令** ……………………………………………………… 22
  3.4.1 准备功能 G 指令 ……………………………………………………… 22
  3.4.2 辅助功能 M 指令 ……………………………………………………… 23
  3.4.3 主轴功能 S 指令 ……………………………………………………… 25
  3.4.4 进给功能 F 指令 ……………………………………………………… 25
 思考题与习题 …………………………………………………………………………… 25

项目 4 平面铣削加工 ……………………………………………………………………… 26
 4.1 任务描述 ……………………………………………………………………………… 26
 4.2 知识链接 ……………………………………………………………………………… 26
  4.2.1 平面铣削的工艺知识 ………………………………………………… 26
  4.2.2 编程指令 ……………………………………………………………… 29
 4.3 任务实施 ……………………………………………………………………………… 33
  4.3.1 加工工艺的确定 ……………………………………………………… 33
  4.3.2 参考程序编制 ………………………………………………………… 34
 思考题与习题 …………………………………………………………………………… 35

项目 5 轮廓铣削加工 ……………………………………………………………………… 36
 5.1 任务描述 ……………………………………………………………………………… 36
 5.2 知识链接 ……………………………………………………………………………… 36
  5.2.1 轮廓铣削的工艺知识 ………………………………………………… 36
  5.2.2 编程指令 ……………………………………………………………… 41
 5.3 任务实施 ……………………………………………………………………………… 48
  5.3.1 加工工艺的确定 ……………………………………………………… 48
  5.3.2 参考程序编制 ………………………………………………………… 49
 思考题与习题 …………………………………………………………………………… 51

项目 6 孔加工 ……………………………………………………………………………… 53
 6.1 任务描述 ……………………………………………………………………………… 53
 6.2 知识链接 ……………………………………………………………………………… 53
  6.2.1 孔加工的工艺知识 …………………………………………………… 53
  6.2.2 编程指令 ……………………………………………………………… 60
 6.3 任务实施 ……………………………………………………………………………… 69
  6.3.1 加工工艺的确定 ……………………………………………………… 69
  6.3.2 参考程序编制 ………………………………………………………… 70
 思考题与习题 …………………………………………………………………………… 72

项目 7 键槽加工 …………………………………………………………………………… 73
 7.1 任务描述 ……………………………………………………………………………… 73
 7.2 知识链接 ……………………………………………………………………………… 73

   7.2.1 键槽加工的工艺知识 …………………………………………………… 73
   7.2.2 局部坐标系指令 G52 ………………………………………………… 74
  7.3 任务实施 ……………………………………………………………………… 75
   7.3.1 加工工艺的确定 ……………………………………………………… 75
   7.3.2 参考程序编制 ………………………………………………………… 77
 思考题与习题 …………………………………………………………………………… 81

项目 8 型腔加工 …………………………………………………………………… 82
  8.1 任务描述 ……………………………………………………………………… 82
  8.2 知识链接 ……………………………………………………………………… 82
   8.2.1 型腔加工的工艺知识 ………………………………………………… 82
   8.2.2 编程指令 ……………………………………………………………… 83
  8.3 任务实施 ……………………………………………………………………… 84
   8.3.1 加工工艺的确定 ……………………………………………………… 84
   8.3.2 参考程序编制 ………………………………………………………… 86
 思考题与习题 …………………………………………………………………………… 87

项目 9 宏程序铣削加工 ……………………………………………………………… 88
  9.1 任务描述 ……………………………………………………………………… 88
  9.2 知识链接 ……………………………………………………………………… 88
   9.2.1 球面加工工艺知识 …………………………………………………… 88
   9.2.2 宏程序 ………………………………………………………………… 89
  9.3 任务实施 ……………………………………………………………………… 95
   9.3.1 加工工艺的确定 ……………………………………………………… 95
   9.3.2 参考程序编制 ………………………………………………………… 96
 思考题与习题 …………………………………………………………………………… 100

项目 10 数控铣削加工综合实例 1 ……………………………………………………… 101
  10.1 任务描述 …………………………………………………………………… 101
  10.2 任务实施 …………………………………………………………………… 101
   10.2.1 加工工艺的确定 …………………………………………………… 101
   10.2.2 参考程序编制 ……………………………………………………… 103
 思考题与习题 …………………………………………………………………………… 108

项目 11 数控铣削加工综合实例 2 ……………………………………………………… 109
  11.1 任务描述 …………………………………………………………………… 109
  11.2 任务实施 …………………………………………………………………… 109
   11.2.1 加工工艺的确定 …………………………………………………… 109
   11.2.2 参考程序编制 ……………………………………………………… 112
 思考题与习题 …………………………………………………………………………… 116

模块三 加工中心加工工艺与编程

项目 12 加工中心加工基础 …………………………………………………………… 118

12.1 加工中心简介 …………………………………………………………… 118
　12.1.1 加工中心概述 …………………………………………………… 118
　12.1.2 加工中心的分类 ………………………………………………… 118
　12.1.3 铣削加工中心的加工对象 ……………………………………… 121
12.2 加工中心的自动换刀系统 ……………………………………………… 123
　12.2.1 加工中心的自动换刀装置 ……………………………………… 123
　12.2.2 加工中心的换刀方式 …………………………………………… 124
思考题与习题 ………………………………………………………………… 127

项目 13　加工中心加工综合实例 1 ……………………………………… 128
13.1 任务描述 ………………………………………………………………… 128
13.2 知识链接 ………………………………………………………………… 128
　13.2.1 关于参考点的 G 代码 …………………………………………… 128
　13.2.2 加工中心换刀功能及应用 ……………………………………… 129
13.3 任务实施 ………………………………………………………………… 130
　13.3.1 加工工艺的确定 ………………………………………………… 130
　13.3.2 参考程序编制 …………………………………………………… 132
思考题与习题 ………………………………………………………………… 135

项目 14　加工中心加工综合实例 2 ……………………………………… 136
14.1 任务描述 ………………………………………………………………… 136
14.2 知识链接 ………………………………………………………………… 136
　14.2.1 可编程镜像加工指令 …………………………………………… 136
　14.2.2 坐标系旋转指令 ………………………………………………… 138
14.3 任务实施 ………………………………………………………………… 139
　14.3.1 加工工艺的确定 ………………………………………………… 139
　14.3.2 参考程序编制 …………………………………………………… 142
思考题与习题 ………………………………………………………………… 147

模块四　数控车削加工工艺与编程

项目 15　数控车削的加工基础 …………………………………………… 149
15.1 数控车削简介 …………………………………………………………… 149
　15.1.1 数控车床的组成及布局 ………………………………………… 149
　15.1.2 数控车床的分类 ………………………………………………… 150
　15.1.3 数控车削的加工对象 …………………………………………… 151
15.2 数控车削加工工艺 ……………………………………………………… 152
　15.2.1 数控车削加工工艺的主要内容 ………………………………… 152
　15.2.2 数控车削加工工序划分与设计 ………………………………… 155
　15.2.3 数控车削加工工艺文件 ………………………………………… 160
15.3 数控车床的坐标系 ……………………………………………………… 161
　15.3.1 数控车床坐标系的确定 ………………………………………… 161

15.3.2　机床原点和参考点 ·········· 161
　　　15.3.3　工件坐标系与工件原点 ·········· 162
　15.4　数控车床基本编程指令 ·········· 163
　　　15.4.1　准备功能 G 指令 ·········· 163
　　　15.4.2　进给功能 F 指令 ·········· 164
　　　15.4.3　刀具功能 T 指令 ·········· 164
　思考题与习题 ·········· 164

项目 16　外圆与端面加工 ·········· 165
　16.1　任务描述 ·········· 165
　16.2　知识链接 ·········· 165
　　　16.2.1　外圆与端面加工工艺知识 ·········· 165
　　　16.2.2　编程指令 ·········· 167
　16.3　任务实施 ·········· 173
　　　16.3.1　加工工艺的确定 ·········· 173
　　　16.3.2　参考程序编制 ·········· 175
　思考题与习题 ·········· 176

项目 17　车槽与切断加工 ·········· 177
　17.1　任务描述 ·········· 177
　17.2　知识链接 ·········· 177
　　　17.2.1　车槽与切断加工的工艺知识 ·········· 177
　　　17.2.2　编程指令 ·········· 179
　17.3　任务实施 ·········· 180
　　　17.3.1　加工工艺的确定 ·········· 180
　　　17.3.2　参考程序编制 ·········· 181
　思考题与习题 ·········· 183

项目 18　外成形面加工 ·········· 184
　18.1　任务描述 ·········· 184
　18.2　知识链接 ·········· 184
　　　18.2.1　外成形面加工的工艺知识 ·········· 184
　　　18.2.2　编程指令 ·········· 187
　18.3　任务实施 ·········· 196
　　　18.3.1　加工工艺的确定 ·········· 196
　　　18.3.2　参考程序编制 ·········· 197
　思考题与习题 ·········· 198

项目 19　孔加工 ·········· 200
　19.1　任务描述 ·········· 200
　19.2　知识链接 ·········· 200
　　　19.2.1　孔加工的工艺知识 ·········· 200
　　　19.2.2　编程指令 ·········· 202

19.3　任务实施 ………………………………………………………………… 205
　　　　19.3.1　加工工艺的确定 ………………………………………………… 205
　　　　19.3.2　参考程序编制 …………………………………………………… 207
　　思考题与习题 ……………………………………………………………………… 209

项目20　螺纹加工 …………………………………………………………………… 211
　　20.1　任务描述 …………………………………………………………………… 211
　　20.2　知识链接 …………………………………………………………………… 211
　　　　20.2.1　螺纹加工的工艺知识 …………………………………………… 211
　　　　20.2.2　编程指令 ………………………………………………………… 215
　　20.3　任务实施 …………………………………………………………………… 218
　　　　20.3.1　加工工艺的确定 ………………………………………………… 218
　　　　20.3.2　参考程序编制 …………………………………………………… 220
　　思考题与习题 ……………………………………………………………………… 221

项目21　宏程序车削加工 …………………………………………………………… 223
　　21.1　任务描述 …………………………………………………………………… 223
　　21.2　知识链接 …………………………………………………………………… 223
　　　　21.2.1　非圆曲线的加工方法 …………………………………………… 223
　　　　21.2.2　宏程序的使用 …………………………………………………… 224
　　21.3　任务实施 …………………………………………………………………… 226
　　　　21.3.1　加工工艺的确定 ………………………………………………… 226
　　　　21.3.2　参考程序编制 …………………………………………………… 227
　　思考题与习题 ……………………………………………………………………… 229

项目22　数控车削加工综合实例1 ………………………………………………… 230
　　22.1　任务描述 …………………………………………………………………… 230
　　22.2　知识链接 …………………………………………………………………… 230
　　　　22.2.1　多线螺纹的加工方法 …………………………………………… 230
　　　　22.2.2　多线螺纹加工的编程 …………………………………………… 231
　　22.3　任务实施 …………………………………………………………………… 233
　　　　22.3.1　加工工艺的确定 ………………………………………………… 233
　　　　22.3.2　参考程序编制 …………………………………………………… 235
　　思考题与习题 ……………………………………………………………………… 237

项目23　数控车削加工综合实例2 ………………………………………………… 238
　　23.1　任务描述 …………………………………………………………………… 238
　　23.2　任务实施 …………………………………………………………………… 238
　　　　23.2.1　加工工艺的确定 ………………………………………………… 238
　　　　23.2.2　参考程序编制 …………………………………………………… 241
　　思考题与习题 ……………………………………………………………………… 245

项目24　车削中心编程与加工 ……………………………………………………… 246
　　24.1　任务描述 …………………………………………………………………… 246

  24.2 知识链接 ··· 246
    24.2.1 车削中心简介 ·· 246
    24.2.2 车削中心编程指令 ·· 247
  24.3 任务实施 ··· 251
    24.3.1 加工工艺的确定 ·· 251
    24.3.2 参考程序编制 ·· 253
  思考题与习题 ··· 256

模块五 数控电火花与线切割加工工艺与编程

项目25 数控线切割加工 ··· 258
  25.1 任务描述 ··· 258
  25.2 知识链接 ··· 258
    25.2.1 数控线切割加工简介 ·· 258
    25.2.2 加工条件选用 ·· 261
    25.2.3 数控线切割编程基础 ·· 264
  25.3 任务实施 ··· 269
    25.3.1 加工工艺的确定 ·· 269
    25.3.2 参考程序编制 ·· 270
  思考题与习题 ··· 271

项目26 数控电火花加工 ··· 272
  26.1 任务描述 ··· 272
  26.2 知识链接 ··· 272
    26.2.1 数控电火花加工简介 ·· 272
    26.2.2 数控电火花加工工艺 ·· 274
    26.2.3 数控电火花加工编程基础 ·· 279
  26.3 任务实施 ··· 284
    26.3.1 加工工艺的确定 ·· 284
    26.3.2 参考程序编制 ·· 285
  思考题与习题 ··· 286

参考文献 ··· 287

模块一

数控加工基础知识

项目1 数控机床基础知识
项目2 数控编程基础知识

项目1 数控机床基础知识

1.1 数控机床简介

1.1.1 数控机床的产生

1. 数控机床的定义

数控技术,简称数控(Numerical Control,NC),是利用数字化信息对机械运动及加工过程进行控制的一种方法。由于现代数控都采用了计算机进行控制,因此,也可以称为计算机数控(Computerized Numerical Control,CNC)。

采用数控技术进行控制的机床,称为数控机床(NC机床)。它是一种综合应用了计算机技术、自动控制技术、精密测量技术和机床设计等先进技术的典型机电一体化产品,是现代制造技术的基础。数控机床也是数控技术应用最早、最广泛的领域,因此,数控机床的水平代表了当前数控技术的性能、水平和发展方向。

2. 数控机床的产生和发展

1948年,美国帕森斯公司(Parsons)接受美国空军委托,研制直升飞机螺旋桨叶片轮廓检验用样板的加工设备。由于样板形状复杂多样,精度要求高,一般加工设备难以适应,于是提出采用数字脉冲控制机床的设想。1949年,该公司与美国麻省理工学院(MIT)开始共同研究,并于1952年3月研制成功了世界上第一台数控机床——三坐标数控铣床。之后,随着电子技术,特别是计算机技术的发展,数控机床不断更新换代。

第一代数控机床:从1952年至1959年,采用电子管元件。

第二代数控机床:从1959年开始,采用晶体管电路。

第三代数控机床:从1965年开始,采用集成电路。

第四代数控机床:从1970年开始,采用大规模集成电路及小型通用计算机。

第五代数控机床:从1974年开始,采用微处理器或微型计算机。

第六代数控机床:20世纪90年代以后,基于PC的通用型CNC系统。

数控机床经历的六个时代可以分为两个阶段。前三代数控系统是20世纪70年代以前的早期数控系统,它们都是采用电子电路实现的硬接线数控系统,因此称为硬件数控系统,也称为NC系统。它的特点是具有很多的硬件电路和连接点,电路复杂,可靠性不好,这是数控系统发展的第一阶段。后三代数控系统是20世纪70年代中期发展起来的软件式数控系统,称为软件数控系统(CNC系统)。它的特点是控制和运算主要由软件来完成,容易扩大功能、柔性好、可靠性高。

1.1.2 数控机床的组成

数控机床主要由输入/输出装置、数控装置、伺服系统、强电控制装置、机床本体和检测装置六部分组成,如图 1-1 所示。

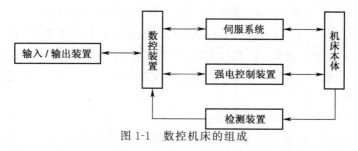

图 1-1 数控机床的组成

1. 输入/输出装置

输入/输出装置的作用是将数控加工信息输入数控装置,输入的内容及数控系统的工作状态可通过输出装置观察。常见的输入/输出装置有纸带阅读机、盒式磁带录音机、磁盘驱动器、CRT 及各种显示器件等。

2. 数控装置(CNC 装置)

数控装置是数控机床的控制核心,其主要作用是接受输入的工件加工程序或操作命令,经译码、处理与计算,发出相应控制命令到相应的执行部件(伺服系统和强电控制装置等),完成工件加工程序或操作者所要求的工作。

3. 伺服系统

伺服系统包括主轴伺服系统和进给伺服系统。主轴伺服系统的主要作用是实现工件加工的切削运动,其控制量为速度;进给伺服系统的主要作用是实现工件加工的成形运动,其控制量为速度和位置,特点是能灵敏、准确地实现数控装置的位置和速度指令。

4. 强电控制装置

强电控制装置包括 PLC 和机床 I/O 电路及装置,主要完成以下任务:

(1)接受 CNC 的 M、S、T 指令,对其进行译码并转换成对应的控制信号,控制辅助装置完成机床相应的开关动作。

(2)接受操作面板和机床侧的 I/O 信号,送给 CNC 装置;经其处理后,输出指令,控制 CNC 系统的工作状态和机床的动作。

5. 机床本体

机床本体是数控系统的控制对象,是实现加工工件的执行部件。其主要由主运动部件(主轴、主运动传动机构)、进给运动部件(工作台、拖板及相应的传动机构)、支撑件(立柱、床身等)以及特殊装置、自动工件交换(APC)系统、自动刀具交换(ATC)系统和辅助装置(如冷却、润滑、排屑、转位和夹紧装置等)组成。

6. 检测装置

检测装置是指位置和速度检测装置,它是实现主运动和进给运动的速度、位置闭环控制的必要装置。

1.1.3 数控机床的分类

1. 按工艺用途分类

1)切削加工类

此类数控机床具有切削加工功能,是数控机床的主要类型。其又可分为两类:

(1) 普通数控机床。普通数控机床是指数控车床、数控铣床、数控钻床、数控镗床、数控磨床等，其工艺用途与传统车床、铣床、钻床、镗床、磨床等基本相似。

(2) 加工中心。加工中心的主要特点是具有刀库和自动换刀装置，工件一次装夹后可进行多种工序加工。主要有铣、镗类加工中心和车削中心两类：前者一般简称加工中心，主要完成铣、镗、钻、铰、攻螺纹等加工；后者以完成各种车削加工为主，还能利用自驱动刀具完成铣削功能。

2) 成形加工类

此类是指具有通过物理方法改变工件形状功能的数控机床，如数控折弯机、数控冲床、数控弯管机和数控旋压机等。

3) 特种加工类

此类是指具有特种加工功能的数控机床，如数控电火花线切割机床、数控电火花成形机床、带有自动换电极功能的"电加工中心"、数控激光切割机床、数控激光热处理机床、数控激光板料成形机床和数控等离子切割机等。

4) 其他类型

此类是指一些广义上的数控设备，如数控装配机、数控测量机、数控绘图仪等。

2. 按控制运动的方式分类

1) 点位控制数控机床

该机床只对点的位置进行控制，即只控制刀具或工作台，从一个点（坐标位置）准确、快速地移动到下一个点（坐标位置），移动过程中不进行任何加工，如图1-2所示。这类数控机床主要有数控钻床、数控坐标镗床和数控冲床等。

2) 直线控制数控机床

这类数控机床不仅要求控制机床运动部件从一点精确地到另一点，还要控制两相关点之间的移动速度和轨迹（图1-3）。其轨迹可以是与一轴平行的直线，也可以是与坐标轴成45°夹角的直线，但不能是任意角度的直线。这类数控机床主要有简易数控车床、数控镗铣床等。

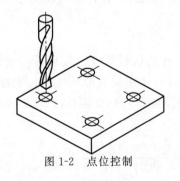

图1-2 点位控制

图1-3 直线控制

3) 轮廓控制数控机床

这种数控机床具有控制两个或两个以上的坐标轴同时协调运动的能力，即坐标轴联动，使刀具相对于工件按程序规定的轨迹和速度运动，能在运动过程中进行连续切削加工，如图1-4所示。这类数控机床有数控车床、数控铣床、数控磨床和加工中心等，现代的数控机床基本上都是这种类型。若根据其联动轴数还可细分为2轴、2.5轴（任意2轴联动,第3轴周期进给)、3轴、多轴联动等数控机床。联动轴数越多,加工程序的编写越难,通常3轴联动以上的工件加工程序采用自动编程系统编写。

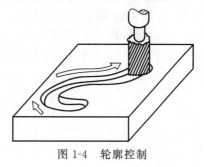

图 1-4　轮廓控制

3. 按进给伺服系统类型分类

1) 开环伺服数控机床

开环伺服数控机床没有位置反馈装置,如图 1-5 所示,即控制装置发出的信号流是单向的(数控装置→进给系统)。工作台的移动速度和位移量是由输入脉冲的频率和脉冲数决定的,改变脉冲的频率和数目,即可控制工作台的速度和位移量。该系统一般以步进电动机为伺服驱动元件,具有结构简单、工作稳定、调试方便、维修简单、价格低廉等优点,适用于精度和速度要求不高的场合。目前,主要用于经济型数控机床。

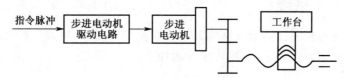

图 1-5　开环伺服数控机床

2) 闭环伺服数控机床

闭环伺服数控机床是在机床移动部件上安装有直线位移检测装置,用以检测工作台的实际位移量,并将其与 CNC 装置计算出的指令位置相比较,用差值进行控制,如图 1-6 所示。理论上讲,可以消除整个驱动和传动环节的误差、间隙和失动量,具有很高的位置控制精度。但由于位置环内的许多机械传动环节的摩擦特性、刚性和间隙都是非线性的,很容易造成系统不稳定。因此闭环系统的设计、安装和调试都有相当的难度,对其环节的精度、刚性和传动特性等都有较高的要求,故价格昂贵。这类系统主要用于高精度数控机床和大型数控机床。

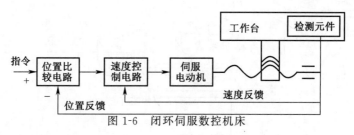

图 1-6　闭环伺服数控机床

3) 半闭环伺服数控机床

半闭环数控机床的进给伺服系统如图 1-7 所示。半闭环数控系统的位置检测点是从伺服电动机(常用交、直流伺服电动机)或丝杠端引出,通过检测电动机和丝杠旋转角度来间接检测工作台的位移量,而不是直接检测工作台的实际位置。由于在半闭环环路内不包括或只包括少量机械传动环节,可获得较稳定的控制性能。其系统稳定性虽不如开环系统,但比闭环系统要好。另外,在位置环内各组成环节的运动误差可得到某种程度的纠正,位置环外不能直接消除的丝杠螺距误差、齿轮间隙引起的运动误差等,可通过软件补偿来提高运动精度,所以在现代 CNC 机床中得到了广泛的应用。

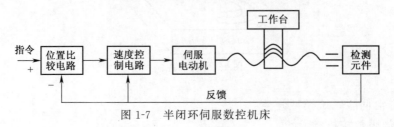

图 1-7 半闭环伺服数控机床

1.2 数控加工

1.2.1 数控加工概念

数控加工就是根据零件原始条件编制零件数控加工程序,输入数控系统,控制数控机床中刀具与工件的相对运动,从而完成零件的加工。

1.2.2 数控加工过程

数控加工过程如图 1-8 所示。首先要将零件图样上的几何信息和工艺信息数字化,即将刀具与工件的相对运动轨迹、加工过程中主轴速度和进给速度的变换、冷却液的开关、工件和刀具的交换等控制和操作,按规定的代码和格式编成加工程序,然后将该程序送入数控系统。数控系统则按照程序的要求,先进行相应的运算、处理,然后发出控制命令,使各坐标轴、主轴以及辅助动作相互协调,实现刀具与工件的相对运动,自动完成零件的加工。

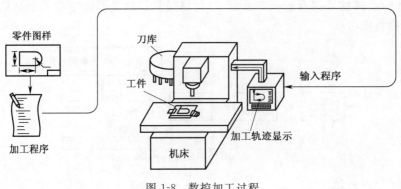

图 1-8 数控加工过程

1.2.3 数控加工的特点

数控机床具有如下加工特点。

1. 加工精度高

数控机床本身的精度比较高,一般数控机床的定位精度为±0.01mm,重复定位精度为±0.005mm,并且加工过程是自动进行的,避免了操作者人为造成的误差,所以数控机床的加工精度高,且同一批工件的尺寸一致性好,加工质量稳定。

2. 具有高的柔性

数控机床加工是由加工程序控制的,加工对象改变时,只要重新编制程序,就可以完成工件的加工。因此数控机床既适用零件频繁更换的场合,也适合于单件小批生产及产品的开发,可缩短生产准备周期,有利于机械产品的更新换代。

3. 生产率高

数控机床的刚性较好,可以采用较高的切削参数,充分发挥刀具的切削性能,减少切削时间;同时,数控加工时,一般可以自动换刀,工序相对集中,减少了辅助时间。

4. 有利于生产管理的现代化

数控机床使用数字信息与标准代码处理、传递信息,特别是在数控机床上使用计算机控制,为使用计算机辅助设计、制造以及管理一体化奠定了基础。

1.3 数控机床的发展趋势

随着科学技术突飞猛进地发展,数控机床正不断采用计算机、控制理论等领域的最新技术成就,使其朝着高速化、高精度化、复合化、智能化、高柔性化及网络化等方向发展。

1. 高速化

由于数控装置和伺服系统功能的改进,数控机床的主轴转速和进给速度大大提高,减少了切削时间和辅助时间。目前,加工中心的主轴转速已达到30000~50000r/min,最高的可达100000r/min以上;工作台的移动速度(进给速度),在分辨率为1μm时,高达100m/min(有的达到200m/min)以上,在分辨率为0.1μm时,高达24m/min以上;自动换刀速度在1s以内;小线段插补进给速度达到12m/min。

2. 高精度化

高精度化一直是数控机床发展追求的目标,它包括机床的几何精度、定位精度和切削精度三个方面。目前,普通数控机床的定位精度可达±0.005mm~±0.001mm,重复定位精度可达0.0005mm,精整加工精度已提高到0.1μm,并进入了亚微米级,不久超精度加工将进入纳米时代(加工精度达0.01μm)。

3. 复合化

数控机床的复合化是通过增加机床的功能,减少工件加工过程中的多次装夹、重新定位、对刀等辅助工艺时间,来提高机床利用率,因此复合化加工是现代机床技术发展的另一重要方面。

复合化有两重含义:一是工序和工艺的集中,即在一台机床上一次装夹可完成多工种、多工序的任务,例如,数控车床向车削中心发展,加工中心则趋向功能更多等;二是指工艺的成套,即企业向着复合型发展,以期为用户提供成套服务。

4. 智能化

21世纪的CNC系统将是一个高度智能化的系统。具体是指系统应在局部或全部实现加工过程中自适应、自诊断和自调整;多媒体人机接口使用户操作简单,智能编程使编程更加直观,可使用自然语言编程;加工数据的自生成及智能数据库;智能监控;采用专家系统以降低对操作者的要求等。

5. 高柔性化

数控机床向柔性自动化系统发展的趋势:从点(数控单机、加工中心和数控复合加工机床)、线(FMC、FMS、FTL、FML)向面(工段车间独立制造岛、FA)、体(CIMS、分布式网络集成制造系统)的方向发展,另一方面向注重应用性和经济性方向发展。

6. 网络化

实现多种通信协议,既满足单机需要,又能满足FMS(柔性制造系统)、CIMS(计算机集成制造系统)对基层设备的要求。配置网络接口,通过Internet可实现远程监视和控制加工,进行远程检测和诊断,使维修变得简单。建立分布式网络化制造系统,可便于形成"全球制造"。

思考题与习题

1-1 数控机床主要包括哪几部分?简述各部分的作用。

1-2 何谓点位控制、直线控制、轮廓控制?三者有何区别?

1-3 比较开环伺服系统、半闭环伺服系统和闭环伺服系统的数控机床的不同点。

1-4 简述数控加工的特点。

1-5 简述数控机床的发展趋势。

项目 2 数控编程基础知识

2.1 数控编程简介

2.1.1 数控编程的概念

数控机床是一种高效的自动化加工设备,它严格按照加工程序自动对被加工工件进行加工。从数控系统外部输入的直接用于加工的程序称为数控加工程序,简称为数控程序,它是机床数控系统的应用软件。数控编程是指从零件图样到获得数控加工程序的全部工作过程。

2.1.2 数控编程方法

数控加工程序的编制方法主要有两种:手工编程和自动编程。

1. 手工编程

手工编程就是从分析零件图样、制订工艺方案、数值计算、编写零件加工程序单、程序输入到程序校验等主要由人工完成的编程过程。手工编程的步骤如图2-1所示。

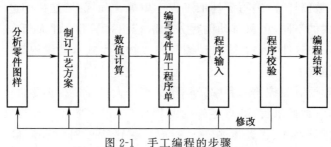

图 2-1 手工编程的步骤

1)分析零件图样

编程人员要根据零件图样对工件的材料、形状、尺寸及技术要求进行分析。通过分析,明确加工的内容和要求,确定哪些加工内容适宜在数控机床上加工,并结合数控机床使用的基础知识,如数控机床的规格、性能、数控系统的功能等,确定加工方法和加工路线。

2)制订工艺方案

在分析零件图样的基础上,确定加工方案,选择适合的数控机床,选择或设计刀具和夹具,确定合理的走刀路线及选择合理的切削用量等。

3)数值计算

在确定了工艺方案后,就需要根据零件的几何尺寸、加工路线等,计算刀具中心运动轨迹,以获得刀位数据。对于一些由圆弧、直线组成的简单零件,能够通过数学方法手工计算出有关各点的坐标值；对于复杂零件，一般需要使用计算机辅助计算，否则难以完成。

数值计算一般涉及两类点的计算：基点和节点。基点指构成零件轮廓的不同几何素线的交点或切点。手工编程时的数值计算的主要任务是求各基点的坐标。

当加工由复杂曲线或型面构成的零件时，由于大多数数控机床只具有直线和圆弧插补功能，无法直接加工出非圆曲线廓形，而要用若干直线或圆弧来逼近曲线廓形，称为拟合处理。拟合线段的交点或切点称为节点。

4）编写零件加工程序

根据计算出的运动轨迹坐标值和已确定的加工顺序、刀具号、切削参数以及辅助动作等，按照规定的指令代码和程序格式，逐段编写加工程序。

5）程序输入

把编制好的加工程序输入数控机床。

6）程序校验

一般在正式加工之前，要对程序进行检验。通常可采用机床空运转的方式，来检查机床动作和运动轨迹的正确性，以检验程序。在具有图形模拟显示功能的数控机床上，可通过显示走刀轨迹或模拟刀具对工件的切削过程，对程序进行检查。对于形状复杂和要求高的零件，也可采用铝件、塑料或石蜡等易切材料进行试切来检验程序。当发现加工的零件不符合加工技术要求时，需要修改程序再试，直到加工出满足图样要求的零件为止。

2. 自动编程

自动编程也称为计算机（或编程机）辅助编程，即程序编制工作的大部分或全部由计算机完成，如完成数值计算、编写零件加工程序单等，有时甚至能帮助进行工艺处理。

根据输入方式的不同，可将自动编程分为数控语言编程（如 APT 语言）、图形交互式编程（如 CAD/CAM 软件）、语音式自动编程和实物模型式自动编程等。

1）数控语言编程

数控语言编程要有数控语言和编译程序。编程人员需要根据零件图样要求用一种直观易懂的编程语言（数控语言）编写零件的源程序（源程序描述零件形状、尺寸、几何元素之间相互关系及进给路线、工艺参数等），相应的编译程序对源程序自动地进行编译、计算、处理，最后得出加工程序。数控语言编程中使用最多的是 APT 数控编程语言系统。

2）图形交互式编程

图形交互式编程是以计算机绘图为基础的自动编程方法，需要 CAD/CAM 自动编程软件支持。在编程时编程人员首先利用计算机辅助设计（CAD）功能，构建出零件几何形状，然后对零件图样进行工艺分析，确定加工方案，其后还需利用软件的计算机辅助制造（CAM）功能，完成工艺方案的制订、切削用量的选择、刀具及其参数的设定，自动计算并生成刀位轨迹文件，利用后置处理功能生成指定数控系统用的加工程序。

3）语音式自动编程

语音式自动编程是利用人的声音作为输入信息，并与计算机和显示器直接对话，令计算机编出数控加工程序的一种方法。语音编程系统编程时，编程员只需对着话筒讲出所需指令即可。编程前应使系统"熟悉"编程员的"声音"，即首次使用该系统时，编程员必须对着话筒讲该系统约定的各种词汇和数字，让系统记录下来并转换成计算机可以接受的数字命令。

4)实物模型式自动编程

实物模型式自动编程适用于有模型或实物,而无尺寸的零件加工的程序编制。因此,这种编程方式应具有一台坐标测量机,用于模型或实物的尺寸测量,再由计算机将所测数据进行处理,最后控制输出设备,输出零件加工程序单或穿孔纸带。这种方法也称为数字化技术自动编程。

2.2 数控编程格式

2.2.1 数控程序的结构

一个完整的数控程序由程序号(程序名)、程序主体和程序结束三部分组成。例如:

O1000　　　　　　　　　　　　　　　　　程序号
N10　G00　G54　X50　Y30　M03　S3000;
N20　G01　X88.1　Y30.2　F500　T02　M08;
N30　X90;　　　　　　　　　　　　　　　程序主体
　…
　…
N300　M30;　　　　　　　　　　　　　　程序结束

由上述程序可知:程序主体由若干程序段组成,程序段由若干字组成,每个字又由字母和数字组成。字组成程序段,程序段组成程序。

1)程序号

程序号为程序的开始部分,为了区别存储器中的程序,每个程序都要有程序编号。在FANUC系列数控系统中,一般用O开头,后跟0001～9999数字。

2)程序主体

它表示数控加工要完成的全部动作,是整个程序的核心。程序主体是由若干个程序段组成的,每个程序段一般占一行。

3)程序结束

以程序结束指令M02或M30作为整个程序结束的符号,来结束整个程序。

2.2.2 程序段

1. 程序段格式

程序段格式是指一个程序段中字、字符、数据的书写规则,通常有字地址可变程序段格式、使用分隔符的程序段格式和固定程序段格式,最常用的为字地址可变程序段格式。

字地址可变程序段格式用地址码来指明指令数据的意义,因此程序段中的程序字数目是可变的,程序段的长度也就是可变的。字地址可变程序段格式的优点是程序段中所包含的信息可读性高,便于人工编辑修改,是目前使用最广泛的一种格式。

2. 程序段组成

字地址可变程序段格式由程序段号、程序字和程序段结束符组成。例如:

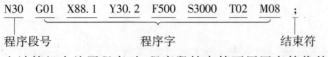

在计算机中编写程序时,程序段结束符可用回车符代替。

2.2.3 程序字

1. 字符与代码

字符是用来组织、控制或表示数据的一些符号,如数字、字母、标点符号、数学运算符等。国际上广泛采用国际标准化组织标准代码(ISO)和美国电子工业协会标准代码(EIA)。这两种标准代码的编码方法不同,在大多数现代数控机床上这两种代码都可以使用,只需用系统控制面板上的开关来选择,或用 G 功能指令来选择。

2. 程序字

程序字是指一系列按规定排列的字符,作为一个信息单元存储、传递和操作。程序字由一个英文字母与随后的若干位十进制数字组成,这个英文字母称为地址符。

例如:"Z50"是一个程序字,Z 为地址符,数字"50"为地址中的内容。

3. 程序字的功能

常用程序字的功能见表 2-1。

表 2-1 常用程序字的功能

字符	意 义	字符	意 义
A	关于 X 轴的角度尺寸	N	顺序号
B	关于 Y 轴的角度尺寸	O	程序号
C	关于 Z 轴的角度尺寸	P	固定循环参数
D	第二刀具功能	Q	固定循环参数
E	第二进给功能	R	固定循环参数
F	第一进给功能	S	主轴速度功能
G	准备功能	T	刀具功能
H	刀具偏置号	U	平行 X 轴的第二尺寸
I	X 轴分量	V	平行 Y 轴的第二尺寸
J	Y 轴分量	W	平行 Z 轴的第二尺寸
K	Z 轴分量	X	基本 X 尺寸
L	不指定或循环次数	Y	基本 Y 尺寸
M	辅助功能	Z	基本 Z 尺寸

思考题与习题

2-1 简述数控手工编程的步骤。

2-2 数控自动编程的方法有哪几种?各有何特点?

2-3 简述数控程序结构及组成。

模块二

数控铣削加工工艺与编程

项目 3　数控铣削加工基础
项目 4　平面铣削加工
项目 5　轮廓铣削加工
项目 6　孔加工
项目 7　键槽加工
项目 8　型腔加工
项目 9　宏程序铣削加工
项目 10　数控铣削加工综合实例 1
项目 11　数控铣削加工综合实例 2

项目3 数控铣削加工基础

3.1 数控铣床简介

3.1.1 数控铣床的分类

1. 按机床主轴的布置形式及机床的布局特点分类

数控铣床可分为立式数控铣床、卧式数控铣床、龙门数控铣床和立卧两用数控铣床等。

1)立式数控铣床

立式数控铣床的主轴轴线垂直于水平面,是数控铣床中最常见的一种布局方式,应用范围也最广,如图 3-1 所示。立式结构的铣床一般适用于加工盘、套、板类零件,一次装夹后,可对上表面进行铣、钻、扩、镗、铰、攻螺纹等工序以及侧面的轮廓加工。

2)卧式数控铣床

卧式数控铣床的主轴轴线平行于水平面,主要用于加工箱体类零件,如图 3-2 所示。为了扩大加工范围和扩充功能,通常采用增加数控转盘或万能数控转盘来实现 4 轴～5 轴加工。一次装夹后可完成除安装面和顶面以外的其余四个面的各种工序加工,尤其是万能数控转盘可以把工件上各种不同角度的加工面摆成水平面来加工,可以省去许多专用夹具或专用角度成形铣刀。

图 3-1 立式数控铣床　　　　图 3-2 卧式数控铣床

3)龙门数控铣床

如图 3-3 所示,对于大尺寸的数控铣床,一般采用对称的双立柱结构,以保证机床的整体刚性和强度,如数控龙门铣床,有工作台移动和龙门架移动两种形式。它适用于加工飞机整体结构件零件、大型箱体零件和大型模具等。

4)立卧两用数控铣床

如图 3-4 所示,也称万能式数控铣床,主轴可以旋转 90°或工作台带着工件旋转 90°,一次装夹后可以完成对工件五个表面的加工,即除了工件与转盘贴面的定位面外,其他表面都可以在一次安装中进行加工。其使用范围更广、功能更全,选择加工对象的余地更大,给用户带来了很多方便,特别是当生产批量小,品种较多,又需要立、卧两种方式加工时,用户只需要一台这样的机床就行了。

图 3-3　龙门数控铣床　　　　　图 3-4　立卧两用数控铣床

2. 按数控系统的功能分类

数控铣床可为经济型数控铣床、全功能数控铣床和高速铣削数控铣床等。

1)经济型数控铣床

一般采用经济型数控系统,采用开环控制,可以实现三坐标联动。

2)全功能数控铣床

采用半闭环控制或闭环控制,数控系统功能丰富,一般可以实现四坐标以上联动,加工适应性强,应用最广泛。

3)高速铣削数控铣床

高速铣削是数控加工的一个发展方向,技术已经比较成熟,已逐渐得到广泛的应用。

3.1.2 数控铣削的加工对象

与普通铣床相比,数控铣床具有加工精度高、加工零件形状复杂、加工范围广等特点。它除了能铣削普通铣床能铣削的各种零件表面外,还能铣削需二坐标～五坐标联动的各种平面轮廓和立体轮廓。就加工内容而言,数控铣床的加工内容与镗铣类加工中心的加工内容有许多相似之处,但从实际应用的效果来看,数控铣削加工更多地用于复杂曲面的加工,而加工中心更多地用于多工序零件的加工。适合数控铣削的加工对象主要有平面类零件、变斜角类零件和曲面类零件。

1. 平面类零件

这类零件的加工面平行或垂直于水平面,或加工面与水平面的夹角为定角(图 3-5)。其特点是各个加工面是平面,或可以展开成平面,目前在数控铣床上加工的大多数零件都是平面轮廓类零件。例如,图 3-5 中的曲线轮廓面 M 和正圆台面 N,展开后均为平面,P 为斜平面。

平面类零件是数控铣削加工中最简单的一类零件,一般只需用三坐标数控铣床的两坐标联动(即两轴半坐标联动)就可以把它们加工出来。

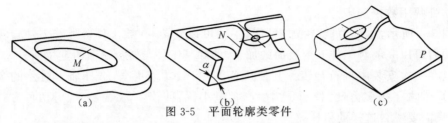

图 3-5 平面轮廓类零件

(a)带平面轮廓的平面类零件；(b)带正圆台和斜筋的平面类零件；(c)带斜平面的平面类零件。

2. 变斜角类零件

加工面与水平面的夹角呈连续变化的零件称为变斜角类零件(图 3-6)。这类零件的特点是加工面不能展开为平面，而且在加工中，加工面与铣刀接触的瞬间为一条直线。此类零件一般采用四坐标或五坐标数控铣床摆角加工，也可采用三坐标铣床，通过两轴半联动用鼓形铣刀分层近似加工，但精度稍差。

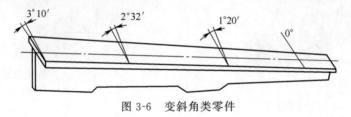

图 3-6 变斜角类零件

3. 曲面类零件

一般指具有三维空间曲面的零件，曲面通常由数学模型设计给出，因此往往要借用计算机来编程，其加工面不能展开成平面。加工时，铣刀与加工面始终为点接触，一般用球头铣刀采用两轴半或三轴联动的三坐标数控铣床加工。当曲面较复杂、通道较狭窄、会伤及毗邻表面及需刀具摆动时，要采用四坐标或五坐标数控铣床加工，如模具类零件、叶片类零件、螺旋桨类零件等。

3.2 数控铣削加工工艺

3.2.1 数控铣削加工工艺的主要内容

(1)通过零件图分析确定进行数控铣削加工的内容。

(2)结合加工表面的特点和数控设备的功能对零件进行数控铣削加工工艺分析；通过分析被加工零件的图样，针对零件加工结构内容及技术要求初步制订适当的工艺措施。

(3)进行数控铣削加工工艺设计，确定零件总体加工方案。包括选取零件的定位基准、装夹方案，加工路线的安排，确定工步内容、每一个工步所用的刀具、切削用量等。

(4)确定数控加工前的调整方案，如对刀方案、换刀点、刀具预调和刀具补偿方案。

3.2.2 数控铣削加工工序划分与设计

1. 数控铣削加工工序划分

1)数控铣削加工工序划分的原则

(1)以一次安装加工作为一道工序。这种方法适合于加工内容不多的工件，加工完后就能达到待检状态。

(2) 以刀具划分工序。以一把刀的加工内容作为一道工序,这样可以减少换刀时间,节省辅助时间。

(3) 以粗加工、精加工划分工序。对于容易发生变形的零件,由于粗加工后可能发生较大的变形而需要校形,所以一般要进行粗加工、精加工的都要将工序分开。

(4) 以加工部位划分工序。对于加工内容很多的零件,可按其结构特点将加工部位分成几个部分,如内形、外形、曲面或平面等。

2) 各工序的先后顺序安排

铣削加工零件划分工序后,各工序的先后顺序排定通常要考虑以下原则:

(1) 基面先行原则。用作精基准的表面应优先加工出来。

(2) 先粗后精原则。各个表面的加工顺序按照粗加工、半精加工、精加工、光整加工的顺序依次进行,逐步提高表面的加工精度和表面质量。

(3) 先主后次原则。零件的主要工作表面、装配基面应先加工,从而及早发现毛坯的内在缺陷;次要表面可穿插进行,放在主要表面加工到一定程度后、最终精加工之前进行。

(4) 先面后孔原则。这样安排有两个优点:一是用加工过的平面定位,稳定可靠;二是在加工过的平面上加工孔,可防止在孔口产生毛刺和飞边,孔加工的编程数据也容易确定(如 R 平面的高度),并能提高孔的加工精度,特别是钻孔时的轴线不容易钻斜。

3) 各工序顺序还应该考虑的其他因素

(1) 上道工序的加工不能影响下道工序的定位与夹紧。

(2) 先内腔后外形。

(3) 以相同定位夹紧方式或同一把刀具加工的工序,最好接连进行,以减少重复定位次数、换刀次数和挪动压紧元件次数。

(4) 在同一次安装中进行的多道工序,应先安排对工件刚性破坏较小的工序。

2. 数控铣削加工工艺设计

1) 加工方案的确定

数控铣削的零件加工面无非是一些平面、曲面、型腔和孔等,按照反推法原则,首先按照各表面的加工精度和表面粗糙度要求确定最终的加工方法,再确定前面一系列的粗加工方法,即获得各表面的加工方案。

2) 确定装夹方案

在确定零件的装夹方式时,应力求使设计基准、工艺基准和编程计算基准统一,同时还应力求装夹次数最少。在选择夹具时,一般应注意以下几点:

(1) 尽量采用通用夹具、组合夹具,必要时才设计专用夹具。

(2) 工件的定位基准应与设计基准保持一致,注意防止过定位干涉现象,且便于工件的安装,决不允许出现欠定位的情况。

(3) 由于在数控机床上通常一次装夹完成工件的多道工序,因此应防止工件夹紧引起的变形对工件加工造成的不良影响。

(4) 夹具在夹紧工件时,要使工件上的加工部位开放,夹紧机构上的各部件不得妨碍走刀。

(5)尽量使夹具的定位、夹紧装置部位无切屑积留,清理方便。

3)确定加工工艺

即各工序的先后次序,填写工艺卡。

4)进给路线的确定

编程时,确定进给路线的原则主要有以下几点:

(1)使被加工工件具有良好的加工精度和表面质量(如表面粗糙度)。

(2)能够使数值计算简单,程序段数量少,简化程序,减少编程工作量。

(3)应尽量缩短加工路线,减少空行程时间以提高加工效率。

5)刀具的确定

数控刀具的确定原则:

(1)选用刚性和耐用度高的刀具,以缩短对刀和换刀的停机时间。

(2)刀具尺寸稳定,安装调整简便。

6)切削参数的确定

切削参数的确定原则:

(1)粗加工以提高生产率为主,半精加工和精加工以加工质量为主。

(2)注意拐角处的过切和欠切。

3.2.3 数控铣削加工工艺文件

数控加工工艺文件既是数控加工和产品验收的依据,也是操作者必须遵守和执行的规程。对于不同的数控机床和不同的加工要求,工艺文件的内容和格式有所不同,目前尚无统一的国家标准。下面介绍数控铣削加工常用的工艺文件。

1. 数控加工工序卡

数控加工工序卡与普通机械加工工序卡有较大的区别。数控加工一般采用工序集中,每一加工工序可划分为多个工步,工序卡不仅包含每一工步的加工内容,还应包含其程序号、所用刀具类型、刀具号和切削用量等内容。它不仅是编程人员编制程序时必须遵循的基本工艺文件,同时也是指导操作人员进行数控机床操作和加工的主要资料。表3-1所列为数控加工工序卡的基本形式。

表3-1 数控加工工序卡

数控加工工艺卡片		产品名称	零件名称	材料	零件图号	
			支承套	45钢		
工序号	程序编号	夹具名称	夹具编号	使用设备	车 间	
30	01001	专用夹具		XK713		
工步号	工步内容	刀具号	主轴转速 /(r/min)	进给速度 /(mm/min)	背吃刀量 /mm	侧吃刀量 /mm	备注
1	粗铣上表面	T01	300	150	0.7	80	
2	精铣上表面	T01	500	100	0.3	80	
3	外轮廓粗加工	T02	400	120	8		
4	外轮廓精加工	T03	2000	250		0.3	

2. 数控加工刀具卡

主要反映使用刀具的名称、编号、规格、长度和半径补偿值等内容,它是调刀人员准备和调整刀具、机床操作人员输入刀补参数的主要依据。表 3-2 所列为数控加工刀具卡的基本形式。

表 3-2 数控加工刀具卡

数控加工		工序号		程序编号		产品名称		零件名称		材料		零件图号	
刀具卡片		30		01001						45 钢			
序号	刀具号	刀具名称		刀具规格/mm		补偿值/mm		刀补号				备注	
				直径	长度	半径	长度	半径	长度				
1	T01	端铣刀(6 齿)		φ100	实测							硬质合金	
2	T02	立铣刀(3 齿)		φ16	实测	8.3		D01				高速钢	
3	T03	立铣刀(4 齿)		φ16	实测	8		D02				硬质合金	

3. 数控加工走刀路线图

主要反映刀具进给路线,该图应准确描述刀具从起刀点开始,直到加工结束后返回终点的轨迹,如图 3-7 所示。它不仅是程序编制的依据,同时也便于机床操作者了解刀具运动路线(如下刀位置、抬刀位置等),计划好夹紧位置及控制夹紧元件的高度,以避免碰撞事故的发生。

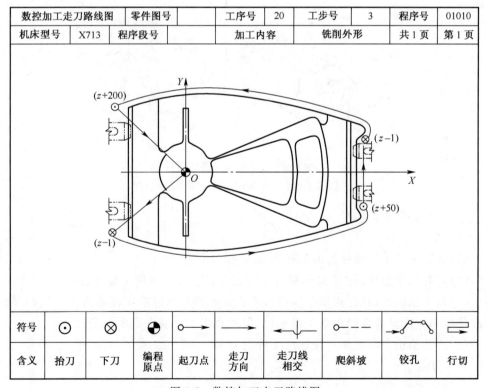

图 3-7 数控加工走刀路线图

4. 数控加工程序单

由编程人员根据前面的工艺分析情况,经过数值计算,按照数控机床的程序格式和指令代码编制,即工艺过程代码化。编程前一定要注意所使用机床的数控系统,要按照机床说明书规定的代码来编写程序。

3.3 数控铣床坐标系

3.3.1 数控铣床坐标系简介

数控机床上,为确定机床运动的方向和距离,必须要有一个坐标系才能实现,把这种机床固有的坐标系称为机床坐标系。为了使数控机床规划化(标准化、开放化)及简化编程,国际标准化组织 ISO 对数控机床坐标系作了统一规定,即 ISO 841 标准。

1. 数控机床坐标系的有关规定

(1)假定刀具相对于静止的工件而运动的原则。这个原则规定,加工时无论是刀具运动还是工件运动,均假定刀具运动而工件静止。

(2)采用右手笛卡儿直角坐标系原则。三个移动轴的关系如图 3-8(a)所示,拇指指向 X 轴、食指指向 Y 轴、中指指向 Z 轴,规定增大刀具与工件距离的方向为各轴正向。三个旋转轴与三个移动轴的关系如图 3-8(b)所示,其正方向根据右手螺旋法则确定。

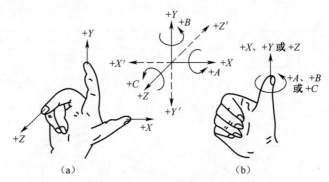

图 3-8 右手笛卡儿直角坐标系
(a)右手笛卡儿直角坐标系;(b)右手螺旋法则。

2. 坐标轴的确定

1) Z 坐标

(1)规定平行于主轴轴线的坐标为 Z 坐标。

(2)若有几根主轴,则 Z 坐标平行于垂直工件装夹表面的一根主轴。

(3)若主轴能摆动(在摆动范围内),Z 坐标就是只与标准坐标系的一个坐标平行的坐标或是能与标准坐标系的多个坐标平行,但垂直于工件装夹表面的坐标。

(4)Z 轴的正方向是使刀具远离工件的方向。

2) X 坐标

一般为水平方向。

(1)在刀具旋转的机床上。

①若 Z 轴是水平的,则从主轴向工件看(从机床后面向前看),X 轴的正向指向右边。

②若 Z 轴是垂直的,从主轴向立柱看(从机床正面看),对于单立柱机床,X 轴的正向指向右边。

③对于双立柱机床,从主轴向左侧立柱看时,X 轴的正向指向右边。

(2)在工件旋转的机床上。X 坐标为径向,刀具远离工件为 X 轴的正向。

3) Y 坐标

确定 X、Z 坐标的正方向后,用右手笛卡儿直角坐标系确定 Y 坐标的方向。

4) 附加坐标系

如果在 X、Y、Z 主要轴之外,还有平行于它们的直线运动坐标轴,可分别指定为 U、V、W。如还有第三组运动,则分别指定为 P、Q、R。回转坐标轴在 A、B、C 之外,还可指定 D、E、F 轴。

图 3-9、图 3-10、图 3-11 分别为立式数控铣床、卧式数控铣床和五坐标联动机床的坐标系,图中带"'"的字母表示工件相对刀具运动的方向。

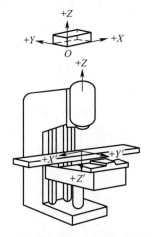

图 3-9 立式数控铣床坐标系

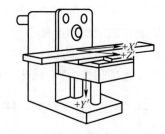

图 3-10 卧式数控铣床坐标系

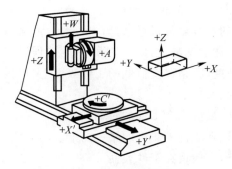

图 3-11 五坐标联动机床坐标系

3.3.2 机床原点和参考点

1. 机床原点

机床原点是指在机床上设置的一个固定点,即机床坐标系的原点。它在机床装配、调试时就已确定下来,是数控机床进行加工运动的基准参考点,在数控机床的使用说明书上均有说明。数控铣床的原点一般设置在各轴正向极限位置,如图 3-12 中的 O_1 点。

21

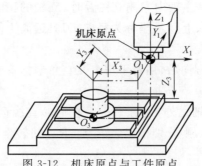

图 3-12 机床原点与工件原点

2. 机床参考点

机床参考点是机床坐标系中一个固定不变的位置点,是用于对机床工作台、滑板与刀具相对运动的测量系统进行标定和控制的点。参考点的位置是由机床制造厂家在每个进给轴上用限位开关精确调整好的,坐标值已输入数控系统中,通常在参考点的坐标为零。因此参考点对机床原点的坐标是一个已知数。通常在数控铣床上机床原点和机床参考点是重合的。

采用增量式测量的数控机床开机后,都必须做回零操作,即利用 CRT/MDI 控制面板上的功能键和机床操作面板上的有关按钮,使刀具或工作台退回到机床参考点。此操作的目的就是在机床各进给轴运动方向上寻找参考点,并在参考点处完成机床位置检测系统的归零操作,同时建立起机床坐标系。

3.3.3 工件坐标系与工件原点

编程时,编程人员选择工件上的某一已知点为原点建立一个平行于机床各轴方向的坐标系,该坐标系称为工件坐标系,也称为编程坐标系。工件上选定的点则称为工件原点,也称为编程原点,如图 3-12 中的 O_3 点。

工件原点在工件上的位置虽可任意选择,但一般应遵循以下原则:

(1)尽量选在工件图样的基准上,便于计算,减少错误,以利于编程。

(2)尽量选在尺寸精度高、粗糙度值低的工件表面上,以提高被加工件的加工精度。

(3)要便于测量和检验。

(4)对于对称的工件,最好选在工件的对称中心上。

(5)对于一般零件,选在工件外轮廓的某一角上。

(6)Z 轴方向的原点,一般设在工件表面。

3.4 数控铣床基本编程指令

3.4.1 准备功能 G 指令

准备功能主要用来建立机床或控制系统的工作方式,跟在地址 G 后面的数字决定了该指令的具体含义。G 代码分为下面两类:

(1)模态 G 代码。在指令同组其他 G 代码之前,该 G 代码一直有效。

(2)非模态 G 代码。该 G 代码只在指令它的程序段有效。

表 3-3 为 FANUC 0i 数控铣削系统常用 G 指令表。

表 3-3　FANUC 0i 数控铣削系统常用 G 指令表

G 代码	组	功　能	G 代码	组	功　能
*G00	01	快速移动点定位	G56	14	选择工件坐标系 3
G01		直线插补	G57		选择工件坐标系 4
G02		顺时针圆弧插补	G58		选择工件坐标系 5
G03		逆时针圆弧插补	G59		选择工件坐标系 6
G04	00	暂停	G60	00	单方向定位
G09		准确停止	G61	15	准确停止方式
G10		数据设定	G62		自动拐角倍率
*G11		数据设定状态取消	G63		攻丝方式
G15	17	极坐标指令取消	*G64		切削方式
G16		极坐标指令	G65	00	宏程序调用
*G17	02	XY 平面选择	G66	12	宏程序模态调用
G18		ZX 平面选择	*G67		宏程序模态调用取消
G19		YZ 平面选择	G68	16	坐标旋转
G20	06	英寸	*G69		坐标旋转取消
*G21		毫米	G73	09	高速深孔钻循环
G22	04	存储行程检测功能有效	G74		左旋攻丝循环
G23		存储行程检测功能无效	G76		精镗循环
G27	00	返回参考点检测	*G80		取消固定循环
G28		自动返回第一参考点	G81		钻孔循环
G29		从参考点返回	G82		钻孔循环
G30		返回第二、三、四参考点	G83		深孔钻循环
G31		跳转功能	G84		攻丝循环
G33	01	螺纹切削	G85		镗孔循环
*G40	07	刀具半径补偿取消	G86		镗孔循环
G41		刀具半径左补偿	G87		背镗循环
G42		刀具半径右补偿	G88		镗孔循环
G43	08	刀具长度正补偿	G89		镗孔循环
G44		刀具长度负补偿	*G90	03	绝对值编程
*G49		刀具长度补偿取消	G91		增量值编程
*G50	11	比例缩放取消	G92	00	设定工件坐标系或最大主轴速度
G51		比例缩放有效			
*G50.1	22	可编程镜像取消	*G94	05	每分进给
G51.1		可编程镜像有效	G95		每转进给
G52	00	局部坐标系设定	G96	13	恒表面速度控制
G53		选择机床坐标系	*G97		恒表面速度控制取消
*G54	14	选择工件坐标系 1	*G98	10	固定循环返回到初始点
G55		选择工件坐标系 2	G99		固定循环返回到 R 点

注：1. 带 * 的是上电时或复位时各模态 G 代码所处的状态（可以通过参数设置进行修改）。

2. 不同组的 G 代码在同一个程序段中可以指令多个。如果在同一个程序段中指令了多个同组的 G 代码，仅执行最后的 G 代码。

3. 除了 G10、G11 以外的 00 组 G 代码都是非模态 G 代码

3.4.2　辅助功能 M 指令

辅助功能 M 代码是控制机床或系统的辅助功能动作的，如冷却泵的开、关，主轴的

正、反转,程序结束等。当运动指令和辅助功能指令出现在一个程序段时,M功能分为下面两类:

(1)前作用M功能。先执行辅助功能指令后执行轴运动指令。

(2)后作用M功能。先执行轴运动指令后执行辅助功能指令。

表3-4为FANUC 0i数控铣削系统常用M指令表。

表3-4 FANUC 0i数控铣削系统常用M指令表

M代码	功 能	前作用M功能	后作用M功能	备 注
M00	程序停止		√	非模态
M01	程序选择停止		√	非模态
M02	程序结束		√	非模态
M03	主轴正转	√		模态
M04	主轴反转	√		模态
M05	主轴停止		√	模态
M06	换刀			非模态
M07	冷却液开	√		模态
M08	冷却液开	√		模态
M09	冷却液关		√	模态
M18	主轴定向解除		√	非模态
M19	主轴定向	√		非模态
M30	程序结束并返回		√	非模态
M98	子程序调用	√		模态
M99	子程序调用返回		√	模态

1. 程序停止指令M00

M00指令实际上是一个暂停指令,其在包含M00的程序段执行之后,自动运行停止。当程序停止时,所有存在的模态信息保持不变,用循环启动使自动运行重新开始。该指令主要用于工件在加工过程中需停机检查、测量零件、手工换刀或交接班等。

2. 程序选择停止指令M01

M01指令的功能与M00相似,不同的是,M01只有在预先按下控制面板上"选择停止开关"按钮的情况下,程序才会停止。如果不按下"选择停止开关"按钮,程序执行到M01时不会停止,而是继续执行下面的程序。M01停止之后,按启动按钮可以继续执行后面的程序。该指令主要用于加工工件抽样检查、清理切屑等。

3. 程序结束指令M02、M30

M02指令的功能是程序全部结束。此时主轴停转、切削液关闭,数控装置和机床复位。

M30指令与M02指令的功能基本相同,不同的是,M30能自动返回程序起始位置,为加工下一个工件做好准备。

该指令写在程序的最后一段。

4. 主轴正转、反转、停止指令M03、M04、M05

M03表示主轴正转,M04表示主轴反转。所谓主轴正转,是从主轴向Z轴负向看,主轴顺时针转动;反之,则为反转。M05表示主轴停止转动。M03、M04、M05均为模态指令。

5. 冷却液开关指令 M07、M08、M09

M07 表示 2 号冷却液或雾状冷却液开。

M08 表示 1 号冷却液或液状冷却液开。

M09 表示关闭冷却液。

3.4.3 主轴功能 S 指令

主轴功能 S 指令用来指定主轴转速，其后的数值表示主轴速度，单位为 r/min。主轴功能 S 是模态指令。

【例 3-1】 S600：表示主轴转速为 600r/min。

3.4.4 进给功能 F 指令

进给功能 F 指令用来指定刀具相对于工件的合成进给速度，其单位有每分钟进给量（mm/min）和每转进给量（mm/r）两种情况，由准备功能指令 G94、G95 来设定。

注：在实际操作过程中，可以通过操作机床操作面板上的进给速度倍率开关来对进给速度值进行实时修正。

思考题与习题

3-1 数控铣床的加工对象有哪些？

3-2 数控铣削加工工序划分的原则有哪些？

3-3 什么叫机床坐标系？如何确定数控铣床坐标系的方向？

3-4 机床原点、工件原点、机床参考点三者之间有什么关系？

3-5 模态代码与非模态代码的区别是什么？

3-6 使用 M00 与 M01 的区别有哪些？

项目 4　平面铣削加工

4.1　任务描述

加工图 4-1 所示零件的上表面及台阶面(其余表面已加工)。毛坯为 100mm×80mm×32mm 长方块,材料为 45 钢,单件生产。

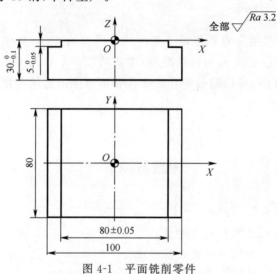

图 4-1　平面铣削零件

4.2　知识链接

4.2.1　平面铣削的工艺知识

1. 平面铣削的加工方法

平面铣削的加工方法主要有周铣和端铣两种。以立式数控铣床为例,用分布于铣刀圆柱面上的刀齿进行的铣削,称为周铣,如图 4-2(a)所示;用分布于铣刀端面上的刀齿进行的铣削,称为端铣,如图 4-2(b)所示。平面铣削时端铣更容易获得较高的表面质量和加工效率。

2. 平面铣削的刀具

选择刀具通常需要考虑机床的加工性能、工序内容以及工件材料等内容。数控加工不仅要求刀具的精度高、刚性好、耐用度高,而且要求尺寸稳定,安装调整方便。数控铣床兼作粗铣削、精铣削:粗铣时,要选强度高、耐用度高的刀具,以满足粗铣时大吃刀量、大进

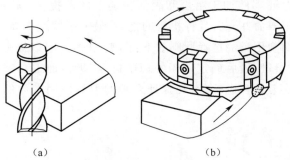

图 4-2 周铣和端铣
(a)周铣;(b)端铣。

给量的要求;精铣时,要选精度高、耐用度高的刀具,以保证加工精度的要求。此外,为减少换刀时间和方便对刀,应尽可能采用机夹刀和机夹刀片。

平面铣削的刀具主要有立铣刀(图 4-2(a))和面铣刀(图 4-2(b))。

1)立铣刀

立铣刀的圆周表面和端面上都有切削刃,圆周切削刃为主切削刃,主要用来铣削台阶面。一般 $\phi 20mm \sim \phi 40mm$ 的立铣刀铣削台阶面的质量较好。

2)面铣刀

面铣刀的圆周表面和端面上都有切削刃,端部切削刃为主切削刃,主要用来铣削大平面,以提高加工效率。

(1)面铣刀直径的选择。面铣刀的直径可参照下式选择:

$$D = (1.4 \sim 1.6)B$$

式中 D ——面铣刀直径(mm);

B——铣削宽度(mm)。

其选择依据可参考表 4-1。

表 4-1 面铣刀直径的数值

铣削宽度 B/mm	40	60	80	100	120	150	200
面铣刀直径 D/mm	50~63	80~100	100~125	125~160	160~200	200~250	250~315

(2)面铣刀齿数的选择。硬质合金面铣刀的齿数因粗齿、中齿及细齿而异(表 4-2)。粗齿面铣刀适用于钢件的粗铣,中齿面铣刀适用于铣削带有断续表面的铸件或对钢件的连续表面进行粗铣及精铣,细齿面铣刀适用于在机床功率足够的情况下对铸件进行粗铣或精铣。

表 4-2 硬质合金面铣刀的齿数

铣刀直径 D/mm		50	63	80	100	125	160	200	250	315	400	500	630
齿数	粗齿		3	4	5	6	8	10	12	16	20	26	32
	中齿	3	4	5	6	8	10	12	16	20	26	34	40
	细齿			8	10	12	18	24	32	40	52	64	80

3. 平面铣削的切削参数

数控编程时,编程人员必须确定每道工序的切削用量,并以指令的形式写入程序中。如图 4-3 所示,铣削加工的切削参数包括切削速度、进给速度、背吃刀量和侧吃刀量。切削用量的选择标准是:保证零件加工精度和表面粗糙度的前提下,充分发挥刀具切削性能,保证合理的刀具使用寿命并充分发挥机床的性能,最大限度地提高生产率,降低成本。

粗加工、精加工时切削用量的选择原则如下:粗加工时,一般以提高生产率为主,首先选择较大的吃刀量和进给量,最后确定适当的切削速度;半精加工和精加工时,以保证加工质量为主,采用小的吃刀量和进给量,在保证合理的刀具使用寿命的条件下,尽可能采用大的切削速度。

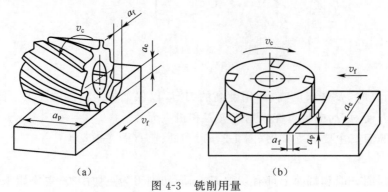

图 4-3 铣削用量

1)背吃刀量(端铣)或侧吃刀量(圆周铣)的选择

背吃刀量 a_p 为平行于铣刀轴线测量的切削层尺寸,单位为 mm。端铣时,a_p 为切削层深度,而圆周铣时,a_p 为被加工表面的宽度。

侧吃刀量 a_e 为垂直于铣刀轴线测量的切削层尺寸,单位为 mm。端铣时,a_e 为被加工表面的宽度,而圆周铣时,a_e 为切削层深度。

背吃刀量和侧吃刀量的选取主要由加工余量和对表面质量的要求决定:

(1)在要求工件表面粗糙度 Ra 为 12.5～25μm 时,如果圆周铣的加工余量小于 5mm,端铣的加工余量小于 6mm,粗铣一次进给就可以达到要求。但余量较大、数控铣床刚性较差或功率较小时,可分两次进给完成。

(2)在要求工件表面粗糙度 Ra 为 3.2～12.5μm 时,可分粗铣和半精铣两步进行,粗铣的背吃刀量与侧吃刀量取同。粗铣后留 0.5～1mm 的余量,在半精铣时完成。

(3)在要求工件表面粗糙度 Ra 为 0.8～3.2μm 时,可分为粗铣、半精铣和精铣三步进行。半精铣时背吃刀量与侧吃刀量取 1.5～2mm,精铣时,圆周侧吃刀量可取 0.3～0.5mm,端铣背吃刀量取 0.5～1mm。

2)进给速度 v_f 的选择

进给速度 v_f 与每齿进给量 f_z 有关。即

$$v_f = n z f_z$$

式中 v_f ——进给速度(mm/min);

n ——主轴转速(r/min);

z ——铣刀齿数;

f_z ——每齿进给量(mm/z)。

每齿进给量是数控铣床加工中的重要切削参数,根据零件的表面粗糙度、加工精度要求、刀具及工件材料等因素,参考切削用量手册或按表 4-3 选取。

表 4-3 铣刀每齿进给量

工件材料	每齿进给量/(mm/z)			
	粗铣		精铣	
	高速钢铣刀	硬质合金铣刀	高速钢铣刀	硬质合金铣刀
钢	0.10～0.15	0.10～0.25	0.02～0.05	0.10～0.15
铸铁	0.12～0.20	0.15～0.30		

3)切削速度 v_c 的选择

切削速度与刀具耐用度、每齿进给量、吃刀量以及铣刀齿数 z 成反比,而与铣刀直径成正比,此外还与工件材料、刀具材料和加工条件等因素有关。表 4-4 为铣削速度 v_c 的推荐范围。

表 4-4 铣削时的切削速度 v_c

工件材料	硬度/HBS	切削速度 v_c/(m/min)	
		高速钢铣刀	硬质合金铣刀
钢	<225	18～42	66～150
	225～325	12～36	54～120
	325～425	6～21	36～75
铸铁	<190	21～36	66～150
	190～260	9～18	45～90
	260～320	4.5～10	21～30

实际编程中,切削速度确定后,还要计算出主轴转速,其计算公式为

$$n = 1000v_c/(\pi d)$$

式中 v_c——切削线速度(m/min);

n——主轴转速(r/min);

d——刀具直径(mm)。

计算的主轴转速最后要参考机床说明书查看机床最高转速是否能满足需要。

4.2.2 编程指令

1. 有关单位的设定

1)尺寸单位指令(G21、G20)

功能:G21 为米制尺寸单位设定指令,G20 为英制尺寸单位设定指令。

说明:

(1)G20、G21 必须在设定坐标系之前,并在程序的开头以单独程序段指定。

(2)在程序段执行期间,均不能切换米制、英制尺寸输入指令。

(3)G20、G21 均为模态有效指令。

2)进给速度单位设定指令(G94、G95)

(1)每分钟进给模式 G94。

指令格式:G94 F_;

功能:该指令指定进给速度单位为每分钟进给量(mm/min),G94 为模态指令。

(2)每转进给模式 G95。

指令格式:G95 F_;

功能:该指令指定进给速度单位为每转进给量(mm/r),G95 为模态指令。

【例4-1】 G94 G01 X10 F200;表示进给速度为200mm/min。
         G95 G01 X10 F0.2;表示进给速度为0.2mm/r。

2. 有关坐标系的指令

1)工件坐标系设定指令 G92

指令格式:G92 X_Y_Z_;

式中 X、Y、Z——当前刀位点在新建工件坐标系中的初始位置。

指令说明:

(1)一旦执行G92指令建立坐标系,后续的绝对值指令坐标位置都是此工件坐标系中的坐标值。

(2)G92指令必须跟坐标地址字,必须单独一个程序段指定,且一般写在程序开始。

(3)在执行指令之前必须先进行对刀,通过调整机床,将刀位点放在程序所要求的起刀位置上。

(4)执行此指令刀具并不会产生机械位移,只建立一个工件坐标系。

(5)用G92指令设定工件坐标系时,程序起点和终点必须一致,这样才能保证重复加工不乱刀。

(6)采用G92设定的工件坐标系,不具有记忆功能,当机床关机后,设定的坐标系立即失效。

【例4-2】 如图4-4所示,坐标系设定指令为:G92 X20 Y10 Z10。

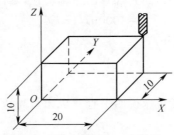

图4-4 G92设置加工坐标系

其确立的加工原点在距离刀具起始点 $X=-20,Y=-10,Z=-10$ 的位置上。使用时必须预先将刀具放置在工件坐标系下 X20 Y10 Z10 的位置,才能建立正确的坐标系。即执行G92时,机床不产生任何运动,只是记忆距离刀具当前位置 $X=-20,Y=-10,Z=-10$ 的那个点作为工件坐标系原点。在后面程序中如果使用G90模式,坐标都是相对于G92指令记忆的那个工件坐标系原点而言的。

2)工件坐标系选择指令(G54~G59)

指令格式:G54~G59 G90 G00 (G01) X_Y_Z_(F_);

式中 G54~G59——工件坐标系选择指令,可任选一个。

指令说明:

(1)G54~G59是系统预置的六个坐标系,可根据需要选用。

(2)G54~G59建立的工件坐标原点是相对于机床原点而言的,在程序运行前已设定好,在程序运行中是无法重置的。

(3)G54~G59预置建立的工件坐标原点在机床坐标系中的坐标值可用 MDI 方式输

入,系统自动记忆。

(4)使用该组指令前,必须先回参考点。

(5)G54~G59 为模态指令,可相互注销。

【例 4-3】 如图 4-5 所示,工件坐标系原点在机床坐标系中的坐标为(-400,-200,-300)。通过 CRT/MDI 面板,将此数据输入到选定的工件坐标系中(G54~G59 中任一个),即可建立工件坐标系。图 4-6 所示为利用 G54 建立工件坐标系。

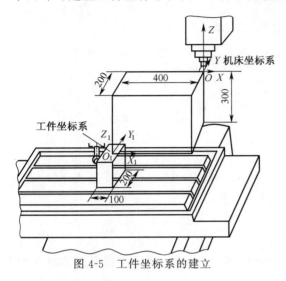

图 4-5　工件坐标系的建立　　　　图 4-6　G54 建立工件坐标系

3)选择机床坐标系指令 G53

指令格式:G53 G90 X_Y_Z_;

式中　X、Y、Z——机床坐标系中的坐标值。

【例 4-4】　G00 G53 X60 Y70 Z30;

该程序段表示选择机床坐标系,同时刀具快速移动到机床坐标系中的点(60,100,30)。

3. 绝对值编程 G90 与增量值编程 G91

指令说明:

G90——绝对值编程,每个编程坐标轴上的编程值是相对于程序原点的;

G91——增量值编程,每个编程坐标轴上的编程值是相对于前一位置而言的,该值等于沿轴移动的距离。

G90、G91 为模态功能,可相互注销,G90 为默认值。

【例 4-5】　如图 4-7 所示,分别使用 G90、G91 编程,控制刀具由 1 点移动到 2 点。

绝对值编程:G90 G01 X40 Y45 F100;

增量值编程:G91 G01 X20 Y30 F100。

4. 快速点定位指令 G00

指令格式:G00 X_Y_Z_;

式中　X、Y、Z——绝对编程时目标点在工件坐标系中的坐标;增量编程时刀具移动的距离。

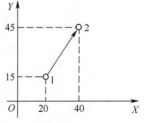

图 4-7　绝对编程与增量编程

31

指令说明:
(1)快速定位的速度由系统参数设定,不受 F 指令指定的进给速度影响。
(2)定位时各坐标轴以系统参数设定的速度移动,这样通常导致各坐标轴不能同时到达目标点,即 G00 指令的运动轨迹一般不是一条直线,而是折线。

【例 4-6】 如图 4-8 所示,使用 G00 编程,要求刀具从 A 点快速定位到 B 点。

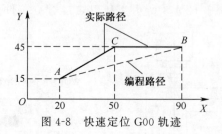

图 4-8 快速定位 G00 轨迹

绝对值编程:G90 G00 X90 Y45;
增量值编程:G91 G00 X70 Y30。

当 X 轴与 Y 轴的快进速度相同时,从 A 点到 B 点的快速定位路线为 $A \to C \to B$,即以折线的方式到达 B 点,而不是以直线方式从 $A \to B$。

5. 直线插补指令 G01

指令格式:G01 X_Y_Z_F_;

式中　X、Y、Z——绝对编程时目标点在工件坐标系中的坐标;增量编程时刀具移动的距离;

　　　F——合成进给速度。

指令说明:
(1)该指令严格控制起点与终点之间的轨迹为一直线,各坐标轴运动为联动,轨迹的控制通过数控系统的插补运算完成,因此称为直线插补指令。
(2)该指令用于直线切削,进给速度由 F 指令指明,若本指令段内无 F 指令,则续效之前的 F 值。
(3)G01 和 F 均为模态代码。

直线插补指令 G01,一般作为直线轮廓的切削加工运动指令,有时也用作很短距离的空行程运动指令,以防止 G00 指令在短距离高速运动时可能出现的惯性过冲现象。

【例 4-7】 如图 4-9 所示路径,要求用 G01 指令,坐标系原点 O 是程序起始点,要求刀具由 O 点快速移动到 A 点,然后沿 AB、BC、CD、DA 实现直线切削,再由 A 点快速返回程序起始点 O,其程序如下:

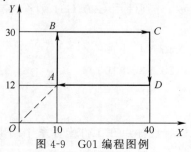

图 4-9 G01 编程图例

按绝对值编程方式：

O4001；   程序名
N10 G92 X0 Y0；   坐标系设定
N20 G90 G00 X10 Y12 M03 S600； 快速移至 A 点，主轴正转，转速 600r/min
N30 G01 Y30 F100；   直线进给 A→B，进给速度 100mm/min
N40 X40；   直线进给 B→C，进给速度不变
N50 Y12；   直线进给 C→D，进给速度不变
N60 X10；   直线进给 D→A，进给速度不变
N70 G00 X0 Y0；   返回原点 O
N80 M05；   主轴停止
N90 M30；   程序结束

4.3 任务实施

4.3.1 加工工艺的确定

1. 分析零件图样

该零件包含平面、台阶面的加工，尺寸精度约为 IT10，表面粗糙度全部为 $R_a 3.2\mu m$，没有形位公差项目的要求，整体加工要求不高。

2. 工艺分析

1）加工方案的确定

根据图样加工要求，上表面的加工方案采用端铣刀粗铣→精铣完成，台阶面用立铣刀粗铣→精铣完成。

2）确定装夹方案

加工上表面、台阶面时，可选用平口虎钳装夹，工件上表面高出钳口 10mm 左右。

3）确定加工工艺

加工工艺见表 4-5。

表 4-5 数控加工工序卡片

数控加工工艺卡片		产品名称	零件名称	材料	零件图号	
				45钢		
工序号	程序编号	夹具名称	夹具编号	使用设备	车间	
		虎钳				
工步号	工步内容	刀具号	主轴转速 /(r/min)	进给速度 /(mm/min)	背吃刀量 /mm	侧吃刀量 /mm	备注
1	粗铣上表面	T01	250	300	1.5	80	
2	精铣上表面	T01	400	160	0.5	80	
3	粗铣台阶面	T02	350	100	4.5	9.5	
4	精铣台阶面	T02	450	80	0.5	0.5	

4)进给路线的确定

铣上表面的走刀路线如图 4-10 所示,台阶面略。

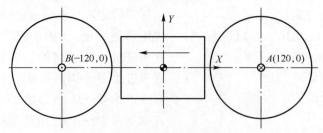

图 4-10 铣削上表面时的刀具进给路线

5)刀具及切削参数的确定

刀具及切削参数见表 4-6。

表 4-6 数控加工刀具卡

数控加工刀具卡片	工序号	程序编号	产品名称	零件名称	材料	零件图号
					45钢	
序号	刀具号	刀具名称	刀具规格/mm		补偿值/mm		刀补号		备注
			直径	长度	半径	长度	半径	长度	
1	T01	端铣刀(8齿)	φ125	实测					硬质合金
2	T02	立铣刀(3齿)	φ20	实测					高速钢

4.3.2 参考程序编制

1. 工件坐标系的建立

以图 4-1 所示零件的上表面中心为编程原点建立工件坐标系。

2. 基点坐标计算(略)

3. 参考程序

1)上表面加工

上表面加工使用面铣刀,其参考程序见表 4-7。

表 4-7 上表面加工程序

程 序	说 明
O4002	程序名
N10 G90 G54 G00 X120 Y0	建立工件坐标系,快速进给至下刀位置
N20 M03 S250	启动主轴,主轴转速 250r/min
N30 Z50 M08	主轴到达安全高度,同时打开冷却液
N40 G00 Z5	接近工件
N50 G01 Z0.5 F100	下刀,Z0.5
N60 X-120 F300	粗加工上表面
N70 Z0 S400	下刀,Z0,主轴转速 400r/min
N80 X120 F160	精加工上表面
N90 G00 Z50 M09	Z 向抬刀至安全高度并关闭冷却液
N100 M05	主轴停
N110 M30	程序结束

2) 台阶面加工

台阶面加工使用立铣刀，其参考程序见表 4-8。

表 4-8 台阶面加工程序

程 序	说 明
O4003	程序名
N10 G90 G54 G00 X-50.5 Y-60	建立工件坐标系，快速进给至下刀位置
N20 M03 S350	启动主轴，主轴转速 350r/min
N30 Z50 M08	主轴到达安全高度，同时打开冷却液
N40 G00 Z5	接近工件
N50 G01 Z-4.5 F100	下刀，Z-4.5
N60 Y60	粗铣左侧台阶
N70 G00 X50.5	快进至右侧台阶起刀位置
N80 G01 Y-60 F100	粗铣右侧台阶
N90 Z-5 S450	下刀 Z-5，主轴转速 450r/min
N100 X50	走至右侧台阶起刀位置
N110 Y60 F80	精铣右侧台阶
N120 G00 X-50	快进至左侧台阶起刀位置
N130 G01 Y-60 F80	精铣左侧台阶
N140 G00 Z50 M05 M09	Z 向抬刀至安全高度，并关闭冷却液
N150 M05	主轴停
N160 M30	程序结束

思考题与习题

4-1 平面铣削的刀具有哪些？如何选择其直径？

4-2 平面铣削的切削参数如何选择？

4-3 G00 与 G01 指令的区别在哪里？

4-4 加工图 4-11 所示零件的上表面及台阶面（单件生产）。毛坯为 40mm×40mm×23mm 的长方块（其余表面已加工），材料为 45 钢。

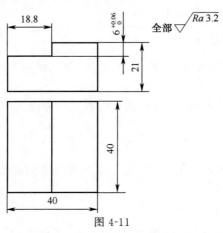

图 4-11

项目5 轮廓铣削加工

5.1 任务描述

加工图 5-1 所示零件凸台外轮廓,毛坯为 70mm×50mm×20mm 长方块(其余面已经加工),材料为 45 钢,单件生产。

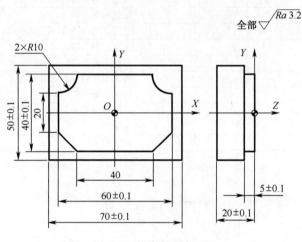

图 5-1 轮廓铣削加工

5.2 知识链接

5.2.1 轮廓铣削的工艺知识

1. 轮廓铣削的进退刀方式

铣削平面类零件外轮廓时,刀具沿 X、Y 平面的进、退刀方式通常有三种。

1)垂直方向进、退刀

如图 5-2 所示,刀具沿 Z 向下刀后,垂直接近工件表面,这种方法进给路线短,但工件表面有接痕。

2)直线切向进、退刀

如图 5-3 所示,刀具沿 Z 向下刀后,从工件外直线切向进刀,切削工件时不会产生接痕。

3)圆弧切向进、退刀

如图 5-4 所示,刀具沿圆弧切向切入、切出工件,工件表面没有接刀痕迹。

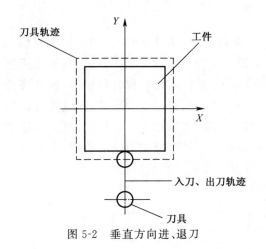

图 5-2 垂直方向进、退刀

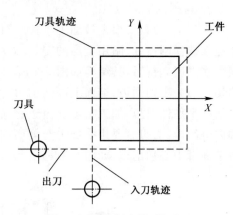

图 5-3 直线切向进、退刀

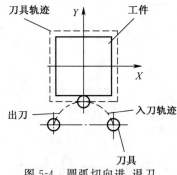

图 5-4 圆弧切向进、退刀

当零件的外轮廓由圆弧组成时,要注意安排好刀具的切入、切出,要尽量避免交接处重复加工,否则会出现明显的界限痕迹。为减少接刀痕迹,保证零件表面质量,对刀具的切入和切出程序需要精心设计。如图 5-5 所示,铣刀的切入点和切出点应沿零件轮廓曲线的延长线切入和切出零件表面,而不应沿法向直接切入零件,以避免加工表面产生划痕,保证零件轮廓光滑。

如在加工整圆时(图 5-6),要安排刀具从切向进入圆周铣削加工,当整圆加工完毕后,不要在切点处直接退刀,而让刀具多运动一段距离,最好沿切线方向退出,以免取消刀具补偿时,刀具与工件表面相碰撞,造成工件报废。

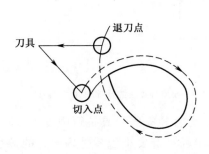

图 5-5 刀具切入和切出时的外延

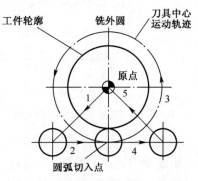

图 5-6 整圆加工切入和切出路径

2. 轮廓铣削的刀具

生产中,刀具要根据被加工零件的材料、表面质量要求、热处理状态、切削性能及加工余量来选择刚性好、耐用度高的刀具。立铣刀是数控铣削中最常用的一种铣刀,在轮廓加工中多采用立铣刀,其结构如图 5-7 所示。它的圆柱表面和端面上都有切削刃,圆柱表面的切削刃为主切削刃,端面上的切削刃为副切削刃。主切削刃一般为螺旋齿,这样可以增加切削平稳性,提高加工精度。由于普通立铣刀端面中心处无切削刃,所以立铣刀不能做轴向进给,端面刃主要用来加工与侧面相垂直的底平面。随着数控刀具的发展,有的立铣刀端面带中心切削刃,如图 5-7(c)所示,这种立铣刀可以沿刀具轴向进给。

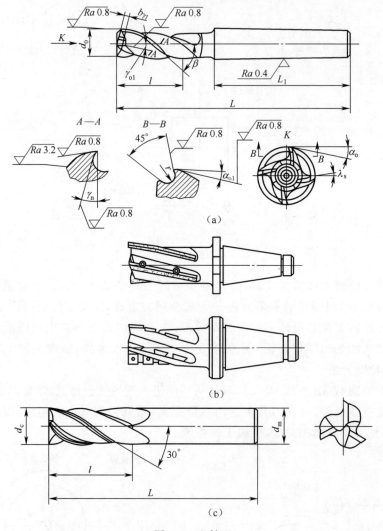

图 5-7 立铣刀

(a)高速钢立铣刀;(b)硬质合金立铣刀(中心处无切削刃);(c)硬质合金立铣刀(带中心切削刃)。

选择刀具时,应尽量选用直径较大的立铣刀,因为直径大的刀具抗弯强度大,加工中不容易引起受力弯曲和振动,但注意立铣刀的刀具半径一定要小于零件内轮廓的最小曲率半径,一般取最小曲率半径的 0.8～0.9 倍。Z 方向的吃刀深度一般不超过刀具的半径;直径较小的立铣刀,一般可选择刀具直径的1/3作为切削深度。安装刀具时尽量缩短其伸出长度,因为立铣刀的长度越长,抗弯强度减小,受力弯曲程度大,会影响加工的质量,并容易产生振动,加速切削刃的磨损。

立铣刀根据其刀齿数目,分为粗齿立铣刀、中齿立铣刀和细齿立铣刀,见表5-1。粗齿立铣刀齿数少,强度高,容屑空间大,适于粗加工;细齿立铣刀齿数多,工作平稳,适于精加工;中齿立铣刀介于粗齿和细齿之间。

表 5-1 立铣刀直径与齿数

直径 d/mm	2~8	9~15	16~28	32~50	56~70	80
细齿		5	6	8	10	12
中齿		4		6	8	10
粗齿		3		4	6	8

3. 顺铣与逆铣

在加工中铣削分为逆铣与顺铣,当铣刀的旋转方向和工件的进给方向相同时称为顺铣,相反时称为逆铣,如图5-8所示。

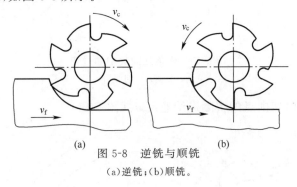

图 5-8 逆铣与顺铣
(a)逆铣;(b)顺铣。

逆铣时刀齿开始切削工件时的切削厚度比较小,导致刀具易磨损,并影响已加工表面。顺铣时刀具的耐用度比逆铣时提高2~3倍,刀齿的切削路径较短,比逆铣时的平均切削厚度大,而且切削变形较小,但顺铣不宜加工带硬皮的工件。由于工件所受的切削力方向不同,粗加工时逆铣比顺铣要平稳。

对于立式数控铣床所采用的立铣刀,装在主轴上相当于悬臂梁结构,在切削加工时刀具会产生弹性弯曲变形,如图5-9所示。当用铣刀顺铣时,刀具在切削时会产生让刀现象,

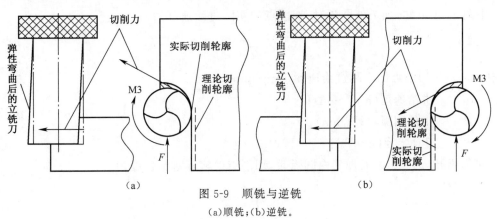

图 5-9 顺铣与逆铣
(a)顺铣;(b)逆铣。

即切削时出现"欠切",如图 5-9(a)所示;而用铣刀逆铣时,刀具在切削时会产生啃刀现象,即切削时出现"过切"现象,如图 5-9(b)所示。这种现象在刀具直径越小、刀杆伸出越长时越明显,所以在选择刀具时,从提高生产率、减小刀具弹性弯曲变形的影响这些方面考虑,应选大的直径,但不能大于零件凹圆弧的半径;在装刀时刀杆尽量伸出短些。

4. 轮廓铣削加工时关于进给速度的几种特殊情况

1) 高速进给加工轮廓时的"欠切"和"过切"现象

在高速进给的轮廓加工中,由于工艺系统的惯性,在轮廓的拐角处易产生"欠切"(即切外凸表面时在拐角处少切了一些余量)和"过切"(即切内凹表面时在拐角处多切了一些金属而损伤了零件的表面)现象,如图 5-10 所示。避免"欠切"和"过切"的办法是在接近拐角前适当地降低进给速度,过了拐角后再逐渐增速,即在拐角处前后采用变化的进给速度,从而减少误差。

图 5-10 拐角处的欠切和过切
(a)欠切;(b)过切。

2) 加工圆弧段时切削点的实际进给速度 v_T(图 5-11)

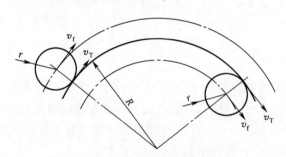

图 5-11 切削圆弧的进给速度

由于圆弧半径的影响,切削点的实际进给速度 v_T 并不等于选定的刀具中心进给速度 v_f。由图 5-11 可知,加工外圆弧时,切削点的实际进给速度为

$$v_T = \frac{R}{R+r} v_f$$

式中 v_T——切削点的实际进给速度(mm/min);
   v_f——进给速度(mm/min);
   R——工件圆弧半径(mm);
   r——刀具半径(mm)。

可以看出,$v_T < v_f$。而加工内圆弧时,切削点的实际进给速度为

$$v_T = \frac{R}{R-r} v_f$$

此时，$v_T > v_f$。当刀具半径 r 接近于工件圆弧半径 R 时，则切削点的实际进给速度将变得非常大，有可能损伤刀具或工件，这时要适当减小程序中的进给速度，或通过修调机床面板上"进给速率"来减小实际的进给速度。

5.2.2 编程指令

1. 坐标平面选择指令 G17、G18、G19

当机床坐标系及工件坐标系确定后，对应地就确定了三个坐标平面，即 XY 平面、ZX 平面、YZ 平面，如图 5-12 所示。可分别用 G 代码 G17（XY 平面）、G18（ZX 平面）、G19（YZ 平面）表示这三个平面。

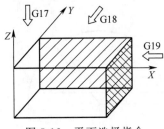

图 5-12　平面选择指令

注意：G17、G18、G19 所指定的平面，均是从 Z、Y、X 各轴的正方向向负方向观察进行确定。G17、G18、G19 为模态功能，可相互注销，一般 G17 为默认值。

2. 圆弧插补指令 G02、G03

指令格式：$\begin{Bmatrix} G17 \\ G18 \\ G19 \end{Bmatrix} \begin{Bmatrix} G02 \\ G03 \end{Bmatrix} X\_Y\_Z\_ \begin{Bmatrix} I\_J\_K\_ \\ R\_ \end{Bmatrix} F\_;$

式中　G17～G19——坐标平面选择指令；

　　　G02——顺时针圆弧插补，如图 5-13 所示；

　　　G03——逆时针圆弧插补，如图 5-13 所示；

　　　X、Y、Z——圆弧终点，在 G90 时为圆弧终点在工件坐标系中的坐标；在 G91 时为圆弧终点相对于圆弧起点的位移量；

　　　I、J、K——圆心相对于圆弧起点的偏移值（等于圆心的坐标减去圆弧起点的坐标，图 5-14），在 G90/G91 时都是以增量方式指定；

　　　R——圆弧半径，当圆弧圆心角小于 180°时 R 为正值，否则 R 为负值，当 R 等于 180°时，R 可取正也可取负；

　　　F——被编程的两个轴的合成进给速度。

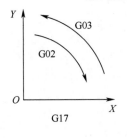 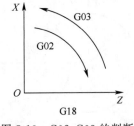 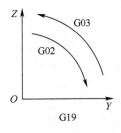

图 5-13　G02、G03 的判断

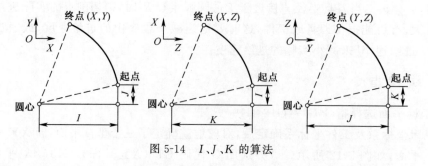

图 5-14　I、J、K 的算法

【例 5-1】　如图 5-15 所示，使用圆弧插补指令编写 A 点到 B 点程序。

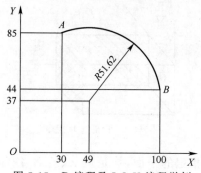

图 5-15　R 编程及 I、J、K 编程举例

I、J、K 编程：G17 G90 G02 X100 Y44 I19 J-48 F60；

R 编程：G17 G90 G02 X100 Y44 R51.62 F60。

【例 5-2】　如图 5-16 所示，加工整圆，刀具起点在 A 点，逆时针加工。

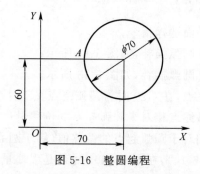

图 5-16　整圆编程

I、J、K 编程：G17 G90 G03 X35 Y60 I35 J0 F60。

【例 5-3】　如图 5-17 所示，使用圆弧插补指令编写 A 点到 B 点程序。

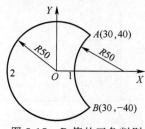

图 5-17　R 值的正负判别

圆弧 1：G17 G90 G03 X30 Y-40 R50 F60；
圆弧 2：G17 G90 G03 X30 Y-40 R-50 F60。

圆弧编程注意事项：

(1)圆弧顺、逆的判别方法为沿圆弧所在平面的垂直坐标轴的正方向往负方向看。

(2)整圆编程时不可以使用 R，只能用 I、J、K 方式。

(3)同时编入 R 与 I、J、K 时，R 有效。

3. 刀具半径补偿指令 G41、G42、G40

1)刀具半径补偿功能

在编制数控铣床轮廓铣削加工程序时，为了编程方便，通常将数控刀具假想成一个点（刀位点），认为刀位点与编程轨迹重合。但实际上由于刀具存在一定的直径，使刀具中心轨迹与零件轮廓不重合，如图 5-18 所示。这样，编程时就必须依据刀具半径和零件轮廓计算刀具中心轨迹，再依据刀具中心轨迹完成编程，但如果人工完成这些计算将给手工编程带来很多的不便，甚至当计算量较大时，也容易产生计算错误。为了解决这个加工与编程之间的矛盾，数控系统为我们提供了刀具半径补偿功能。

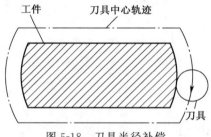

图 5-18 刀具半径补偿

数控系统的刀具半径补偿功能就是将计算刀具中心轨迹的过程交由数控系统完成，编程员假设刀具半径为零，直接根据零件的轮廓形状进行编程，而实际的刀具半径则存放在一个刀具半径偏置寄存器中。在加工过程中，数控系统根据零件程序和刀具半径自动计算刀具中心轨迹，完成对零件的加工。

2)刀位点

刀位点是代表刀具的基准点，也是对刀时的注视点，一般是刀具上的一点。常用刀具的刀位点如图 5-19 所示。

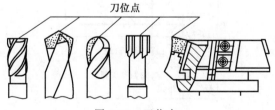

图 5-19 刀位点

3)刀具半径补偿指令

(1)刀具半径补偿指令格式。

①建立刀具半径补偿指令格式。

指令格式：$\begin{Bmatrix} G17 \\ G18 \\ G19 \end{Bmatrix} \begin{Bmatrix} G41 \\ G42 \end{Bmatrix} \begin{Bmatrix} G00 \\ G01 \end{Bmatrix}$ X_Y_Z_D_;

式中　G17～G19——坐标平面选择指令；

　　　G41——左刀补，如图 5-20(a)所示；

　　　G42——右刀补，如图 5-20(b)所示；

　　　X、Y、Z——建立刀具半径补偿时目标点坐标；

　　　D——刀具半径补偿号。

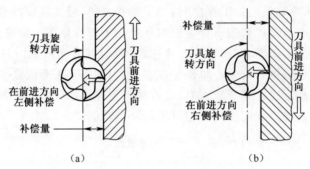

图 5-20　刀具补偿方向
(a)左刀补(G41)；(b)右刀补(G42)。

②取消刀具半径补偿指令格式。

指令格式：$\begin{Bmatrix} G17 \\ G18 \\ G19 \end{Bmatrix}$ G40 $\begin{Bmatrix} G00 \\ G01 \end{Bmatrix}$ X_Y_Z_;

式中　G17～G19——坐标平面选择指令；

　　　G40——取消刀具半径补偿功能。

(2)刀具半径补偿的过程。如图 5-21 所示，刀具半径补偿的过程分为三步：

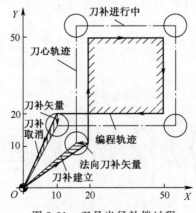

图 5-21　刀具半径补偿过程

①刀补的建立：刀心轨迹从与编程轨迹重合过渡到与编程轨迹偏离一个偏置量的过程。建立刀具半径补偿一般应在切入工件之前完成，以防过切。

②刀补进行：刀具中心始终与编程轨迹相距一个偏置量直到刀补取消。

③刀补取消：刀具离开工件，刀心轨迹要过渡到与编程轨迹重合的过程。为防止过切，取消刀具半径补偿一般应在切出工件之后完成。

【例 5-4】 使用刀具半径补偿功能完成如图 5-21 所示轮廓加工的编程。

参考程序如下：

O5001

N10 G90 G54 G00 X0 Y0 M03 S500 F50

N20 G00 Z50.0　　　　　　　　　　　安全高度

N30 Z10　　　　　　　　　　　　　　参考高度

N40 G41 X20 Y10 D01 F50　　　　　　建立刀具半径补偿

N50 G01 Z-10　　　　　　　　　　　　下刀

N60 Y50

N70 X50

N80 Y20

N90 X10

N100 G00 Z50　　　　　　　　　　　　抬刀到安全高度

N110 G40 X0 Y0 M05　　　　　　　　　取消刀具半径补偿

N120 M30　　　　　　　　　　　　　　程序结束

(3)使用刀具补偿的注意事项。在数控铣床上使用刀具补偿时，必须特别注意其执行过程的原则，否则往往容易引起加工失误甚至报警，使系统停止运行或刀具半径补偿失效等。

①刀具半径补偿的建立与取消只能通过 G01、G00 来实现，不得用 G02 和 G03。

②建立和取消刀具半径补偿时，刀具必须在所补偿的平面内移动，且移动距离应大于刀具补偿值。

③D00~D99 为刀具补偿号，D00 意味着取消刀具补偿（即 G41/G42X_Y_D00 等价于 G40）。刀具补偿值在加工或试运行之前须设定在补偿存储器中。

④加工半径小于刀具半径的内圆弧时，进行半径补偿将产生刀具干涉，只有过渡圆角 $R \geq$ 刀具半径 r ＋精加工余量的情况才能正常切削。

⑤在刀具半径补偿模式下，如果存在有连续两段以上非移动指令（如 G90、M03 等）或非指定平面轴的移动指令，则有可能产生过切现象。

【例 5-5】 如图 5-22 所示，起始点在($X0$,$Y0$)，高度在 50mm 处，使用刀具半径补偿时，由于接近工件及切削工件要有 Z 轴的移动，如果 N40、N50 句连续 Z 轴移动，这时容易出现过切削现象。

O5002

N10 G90 G54 G00 X0 Y0 M03 S500

N20 G00 Z50　　　　　　　　　　　　安全高度

N30 G41 X20 Y10 D01　　　　　　　　建立刀具半径补偿

N40 Z10

N50 G01 Z-10.0 F50　　　　　　　　　连续两句 Z 轴移动，此时会产生过切削

N60 Y50

N70 X50
N80 Y20
N90 X10
N100 G00 Z50　　　　　　　　　　抬刀到安全高度
N110 G40 X0 Y0 M05　　　　　　　取消刀具半径补偿
N120 M30

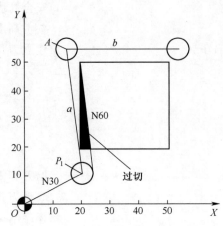

图 5-22　刀具半径补偿的过切现象

以上程序在运行 N60 时,产生过切现象,如图 5-22 所示。其原因是当从 N30 刀具补偿建立后,进入刀具补偿进行状态后,系统只能读入 N40、N50 两段,但由于 Z 轴是非刀具补偿平面的轴,而且又读不到 N60 以后程序段,也就做不出偏移矢量,刀具确定不了前进的方向,此时刀具中心未加上刀具补偿而直接移动到了无补偿的 P_1 点。当执行完 N40、N50 后,再执行 N60 段时,刀具中心从 P_1 点移至交点 A,于是发生过切。

为避免过切,可将上面的程序改成下述形式来解决。

O5003
N10 G90 G54 G00 X0 Y0 M03 S500
N20 G00 Z50　　　　　　　　　　安全高度
N30 Z10
N40 G41 X20 Y10 D01　　　　　　建立刀具半径补偿
N50 G01 Z-10.0 F50
N60 Y50
……

(4)刀具半径补偿的应用。刀具半径补偿除方便编程外,还可利用改变刀具半径补偿值的大小的方法,实现利用同一程序进行粗、精加工。即

　　粗加工刀具半径补偿＝刀具半径＋精加工余量
　　精加工刀具半径补偿＝刀具半径＋修正量

①因磨损、重磨或换新刀而引起刀具半径改变后,不必修改程序,只需在刀具参数设置中输入变化后的刀具半径。如图 5-23 所示,1 为未磨损刀具,2 为磨损后刀具,只需将刀具参数表中的刀具半径 r_1 改为 r_2,即可适用同一程序。

②同一程序中,同一尺寸的刀具,利用半径补偿,可进行粗、精加工。如图5-24所示,刀具半径为r,精加工余量为Δ。粗加工时,输入刀具半径$D=r+\Delta$,则加工出点划线轮廓;精加工时,用同一程序,同一刀具,但输入刀具半径$D=r$,加工出实线轮廓。

4. 子程序

1)子程序的定义

在编制加工程序时,有时会遇到一组程序段在一个程序中多次出现,或者在几个程序中都要使用它。这组程序段可以另外列出,并单独加以命名,这个程序就称为子程序。一次装夹加工多个相同零件或一个零件有重复加工部分的情况可采用子程序。子程序在被调用时,调用第一层子程序的指令所在的程序称为主程序。通常,数控系统按主程序的指令运动,如果遇到"调用子程序"的指令时,就转移到子程序,按子程序的指令运动。子程序执行结束后,又返回主程序,继续执行后面的程序段。

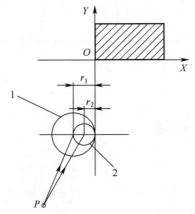
图5-23 刀具半径变化,加工程序不变

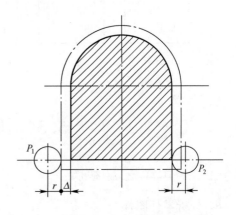
图5-24 利用刀具半径补偿进行粗精加工

2)子程序的格式

子程序用符号"O"开头,其后是子程序号。子程序号最多可以有4位数字组成,若前几位数字为0,则可以省略。M99为子程序结束指令,用来结束子程序并返回主程序或上一层子程序。

O5003	子程序名
N10……	
……	子程序体
N50 M99	子程序结束

3)子程序的调用格式

子程序由主程序或其他子程序调用。子程序的调用指令也是一个程序段,它一般由调用字、子程序名称、调用次数等组成,具体格式各系统有差别。

(1)调用格式一。

M98 P×××××××× ;

其中:P后面的前四位数为重复调用次数,省略时为调用一次;后四位为子程序号。系统允许重复调用次数为999次,如果只调用一次,此项可省略不写。

【例5-6】 M98 P0041006;表示调用子程序"O1006"共4次。

(2)调用格式二。

M98 P××××L××××;

其中:P后面的四位数为子程序号,L后面的四位数为重复调用次数,省略时为调用一次。

【例 5-7】 M98 P48 L5;表示调用子程序"O48"共 5 次。

4)子程序的嵌套

为进一步简化程序,可以让子程序调用另外一个子程序,这就是子程序的嵌套。上一层子程序与下一层子程序之间的关系,跟主程序与子程序之间的关系一样。FANUC系统可实现子程序4级嵌套,如图5-25所示。

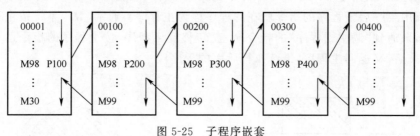

图 5-25 子程序嵌套

5.3 任务实施

5.3.1 加工工艺的确定

1. 分析零件图样

零件轮廓由直线和圆弧组成,尺寸精度约为 IT11,表面粗糙度全部为 $Ra3.2\mu m$,没有形位公差项目的要求,整体加工要求不高。

2. 工艺分析

1)加工方案的确定

根据图样加工要求,采用立铣刀粗铣→精铣完成。

2)确定装夹方案

该零件为单件生产,且零件外形为长方体,可选用平口虎钳装夹。工件上表面高出钳口8mm左右。

3)确定加工工艺

加工工艺见表5-2。

表 5-2 数控加工工序卡

数控加工工艺卡片		产品名称	零件名称	材料	零件图号	
				45钢		
工序号	程序编号	夹具名称	夹具编号	使用设备	车 间	
		虎钳				
工步号	工步内容		刀具号	主轴转速/(r/min)	进给速度/(mm/min)	背吃刀量/mm	侧吃刀量/mm	备注
1	粗铣外轮廓		T01	500	120	4.8		
2	精铣外轮廓		T01	600	90	5	0.3	

4)进给路线的确定

在数控加工中,刀具刀位点相对于工件运动的轨迹称为加工路线。为了保证表面质量,进给路线采用顺铣和圆弧进退刀方式,采用子程序对零件进行粗加工、精加工,该零件进给路线如图 5-26 所示。

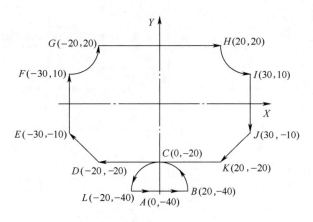

图 5-26 进给路线图

5)刀具及切削参数的确定(表格)

刀具及切削参数见表 5-3。

表 5-3 数控加工刀具卡

数控加工刀具卡片		工序号	程序编号	产品名称	零件名称	材料		零件图号	
						45 钢			
序号	刀具号	刀具名称	刀具规格/mm		补偿值/mm		刀补号		备注
			直径	长度	半径	长度	半径	长度	
1	T01	立铣刀(3齿)	16	实测	8.3 计算		D01 D02		高速钢

5.3.2 参考程序编制

1. 工件坐标系的建立

以图 5-1 所示零件的上表面中心为编程原点建立工件坐标系。

2. 基点坐标计算(略)

3. 参考程序

表 5-4 中为使用了子程序的参考程序。

表 5-4 参考程序

主 程 序	
程 序	说 明
O5004	主程序名
N10 G90 G54 G00 X0 Y-40	建立工件坐标系,快速进给至下刀位置 A 点(图 5-26)
N20 M03 S500	启动主轴

(续)

主 程 序	
程　　序	说　　明
N30 Z50 M08	主轴到达安全高度,同时打开冷却液
N40 Z10	接近工件
N50 G01 Z-4.8 F120	Z 向下刀
N60 M98 P5011 D01	调用子程序粗加工零件轮廓,D01=8.3
N70 G00 Z50 M09	Z 向抬刀并关闭冷却液
N80 M05	主轴停
N90 G91 G00 Y200	Y 轴工作台前移,便于测量
N100 M00	程序暂停,进行测量
N110 G54 G00 Y-200	Y 轴返回
N120 M03 S600	启动主轴
N130 G90 Z50 M08	刀具到达安全高度并开启冷却液
N140 Z10	接近工件
N150 G01 Z-5 F90	Z 向下刀
N160 M98 P5011 D02	调用子程序零件轮廓精加工 D02=刀具半径-(实测值-理论值)/2
N170 G00 Z50 M09	刀具到达安全高度,并关闭冷却液
N180 M05	主轴停
N190 M30	主程序结束

注：如四个角落有残留,可手动切除

子 程 序	
程　　序	说　　明
N10 O5011	子程序名
N20 G41 G01 X20	建立刀具半径补偿,$A \rightarrow B$(图 5-26)
N30 G03 X0 Y-20 R20	圆弧切向切入 $B \rightarrow C$
N40 G01 X-20 Y-20	走直线 $C \rightarrow D$
N50 X-30 Y-10	走直线 $D \rightarrow E$
N60 Y10	走直线 $E \rightarrow F$
N70 G03 X-20 Y20 R10	逆圆插补 $F \rightarrow G$
N80 G01 X20	走直线 $G \rightarrow H$
N90 G03 X30 Y10 R10	逆圆插补 $H \rightarrow I$
N100 G01 Y-10	走直线 $I \rightarrow J$
N110 X20 Y-20	走直线 $J \rightarrow K$
N120 X0	走直线 $K \rightarrow C$
N130 G03 X-20 Y-40 R20	圆弧切向切出 $C \rightarrow L$
N140 G40 G00 X0	取消刀具半径补偿,$L \rightarrow A$
N150 M99	子程序结束

表 5-5 中参考程序没有使用子程序。

表 5-5 参考程序(无子程序)

程 序	说 明
O5005	程序名
N10 G90 G54 G00 X0 Y-40	建立工件坐标系,快速进给至下刀位置 A 点(图 5-26)
N20 M03 S500	启动主轴
N30 Z50 M08	主轴到达安全高度,同时打开冷却液
N40 Z10	接近工件
N50 G01 Z-4.8 F150	Z 向下刀
N60 G41 G01 X20 D01	建立刀具半径补偿,$A \to B$(图 5-26);粗加工时,$D01 = 8.3$
N70 G03 X0 Y-20 R20 F120	圆弧切向切入 $B \to C$
N80 G01 X-20 Y-20	走直线 $C \to D$
N90 X-30 Y-10	走直线 $D \to E$
N100 Y10	走直线 $E \to F$
N110 G03 X-20 Y20 R10	逆圆插补 $F \to G$
N120 G01 X20	走直线 $G \to H$
N130 G03 X30 Y10 R10	逆圆插补 $H \to I$
N140 G01 Y-10	走直线 $I \to J$
N150 X20 Y-20	走直线 $J \to K$
N160 Y0	走直线 $K \to C$
N170 G03 X-20 Y-40 R20	圆弧切向切出 $C \to L$
N180 G40 G00 X0	取消刀具半径补偿,$L \to A$
N190 G00 Z50 M09	刀具到达安全高度,并关闭冷却液
N200 M05	主轴停
N210 M30	程序结束
备注:(1)如四个角落有残留,可手动切除。 (2)粗加工后,对工件进行测量,重新输入刀具半径补偿值,并修改程序中的下刀深度、主轴转速、进给速度,调用程序对工件进行精加工	

思考题与习题

5-1 铣刀刀具半径补偿有哪些内容?其目的、方法和指令格式如何?

5-2 简述子程序使用的特点和格式。

5-3 加工图 5-27 所示零件凸台外轮廓(单件生产),毛坯为 96mm×80mm×20mm 长方块(其余面已经加工),材料为 45 钢。

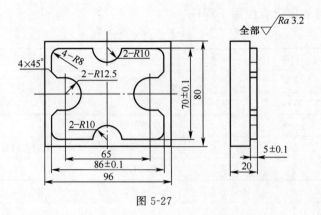

图 5-27

项目6 孔加工

6.1 任务描述

完成图 6-1 所示零件上 $2\times\phi 10^{+0.015}_{0}$ 孔及 $2\times M8$ 螺纹加工,毛坯为 80mm×60mm×36mm 长方块(其余面已经加工),材料为 45 钢,单件生产。

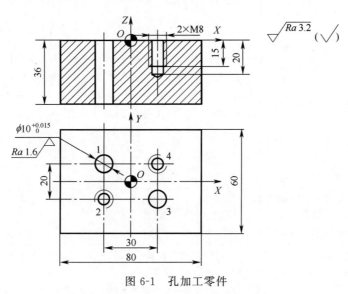

图 6-1 孔加工零件

6.2 知识链接

6.2.1 孔加工的工艺知识

1. 孔加工的方法

孔加工在金属切削中占有很大的比重,应用广泛。在数控铣床上加工孔的方法很多,根据孔的尺寸精度、位置精度及表面粗糙度等要求,一般有点孔、钻孔、扩孔、锪孔、铰孔、镗孔及铣孔等方法。常用孔的加工方式及所能达到的精度见表 6-1。

表 6-1 孔加工的方法

序号	加工方法	经济精度	表面粗糙度 $Ra/\mu m$	适用范围
1	钻	IT11~IT13	12.5	加工未淬火钢及铸铁的实心毛坯,可用于加工有色金属。孔径小于 15~20mm
2	钻→铰	IT8~IT10	1.6~6.3	
3	钻→粗铰→精铰	IT7~IT8	0.8~1.6	

(续)

序号	加工方法	经济精度	表面粗糙度 $Ra/\mu m$	适用范围
4	钻→扩	IT10～IT11	6.3～12.5	加工未淬火钢及铸铁的实心毛坯,可用于加工有色金属。孔径大于15～20mm
5	钻→扩→铰	IT8～IT9	1.6～3.2	
6	钻→扩→粗铰→精铰	IT6～IT7	0.8～1.6	
7	钻→扩→机铰→手铰	IT6～IT7	0.2～0.4	
8	钻→扩→拉	IT7～IT9	0.1～1.6	大批量生产,精度由拉刀的精度而定
9	粗镗(扩孔)	IT11～IT13	6.3～12.5	除淬火钢外各种材料,毛坯有铸出或锻出孔
10	粗镗(扩孔)→半精镗(精扩)	IT9～IT10	1.6～3.2	
11	粗镗(扩孔)→半精镗(精扩)→精镗(铰)	IT7～IT8	0.8～1.6	
12	粗镗(扩孔)→半精镗(精扩)→精镗→浮动镗刀精镗	IT6～IT7	0.4～0.8	
13	粗镗(扩孔)→半精镗→磨孔	IT7～IT8	0.2～0.8	主要用于淬火钢,也可用于未淬火钢,但不宜用于有色金属
14	粗镗(扩孔)→半精镗→粗磨孔→精磨孔	IT6～IT7	0.1～0.2	
15	粗镗→半精镗→精镗→精细镗(金刚镗)	IT6～IT7	0.05～0.400	用于要求较高的有色金属加工
16	钻→(扩)→粗铰→精铰→珩磨 钻→(扩)→拉→珩磨 粗镗→半精镗→精镗→珩磨	IT6～IT7	0.025～0.200	精度要求很高的孔
17	钻→(扩)→粗铰→精铰→研磨 钻→(扩)→拉→研磨 粗镗→半精镗→精镗→研磨	IT5～IT6	0.006～0.100	

注:1. 对于直径大于 $\phi30$mm 的已铸出或锻出的毛坯孔的孔加工,一般采用粗镗→半精镗→孔口倒角→精镗的加工方案;孔径较大的可采用立铣刀粗铣→精铣加工方案。

2. 对于直径小于 $\phi30$mm 无底孔的孔加工,通常采用锪平端面→打中心孔→钻→扩→孔口倒角→铰加工方案,对有同轴度要求的小孔,需采用锪平端面→打中心孔→钻→半精镗→孔口倒角→精镗(或铰)加工方案。

2. 孔加工的刀具

1)钻孔刀具及其选择

钻孔刀具较多,有普通麻花钻、可转位浅孔钻、喷吸钻及扁钻等,应根据工件材料、加工尺寸及加工质量要求等合理选用。

在数控镗铣床上钻孔,普通麻花钻应用最广泛,尤其是加工 $\phi30$mm 以下的孔时,以麻花钻为主,如图 6-2 所示。

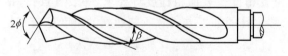

图 6-2 普通麻花钻

在数控镗铣床上钻孔,因无钻模导向,受两种切削刃上切削力不对称的影响,容易引起钻孔偏斜。为保证孔的位置精度,在钻孔前最好先用中心钻钻一中心孔,或用一刚性较好的短钻头钻一窝。

中心钻主要用于孔的定位,由于切削部分的直径较小,所以中心钻钻孔时,应选取较高的转速。

对深径比大于5而小于100的深孔,由于加工中散热差,排屑困难,钻杆刚性差,易使刀具损坏和引起孔的轴线偏斜,影响加工精度和生产率,故应选用深孔刀具加工。

2)扩孔刀具及其选择

扩孔多采用扩孔钻,也有用立铣刀或镗刀扩孔。扩孔钻可用来扩大孔径,提高孔加工精度。用扩孔钻扩孔精度可达IT10～IT11,表面粗糙度 Ra 可达 $6.3\sim3.2\mu m$。扩孔钻与麻花钻相似,但齿数较多,一般为3～4个齿。扩孔钻加工余量小,主切削刃较短,无须延伸到中心,无横刃,加之齿数较多,可选择较大的切削用量。图6-3所示为整体式扩孔钻和套式扩孔钻。

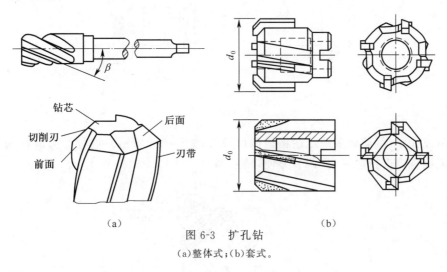

图 6-3 扩孔钻
(a)整体式;(b)套式。

3)铰孔刀具及其选择

铰孔加工精度一般可达IT8～IT9级,孔的表面粗糙度 Ra 可达 $1.6\sim0.8\mu m$,可用于孔的精加工,也可用于磨孔或研孔前的预加工。铰孔只能提高孔的尺寸精度、形状精度和减小表面粗糙度值,而不能提高孔的位置精度。因此,对于精度要求高的孔,在铰削前应先进行减少和消除位置误差的预加工,才能保证铰孔质量。

图6-4所示为直柄机用铰刀和套式机用铰刀。

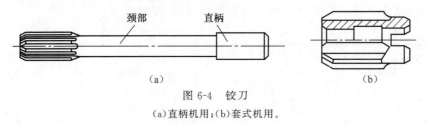

图 6-4 铰刀
(a)直柄机用;(b)套式机用。

4)镗孔加工刀具及其选择

镗孔是数控镗铣床上的主要加工内容之一,它能精确地保证孔系的尺寸精度和形位精度,并纠正上道工序的误差。在数控镗铣床上进行镗孔加工通常是采用悬臂方式,因此要求镗刀有足够的刚性和较好的精度。

镗孔加工精度一般可达 IT6~IT7,表面粗糙度 Ra 可达 $6.3 \sim 0.8\mu m$。为适应不同的切削条件,镗刀有多种类型。按镗刀的切削刃数量可分为单刃镗刀(图 6-5(a))和双刃镗刀(图 6-5(b))。

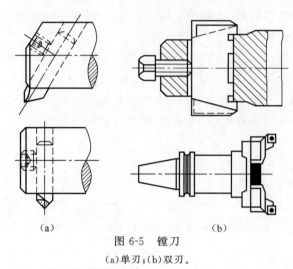

图 6-5 镗刀
(a)单刃;(b)双刃。

在精镗孔中,目前较多地选用精镗微调镗刀,如图 6-6 所示。这种镗刀的径向尺寸可以在一定范围内进行微调,且调节方便,精度高。

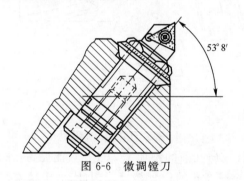

图 6-6 微调镗刀

3. 孔加工的切削参数及加工余量

1)孔加工的切削参数

表 6-2~表 6-5 列出了部分孔加工切削用量,供选择时参考。

表 6-2 高速钢钻头加工钢件的切削用量

切削用量 钻头直径/mm	材料强度	$\delta_b=520MPa\sim700MPa$ (35钢、45钢)		$\delta_b=700MPa\sim900MPa$ (15Cr、20Cr)		$\delta_b=1000MPa\sim1100MPa$ (合金钢)	
		v_c/(m/min)	f/(mm/r)	v_c/(m/min)	f/(mm/r)	v_c/(m/min)	f/(mm/r)
1~6		8~25	0.05~0.1	12~30	0.05~0.1	8~15	0.03~0.08
6~12		8~25	0.1~0.2	12~30	0.1~0.2	8~15	0.08~0.15
12~22		8~25	0.2~0.3	12~30	0.2~0.3	8~15	0.15~0.25
22~50		8~25	0.3~0.45	12~30	0.3~0.54	8~15	0.25~0.35

表 6-3　高速钢钻头加工铸铁的切削用量

钻头直径/mm	材料硬度 切削用量	160HBS~200HBS		200HBS~400HBS		300HBS~400HBS	
		v_c/(m/min)	f/(mm/r)	v_c/(m/min)	f/(mm/r)	v_c/(m/min)	f/(mm/r)
1~6		16~24	0.07~0.12	10~18	0.05~0.1	5~12	0.03~0.08
6~12		16~24	0.12~0.2	10~18	0.1~0.18	5~12	0.08~0.15
12~22		16~24	0.2~0.4	10~18	0.18~0.25	5~12	0.15~0.2
22~50		16~24	0.4~0.8	10~18	0.25~0.4	5~12	0.2~0.3

表 6-4　高速钢铰刀铰孔的切削用量

铰刀直径/mm	工件材料 切削用量	铸 铁		钢及合金钢		铝铜及其合金	
		v_c/(m/min)	f/(mm/r)	v_c/(m/min)	f/(mm/r)	v_c/(m/min)	f/(mm/r)
6~10		2~6	0.3~0.5	1.2~5	0.3~0.4	8~12	0.3~0.5
10~15		2~6	0.5~1	1.2~5	0.4~0.5	8~12	0.5~1
15~25		2~6	0.8~1.5	1.2~5	0.5~0.6	8~12	0.8~1.5
25~40		2~6	0.8~1.5	1.2~5	0.4~0.6	8~12	0.8~1.5
40~60		2~6	1.2~1.8	1.2~5	0.5~0.6	8~12	1.5~2

表 6-5　镗孔切削用量

工序	工件材料 切削用量 刀具材料	铸 铁		钢及合金钢		铝及其合金	
		v_c/(m/min)	f/(mm/r)	v_c/(m/min)	f/(mm/r)	v_c/(m/min)	f/(mm/r)
粗加工	高速钢 合金	20~25 35~50	0.4~0.45	15~30 50~70	0.35~0.7	100~150 100~250	0.5~1.5
半精加工	高速钢 合金	20~35 50~70	0.15~0.45	15~50 95~135	0.15~0.45	100~200	0.2~0.5
精加工	高速钢 合金	70~90	D1级<0.08 D级 0.12~0.15	100~135	0.02~0.15	150~400	0.06~0.1

2) 孔加工的加工余量

表 6-6 列出在实体材料上的孔加工方式及加工余量,供选择时参考。

表 6-6　在实体材料上的孔加工方式及加工余量

加工孔的直径/mm	直 径							
	钻		粗加工		半精加工		精加工(H7、H8)	
	第一次	第二次	粗镗	扩孔	粗铰	半精镗	精铰	精镗
3	2.9	—	—	—	—	—	3	—
4	3.9	—	—	—	—	—	4	—
5	4.8	—	—	—	—	—	5	—
6	5.0	—	—	5.85	—	—	6	—

(续)

加工孔的直径/mm	直径							
	钻		粗加工		半精加工		精加工(H7、H8)	
	第一次	第二次	粗镗	扩孔	粗铰	半精镗	精铰	精镗
8	7.0	—	—	7.85	—	—	8	—
10	9.0	—	—	9.85	—	—	10	—
12	11.0	—	—	11.85	11.95	—	12	—
13	12.0	—	—	12.85	12.95	—	13	—
14	13.0	—	—	13.85	13.95	—	14	—
15	14.0	—	—	14.85	14.95	—	15	—
16	15.0	—	—	15.85	15.95	—	16	—
18	17.0	—	—	17.85	17.95	—	18	—
20	18.0	—	19.8	19.8	19.95	19.90	20	20
22	20.0	—	21.8	21.8	21.95	21.90	22	22
24	22.0	—	23.8	23.8	23.95	23.90	24	24
25	23.0	—	24.8	24.8	24.95	24.90	25	25
26	24.0	—	25.8	25.8	25.95	25.90	26	26
28	26.0	—	27.8	27.8	27.95	27.90	28	28
30	15.0	28.0	29.8	29.8	29.95	29.90	30	30
32	15.0	30.0	31.7	31.75	31.93	31.90	32	32
35	20.0	33.0	34.7	34.75	34.93	34.90	35	35
38	20.0	36.0	37.7	37.75	37.93	37.90	38	38
40	25.0	38.0	39.7	39.75	39.93	39.90	40	40
42	25.0	40.0	41.7	41.75	41.93	41.90	42	42
45	30.0	43.0	44.7	44.75	44.93	44.90	45	45
48	36.0	46.0	47.7	47.75	47.93	47.90	48	48
50	36.0	48.0	49.7	49.75	49.93	49.90	50	50

4. 攻螺纹的加工工艺

1)底孔直径的确定

攻螺纹之前要先打底孔,底孔直径的确定方法如下。

对钢和塑性大的材料:

$$D_{孔} = D - P$$

对铸铁和塑性小的材料:

$$D_{孔} = D - (1.05 \sim 1.1)P$$

式中　$D_{孔}$——螺纹底孔直径(mm);

　　　D——螺纹大径(mm);

　　　P——螺距(mm)。

2)盲孔螺纹底孔深度

盲孔螺纹底孔深度的计算方法如下：

$$盲孔螺纹底孔深度 = 螺纹孔深度 + 0.7d$$

式中 d——钻头的直径(mm)。

3)攻螺纹刀具

丝锥是数控机床加工内螺纹的一种常用刀具,其基本结构是一个轴向开槽的外螺纹。一般丝锥的容屑槽制成直的,也有的做成螺旋形,螺旋形容易排屑。加工右旋通孔螺纹时,选用左旋丝锥;加工右旋不通孔螺纹时,选用右旋丝锥,如图6-7所示。

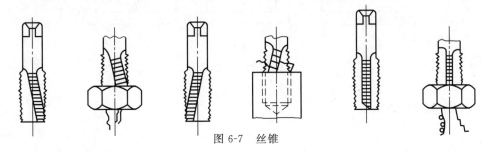

图6-7 丝锥

5. 孔加工路线安排

1)孔加工导入量与超越量

孔加工导入量(图6-8中 ΔZ)是指在孔加工过程中,刀具自快进转为工进时,刀尖点位置与孔上表面间的距离。孔加工导入量可参照表6-7选取。

孔加工超越量(图6-8中的 $\Delta Z'$),当钻通孔时,超越量通常取 $Z_p + (1\sim 3)$ mm,Z_p 为钻尖高度(通常取0.3倍钻头直径);铰通孔时,超越量通常取 3mm~5mm;镗通孔时,超越量通常取 1mm~3mm;攻螺纹时,超越量通常取 5mm~8mm。

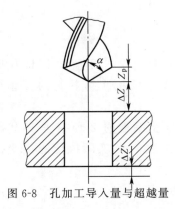

图6-8 孔加工导入量与超越量

表6-7 孔加工导入量

表面状态 加工方法	已加工表面/mm	毛坯表面/mm
钻孔	2~3	5~8
扩孔	3~5	5~8
镗孔	3~5	5~8
铰孔	3~5	5~8
铣削	3~5	5~8
攻螺纹	5~10	5~10

2)相互位置精度高的孔系的加工路线

对于位置精度要求较高的孔系加工,特别要注意孔的加工顺序的安排,避免将坐标轴的反向间隙带入,影响位置精度。

【例6-1】 镗削图6-9(a)所示零件上的4个孔。

若按图6-9(b)所示进给路线加工,由于孔4与孔1、孔2、孔3的定位方向相反,Y向反向间隙会使定位误差增加,从而影响孔4与其他孔的位置精度。按图6-9(c)所示进给路线,加工完孔3后往上移动一段距离至P点,然后再折回来在孔4处进行定位加工,这样方向一致,就可避免反向间隙的引入,提高孔4的定位精度。

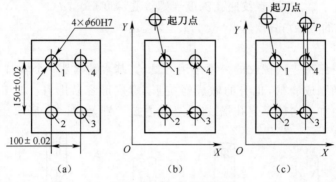

图6-9 孔加工进给路线

6.2.2 编程指令

1. 刀具长度补偿指令

1)刀具长度补偿功能

通常在数控铣床(加工中心)上加工一个零件要使用多把刀具,由于每把刀具长度不同,所以每次换刀后,刀具Z方向移动时,需要对刀具进行长度补偿,让不同长度的刀具在编程时Z方向坐标统一。

2)刀具长度补偿指令

(1)建立刀具长度补偿。

指令格式:$\begin{Bmatrix} G17 \\ G18 \\ G19 \end{Bmatrix} \begin{Bmatrix} G43 \\ G44 \end{Bmatrix} \begin{Bmatrix} G00 \\ G01 \end{Bmatrix} X\_Y\_Z\_H\_;$

式中 G17~G19——坐标平面选择指令;

G43——正向补偿,如图6-10(a)所示,即把编程的Z值加上H代码指定的偏置寄存器中预设的数值后作为CNC实际执行的Z坐标移动值;

G44——负向补偿,如图6-10(b)所示,即将编程的Z值减去H代码指定的偏置寄存器中预设的数值后作为CNC实际执行的Z坐标移动值;

X、Y、Z——建立刀具长度补偿时目标点坐标;

H——刀具长度补偿号。

(2)取消长度补偿。

指令格式:G49或H00;

G49是取消G43(G44)指令的。在实际加工中可以不使用这个指令,因为每把刀具都有自己的长度补偿,当换刀时,利用G43(G44)H指令赋予了自己的刀长补偿而自动取消了前一把刀具的长度补偿。

H00里的值永远为零,即补偿为零,故达到取消长度补偿的效果。

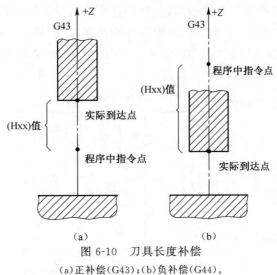

图 6-10 刀具长度补偿
(a)正补偿(G43);(b)负补偿(G44)。

【例 6-2】 如图 6-11 所示零件,O 为编程原点,刀具在 O 点,设(H02)=60mm,其程序如下:

O6001
N10 G92 X0 Y0 Z0   设定当前点 O 为编程原点
N20 G90 G00 G44 Z10 H02 M03 S500   指定点 A,实到点 B
N30 G01 Z-20 F80   实到点 C
N40 Z10   实际返回点 B
N50 G00 G49 Z0   实际返回点 O
N60 M30

也可以将程序中 G44 改为 G43,这时需设(H02)=-60mm。

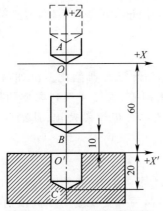

图 6-11 刀具长度补偿应用

3)确定刀具长度补偿的三种方式

刀具长度补偿值和 G54 中的 Z 值有关。

(1)用刀具的实际长度作为刀具长度的补偿(推荐使用这种方式)。使用刀具长度作为补偿就是使用对刀仪测量刀具的长度,然后把这个数值输入到刀具长度补偿寄存器中,作为刀具长度补偿。此时 G54 中的 Z 值应为主轴回零后,主轴锥孔底面至工件上表面的距离(工件上表面一般为工件坐标系的 Z0 面)。如图 6-12 所示,G54 中的 Z=−L,H01=L1,H02=L2,H03=L3。

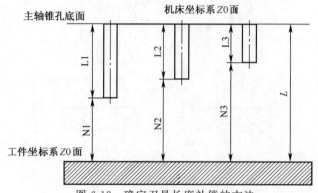

图 6-12 确定刀具长度补偿的方法

(2)以其中一把长刀作为标准刀具,这个标准刀具的长度补偿值为 0,实际刀具长度与标准刀具长度的差值作为该刀具的长度补偿数值设置到其所使用的 H 代码地址内。

此时 G54 中的 Z 值应为主轴回零后,基准刀刀尖至工件上表面的距离。如图 6-12 所示,若以 1 号刀作为基准刀,即 G54 中的 Z=−N1,H01=0,H02=L2−L1,H03=L3−L1。

(3)利用每把刀具到工件坐标系原点的距离作为各把刀的刀长补偿,该值一般为负;此时用于设定工件坐标系偏置的 G54 的 Z 值为 0;如图 6-12 所示,若以 1 号刀作为基准刀,即 G54 中的 Z=0,H01=−N1,H02=−N2,H03=−N3。

4)指令说明

(1)G43、G44 指令是模态指令。

(2)刀具长度补偿的偏置轴为垂直于 G17、G18 或 G19 指定平面的轴。

(3)H00~H99 为刀具补偿号,H00 意味着取消刀具补偿。刀具补偿值在加工或试运行之前须设定在补偿存储器中。

2. 固定循环指令

数控加工中,某些加工动作循环已经典型化。例如,钻孔、镗孔的动作是孔位平面定位、快速引进、工作进给、快速退回等,这样一系列典型的加工动作已经预先编好程序,存储在内存中,可用包含 G 代码的一个程序段调用,从而简化编程工作。这种包含了典型动作循环的 G 代码称为循环指令。

1)孔加工固定循环动作

孔加工固定循环由 6 个顺序的动作组成,如图 6-13 所示。

(1)动作 1:图 6-13 中 AB 段,刀具在安全平面高度,在定位平面内快速定位。

(2)动作 2:图 6-13 中 BR 段,快进至 R 平面。

(3)动作 3:图 6-13 中 RZ 段,孔加工。

(4)动作 4:图 6-13 中 Z 点,孔底动作(如进给暂停、主轴停止、主轴准停、刀具偏移等)。

(5)动作 5:图 6-13 中 ZR 段,退回到 R 平面。

(6)动作6:图6-13中RB段,退回到初始平面。

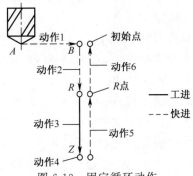

图6-13 固定循环动作

2)固定循环的平面

固定循环的平面如图6-14所示。

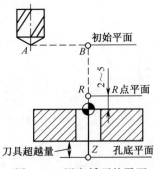

图6-14 固定循环的平面

(1)初始平面。初始平面是为安全下刀而规定的一个平面。初始平面可以设定在任意一个安全高度上。当使用同一把刀具加工多个孔时,刀具在初始平面内的任意移动将不会与夹具、工件凸台等发生干涉。

(2)R点平面。R点平面又称为R参考平面。这个平面是刀具下刀时,自快进转为工进的高度平面,距工件表面的距离主要考虑工件表面的尺寸变化,一般情况下取2~5mm。

(3)孔底平面。加工不通孔时,孔底平面就是孔底的Z轴高度,而加工通孔时,除要考虑孔底平面的位置外,还要考虑刀具的超越量,以保证所有孔深都加工到尺寸。

3)孔加工固定循环指令

指令格式:G90/G91 G98/G99 G73~G89 X_Y_Z_R_P_Q_F_K_;

式中　G90/G91——数据形式,G90沿着钻孔轴的移动距离用绝对坐标值;G91沿着钻孔轴的移动距离用增量坐标值,如图6-15所示;

　　　G98/G99——选择返回点平面指令,G98表示孔加工完,返回初始平面;G99表示孔加工完,返回R点平面;

　　　G73~G89——具体的孔加工循环指令,后面详细讲解;

　　　Z——孔底的位置,G90时为孔底的绝对坐标,注意若为通孔,应超出孔底一段距离，一般为 2~5mm；G91 时为从 R 平面到孔底的距离；

R——R 平面的位置，G90 时为 R 平面的绝对坐标；G91 时为从初始平面到 R 平面的距离；

P——孔底的暂停时间(ms)；

Q——只在四个指令中有用，在 G73 和 G83 中，指每次的下刀深度；在 G76 和 G87 中，指让刀量；

F——孔加工时的进给速度；

K——指定加工孔的重复次数。

【例 6-3】 加工图 6-15 所示的孔，分别使用 G90、G91 方式编程。

G90 方式：G90 G99 G73 X_Y_Z-30 R5 Q5 F_，如图 6-15(a)所示。

G91 方式：G91 G99 G73 X_Y_Z-35 R-30 Q5 F_，如图 6-15(b)所示。

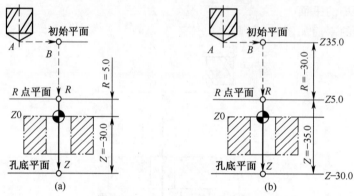

图 6-15 G90 与 G91 方式

4) 具体孔加工固定循环指令

FANUC 系统共有 12 种孔加工固定循环指令，见表 6-8，下面对其中的部分指令加以介绍。

表 6-8 FANUC 系统孔加工固定循环指令

G 代码	加工运动(Z 轴负向)	孔底动作	返回运动(Z 轴正向)	应用
G73	间歇进给		快速移动	高速深孔钻循环
G74	切削进给	主轴停止→主轴正转	切削进给	攻左螺纹循环
G76	切削进给	主轴定向停止	快速移动	精镗孔循环
G80				固定循环取消
G81	切削进给		快速移动	钻孔循环
G82	切削进给	暂停	快速移动	沉孔钻孔循环
G83	间歇进给		快速移动	深孔钻循环
G84	切削进给	主轴停止→主轴反转	切削进给	攻右螺纹循环
G85	切削进给		切削进给	铰孔循环
G86	切削进给	主轴停止	快速移动	镗孔循环
G87	切削进给	主轴停止	快速移动	背镗孔循环
G88	切削进给	暂停→主轴停止	手动操作	镗孔循环
G89	切削进给	暂停	切削进给	镗孔循环

(1) 高速深孔啄钻循环指令 G73。

指令格式:G73 X_Y_Z_R_Q_P_;

说明:孔加工动作如图 6-16 所示。分多次工作进给,每次进给的深度由 Q 指定(一般为 2~3mm),且每次工作进给后都快速退回一段距离 d,d 值由参数设定(通常为 0.1mm)。这种加工方法,通过 Z 轴的间断进给可以比较容易地实现断屑与排屑。

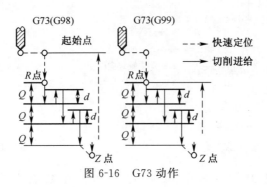

图 6-16 G73 动作

(2) 攻左旋螺纹循环指令 G74。

指令格式:G74 X_Y_Z_R_F_;

说明:加工动作如图 6-17 所示。图中 CW 表示主轴正转,CCW 表示主轴反转。此指令用于攻左旋螺纹,故需先使主轴反转,再执行 G74 指令,刀具先快速定位至 X、Y 所指定的坐标位置,再快速定位到 R 点,接着以 F 所指定的进给速度攻螺纹至 Z 点,主轴转换为正转且同时向 Z 轴正方向退回至 R,退至 R 点后主轴恢复原来的反转。

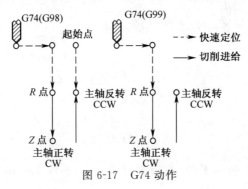

图 6-17 G74 动作

攻螺纹的进给速度可用下式计算:

$$v_f = P \times n$$

式中 v_f——攻螺纹的进给速度(mm/min);

P——螺纹导程(mm);

n——主轴转速(r/min)。

(3) 精镗孔循环指令(G76)。

指令格式:G76 X_Y_Z_R_Q_P_F_;

说明:孔加工动作如图 6-18 所示。图中 OSS 表示主轴准停,Q 表示刀具移动量。采用这种方式镗孔可以保证提刀时不至于划伤内孔表面。执行 G76 指令时,镗刀先快速定

位至 X、Y 坐标点,再快速定位到 R 点,接着以 F 指定的进给速度镗孔至 Z 指定的深度后,主轴定向停止,使刀尖指向一固定的方向后,镗刀中心偏移使刀尖离开加工孔面(图 6-19),这样镗刀以快速定位退出孔外时,才不至于刮伤孔面。当镗刀退回到 R 点或起始点时,刀具中心即回复原来位置,且主轴恢复转动。

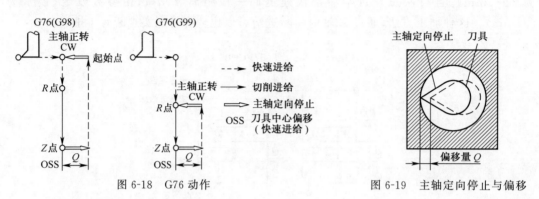

图 6-18 G76 动作　　　　　图 6-19 主轴定向停止与偏移

应注意偏移量 Q 值一定是正值,且 Q 不可用小数点方式表示数值,如欲偏移 1.0mm,应写成 $Q1000$。偏移方向可用参数设定选择 $+X$、$+Y$、$-X$ 及 $-Y$ 的任何一个方向,一般设定为 $+X$ 方向。指定 Q 值时不能太大,以避免碰撞工件。

(4) 钻孔循环指令(G81)。

指令格式:G81 X_Y_Z_R_F_;

说明:孔加工动作如图 6-20 所示。本指令属于一般孔钻削加工固定循环指令。

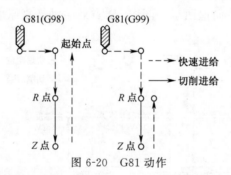

图 6-20 G81 动作

【例 6-4】 如图 6-21 所示零件,在板料上加工孔,板厚 10mm,要求用 G81 编程,选用 ϕ10mm 钻头。

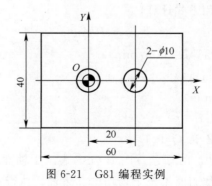

图 6-21 G81 编程实例

参考程序：
O6002
N10 G90 G54 G00 X0 Y0 S650 M03
N20 Z50 M08
N30 G81 G99 X0 Y0 Z-15 R3 F60   钻点(0,0)处孔
N40 X20   钻点(20,0)处孔
N50 G80   取消钻孔循环
N60 G00 Z50
N70 M30

(5)沉孔钻孔循环指令(G82)。

指令格式：G82 X_Y_Z_R_P_F_；

说明：与G81动作轨迹一样，仅在孔底增加了"暂停"时间，因而可以得到准确的孔深尺寸，表面更光滑，适用于锪孔或镗阶梯孔。

(6)深孔啄钻循环指令(G83)。

指令格式：G83 X_Y_Z_R_Q_F_；

说明：孔加工动作如图6-22所示，本指令适用于加工较深的孔，与G73不同的是每次刀具间歇进给后退至R点，可把切屑带出孔外，以免切屑将钻槽塞满而增加钻削阻力及切削液无法到达切削区。图6-22中的d值由参数设定，当重复进给时，刀具快速下降，到d规定的距离时转为切削进给，q为每次进给的深度。

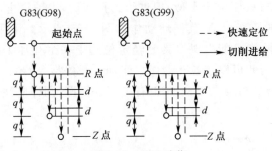

图6-22　G83动作

G83与G73的区别在于：G83每次进给Q后，退至R平面；而G73每次进给Q后，向上退d的距离，相比之下，G83适合更深的孔加工。

(7)攻右旋螺纹循环指令(G84)。

指令格式：G84 X_Y_Z_R_F_；

说明：与G74类似，但主轴旋转方向相反，用于攻右旋螺纹，其循环动作如图6-23所示。在G74、G84攻螺纹循环指令执行过程中，操作面板上的进给率调整旋钮无效，另外即使按下进给暂停键，循环在回复动作结束之前也不会停止。

(8)铰孔循环指令(G85)。

指令格式：G85 X_Y_Z_R_F_；

说明：孔加工动作与G81类似，但返回行程中，从Z点到R点为切削进给，以保证孔壁光滑，其循环动作如图6-24所示。此指令适宜铰孔。

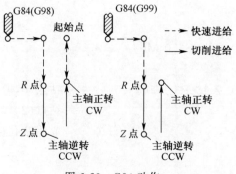

图 6-23　G84 动作

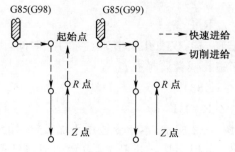

图 6-24　G85 动作

(9) 镗孔循环指令(G86)。

指令格式：G86 X_Y_Z_R_F_；

说明：指令的格式与 G81 完全类似，但进给到孔底后，主轴停止，返回到 R 点(G99)或起始点(G98)后，主轴再重新启动，其循环动作如图 6-25 所示。采用这种方式加工，如果连续加工的孔间距较小，则可能出现刀具已经定位到下一个孔加工的位置而主轴尚未到达规定的转速的情况，为此可以在各孔动作之间加入暂停指令 G04，以便主轴获得规定的转速。使用固定循环指令 G74 与 G84 时也有类似的情况，同样应注意避免。本指令属于一般孔镗削加工固定循环。

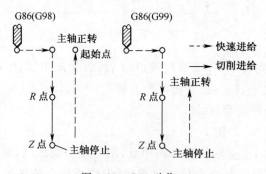

图 6-25　G86 动作

(10) 取消固定循环指令(G80)。

指令格式为：G80；

当固定循环指令不再使用时，应用 G80 指令取消固定循环，而回复到一般基本指令状态(如 G00、G01、G02、G03 等)，此时固定循环指令中的孔加工数据(如 Z 点、R 点值等)也被取消。

5)应用固定循环时应注意的问题

(1)指定固定循环之前,必须用辅助功能(M 指令)使主轴旋转。

(2)G73～G89 是模态指令,一旦指定将一直有效。

(3)由于固定循环是模态指令,因此,在固定循环有效期间,如果 X、Y、Z、R 中的任意一个被改变,就要进行一次孔加工。

(4)固定循环程序段中,如在不需要指令的固定循环下指令了孔加工数据 Q、P,它只作为模态数据进行存储,而无实际动作产生。

(5)使用具有主轴自动启动的固定循环(G74、G84、G86)时,如果孔的 XY 平面定位距离较短,或从初始点平面到 R 平面的距离较短,且需要连续加工,为了防止在进入孔加工动作时主轴不能达到指定的转速,应使用 G04 暂停指令进行延时。

(6)在固定循环中,刀具半径补偿(G41,G42)无效,刀具长度补偿(G43,G44)有效。

(7)可用 01 组 G 代码取消固定循环,当 01 组 G 代码(如 G00、G01、G02、G03 等)与固定循环指令出现在同一程序段时,按后出现的指令执行。

6.3 任务实施

6.3.1 加工工艺的确定

1. 分析零件图样

该零件上要求加工 $2\times\phi10^{+0.015}_{0}$ 及 $2\times M8$ 螺纹。孔的尺寸精度为 IT7,表面粗糙度全部为 $Ra1.6\mu m$,加工要求较高;螺纹的表面粗糙度为 $Ra3.2\mu m$,加工要求一般。

2. 工艺分析

1)加工方案的确定

(1)$2\times\phi10^{+0.015}_{0}$ 孔加工方案。打中心孔→钻 $2\times\phi10^{+0.015}_{0}$ 底孔至 $\phi9$→扩 $2\times\phi10^{+0.015}_{0}$ 孔至 $\phi9.8$→铰孔至 $\phi10^{+0.015}_{0}$。

(2)$2\times M8$ 螺纹加工方案。打中心孔→钻 $2\times M8$ 螺纹孔底孔至 $\phi6.7$→攻丝至 M8。

2)确定装夹方案

由题意可知,外轮廓及上、下面均不加工,直接采用平口钳装夹,底部用垫铁垫起,注意要让出通孔的位置。

3)确定加工工艺

加工工艺见表 6-9。

表 6-9 数控加工工序卡

数控加工工艺卡片		产品名称	零件名称	材料	零件图号
				45 钢	
工序号	程序编号	夹具名称	夹具编号	使用设备	车 间
		虎钳			
工步号	工步内容		刀具号	主轴转速 /(r/min)	进给速度 /(mm/min)	背吃刀量 /mm	侧吃刀量 /mm	备注
1	打中心孔		T01	1200	50	1.5		

(续)

工步号	工步内容	刀具号	主轴转速 /(r/min)	进给速度 /(mm/min)	背吃刀量 /mm	侧吃刀量 /mm	备注
2	钻 2×φ10$^{+0.015}_{0}$ 孔至 φ9	T02	500	40	4.5		
3	钻 2×M8 螺纹孔底孔至 φ6.7	T03	600	60	3.35		
4	扩 2×φ10$^{+0.015}_{0}$ 孔至 φ9.8	T04	600	100	0.4		
5	攻丝至 M8	T05	150	187.5			
6	铰孔至 φ10$^{+0.015}_{0}$	T06	120	60	0.1		

4）刀具及切削参数的确定

刀具及切削参数见表 6-10。

表 6-10 数控加工刀具卡

数控加工刀具卡片		工序号	程序编号	产品名称	零件名称	材料 45 钢	零件图号
序号	刀具号	刀具名称	刀具规格/mm		补偿值/mm		刀补号	备注
			直径	长度	半径	长度	半径	长度	

序号	刀具号	刀具名称	直径	长度	半径	长度	半径	长度	备注
1	T01	中心钻	φ3	实测				H01	高速钢
2	T02	麻花钻	φ9	实测				H02	高速钢
3	T03	麻花钻	φ6.7	实测				H03	高速钢
4	T04	扩孔钻	φ9.8	实测				H04	高速钢
5	T05	M8 丝锥	M8	实测				H05	高速钢
6	T06	铰刀	φ10	实测				H06	高速钢

6.3.2 参考程序编制

1. 工件坐标系的建立

以图 6-1 所示零件的上表面中心为编程原点建立工件坐标系。

2. 基点坐标计算（略）

3. 参考程序

执行程序前，已完成对刀，确定了各把刀的长度补偿值。

参考程序见表 6-11。

表 6-11 参考程序

程 序	说 明
O6003	程序名
N10 G90 G54 G00 X0 Y0 S1200 M03	建立工件坐标系，启动主轴
N20 G43 Z50 H01 M08	到达安全高度，建立刀具长度补偿，打开冷却液
N30 G99 G81 X-15 Y10 Z-5 R3 F50	打中心，孔 1
N40 Y-10	打中心孔，孔 2

(续)

程　　序	说　　明
N50 X15	打中心孔,孔3
N60 Y10	打中心孔,孔4
N70 G80	取消孔加工固定循环
N80 G00 Z400 M05	抬刀到Z400,主轴停
N90 M00	程序暂停,人工换上φ9麻花钻
N100 G90 G54 G00 X0 Y0 S500 M03	快速走到X0 Y0处,主轴正转
N110 G43 Z50 H02	主轴到达安全高度,建立刀具长度补偿
N120 G99 G73 X-15 Y10 Z-41 R3 Q5 F40	钻孔,孔1
N130 X15 Y-10	钻孔,孔3
N140 G80	取消孔加工固定循环
N150 G00 Z400 M05	抬刀到Z400,主轴停转
N160 M00	程序暂停,人工换上φ6.7麻花钻
N170 G90 G54 G00 X0 Y0 S600 M03	快速走到X0 Y0处,主轴正转
N180 G43 Z50 H03	主轴到达安全高度,建立刀具长度补偿
N190 G99 G83 X-15 Y-10 Z-22 R3 Q5 F60	钻孔,孔2
N200 X15 Y10	钻孔,孔4
N210 G80	取消孔加工固定循环
N220 G00 Z400 M05	抬刀到Z400,主轴停转
N230 M00	程序暂停,人工换上φ9.8扩孔钻
N240 G90 G54 G00 X0 Y0 S600 M03	快速走到X0 Y0处,主轴正转
N250 G43 Z50 H04	主轴到达安全高度,建立刀具长度补偿
N260 G99 G81 X-15 Y10 Z-41 R3 F100	扩孔,孔1
N270 X15 Y-10	扩孔,孔3
N280 G80	取消孔加工固定循环
N290 G00 Z400 M05	抬刀到Z400,主轴停转
N300 M00	程序暂停,人工换上M8丝锥
N310 G90 G54 G00 X0 Y0 S150 M03	快速走到X0 Y0处,主轴正转
N320 G43 Z50 H05	主轴到达安全高度,建立刀具长度补偿
N330 G99 G84 X-15 Y-10 Z-15 R8 F187.5	攻丝,孔2
N340 X15 Y10	攻丝,孔4
N350 G80	取消孔加工固定循环
N360 G00 Z400 M05	抬刀到Z400,主轴停转
N370 M00	程序暂停,人工换上φ10铰刀
N380 G90 G54 G00 X0 Y0 S120 M03	快速走到X0 Y0处,主轴正转
N390 G43 Z50 H06	主轴到达安全高度,建立刀具长度补偿
N400 G99 G85 X-15 Y10 Z-40 R3 F60	铰孔,孔1
N410 X15 Y-10	铰孔,孔3
N420 G80	取消孔加工固定循环
N430 G00 Z100 M05 M09	抬刀到Z100,主轴停转,并关闭冷却液
N440 G49	取消刀具长度补偿
N450 M30	程序结束

思考题与习题

6-1 孔加工的方法有哪些？

6-2 如何根据孔的精度要求选择刀具（包括粗加工及精加工刀具）？

6-3 编写攻丝程序时有哪些要注意的问题？

6-4 为什么位置精度要求较高的孔系加工要考虑孔的加工顺序？

6-5 如何确定刀具长度补偿值？

6-6 端盖零件如图 6-26 所示，底平面、两侧面和 $\phi 40H8$ 型腔已在前面工序加工完成。要求加工 4 个沉头螺钉孔和 2 个销孔，试编写其加工程序，零件材料为 HT150，加工数量为 5000 个/年。

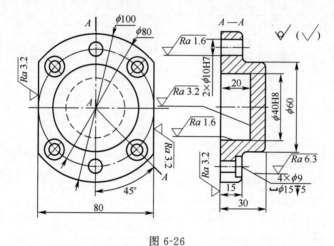

图 6-26

项目7 键槽加工

7.1 任务描述

加工图 7-1 所示零件的键槽,毛坯为 80mm×80mm×30mm 长方块(六面已加工),材料为 45 钢,单件生产。

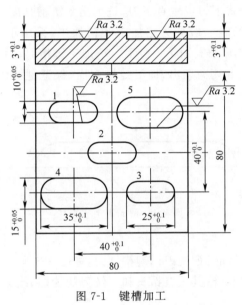

图 7-1 键槽加工

7.2 知识链接

7.2.1 键槽加工的工艺知识

1. 键槽加工方法

1)下刀方法

键槽加工的下刀方法通常有两种:

(1)使用立铣刀斜插式下刀。使用立铣刀时,由于端面刃不过中心,一般不宜垂直下刀,可以采用斜插式下刀。斜插式下刀,即在两个切削层之间,刀具从上一层的高度沿斜线以渐近的方式切入工件,直到下一层的高度,然后开始正式切削,如图 7-2 所示。采用斜插式下刀时要注意斜向切入的位置和角度的选择应适当,一般进刀角度为 5°~10°。

(2)使用键槽铣刀沿 Z 向垂直下刀。使用键槽铣刀时,由于端面刃过中心,可以沿 Z

轴直接切入工件,如图7-3所示。

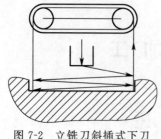

图7-2 立铣刀斜插式下刀

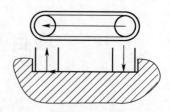

图7-3 键槽铣刀垂直下刀

2)加工刀路设计

铣削平键槽,一般采用与键槽宽度尺寸相同的刀具,工件Z向采用层切法逐渐切入工件,Z向层间采用斜插式下刀或垂直下刀,铣削出平键槽长度尺寸和深度尺寸。

加工精度较高的键槽时一般分为粗加工和精加工,采用小于键槽宽度尺寸的刀具。粗加工键槽时,其刀路如图7-2、图7-3所示。精加工键槽时,普遍采用轮廓铣削法,如图7-4所示,顺铣,切向切入和切向切出,加工键槽侧面,保证键槽侧面的粗糙度和键槽的宽度尺寸。

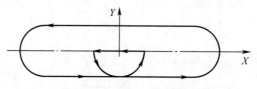

图7-4 精加工走刀路线

2. 键槽加工的刀具

键槽加工常用立铣刀和键槽铣刀。键槽铣刀,如图7-5所示,圆柱面上和端面上都有切削刃,端面刃延伸至中心,使其兼有钻头和立铣刀的功能,能够实现沿Z轴垂直下刀。

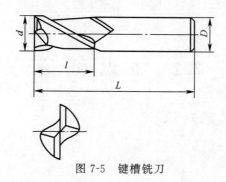

图7-5 键槽铣刀

7.2.2 局部坐标系指令 G52

1. 指令格式

指令格式:G52 X_Y_Z_;

式中 X、Y、Z——指令局部坐标系原点在工件坐标系中的坐标值。

G52指令指定的局部坐标系,相当于把工件坐标系的原点偏移到局部坐标系的原点上。在局部坐标系设定之后,若用绝对值(G90)指令的移动位置便是局部坐标系中的坐标位置。

2. 指令说明

(1)局部坐标系指令要求为一个独立程序段。

(2)后面的偏移指令取代先前的偏移指令。

(3)局部坐标系指令可以对所有工件坐标系(G54~G59)零点进行偏移。

(4)当 G52 X0 Y0 Z0 时,即可取消局部坐标系。

(5)该指令为非模态指令。

【例 7-1】 如图 7-6 所示刀具轨迹,使用局部坐标系编程。

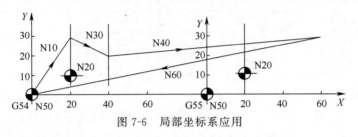

图 7-6 局部坐标系应用

参考程序:

O7001

N10 G54 G90 G01 X20 Y30 F100

N20 G52 X20 Y10　　　　　　　　局部坐标系设定(G54、G55 中同时有效)

N30 G54 G01 X20 Y10

N40 G55 X40 Y20

N50 G52 X0 Y0　　　　　　　　　局部坐标系取消(G54、G55 中同时有效)

N60 G54 X0 Y0

N70 M30

7.3 任务实施

7.3.1 加工工艺的确定

1. 分析零件图样

该零件共有 5 个键槽,其中槽 1、2、3 尺寸相同,槽 4、5 尺寸相同,各槽的尺寸精度为 IT9~IT10,表面粗糙度为 $Ra3.2\mu m$。

2. 工艺分析

1)加工方案的确定

根据零件的加工要求,各键槽均采用粗铣→精铣的加工方案。

2)确定装夹方案

该零件为单件生产,且零件外形为长方体,可选用平口虎钳装夹,工件上表面高出钳口 5mm 左右。

3)确定加工工艺

加工工艺见表 7-1。

表 7-1 数控加工工序卡

数控加工工艺卡片		产品名称	零件名称	材料	零件图号
				45 钢	
工序号	程序编号	夹具名称	夹具编号	使用设备	车间
		虎钳			
工步号	工步内容	刀具号	主轴转速 /(r/min)	进给速度 /(mm/min)	背吃刀量 /mm	侧吃刀量 /mm	备注
1	粗铣槽 1、2、3	T01	800	160	3	8	
2	精铣槽 1、2、3	T01	1000	100	3	0.3	
3	粗铣槽 4、5	T02	450	100	3	14	
4	精铣槽 4、5	T02	600	120	3	0.5	

4)进给路线的确定

(1)粗加工进给路线。槽 4、5 用立铣刀加工,采用斜插式下刀,其轮廓加工进给路线如图 7-7 所示。槽 1、2、3 的粗加工用键槽铣刀,沿 Z 向垂直切入工件,其轮廓加工进给路线如图 7-8 所示。

(2)精加工进给路线。精加工进给路线采用圆弧切向切入和圆弧切向切出,如图 7-8 所示。

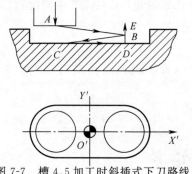

图 7-7 槽 4、5 加工时斜插式下刀路线

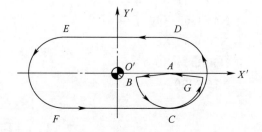

图 7-8 轮廓加工进给路线

5)刀具及切削参数的确定

刀具及切削参数见表 7-2。

表 7-2 数控加工刀具卡

数控加工刀具卡片		工序号	程序编号	产品名称	零件名称	材料	零件图号
						45 钢	
序号	刀具号	刀具名称	刀具规格/mm		补偿值/mm		刀补号		备注
			直径	长度	半径	长度	半径	长度	
1	T01	键槽铣刀(2 齿)	φ8	实测	4.34		D01 D02		高速钢
2	T02	立铣刀(4 齿)	φ14	实测			D03		高速钢

7.3.2 参考程序编制

1. 工件坐标系的建立

以图 7-1 所示零件的上表面中心为编程原点建立工件坐标系。

2. 基点坐标计算

键槽几何中心在工件坐标系中的坐标见表 7-3，即采用局部坐标系中的偏移值。

表 7-3 键槽几何中心坐标

槽 1	(-20,20)
槽 2	(0,0)
槽 3	(20,-20)
槽 4	(-20,-20)
槽 5	(20,20)

子程序中局部坐标系为键槽几何中心，局部坐标系中基点 A、B、C、D、E、F、G（图 7-8）在局部坐标系中的坐标值见表 7-4。

表 7-4 子程序中各点在局部坐标系中的坐标

槽 1、2、3	A	(7.5,0)	槽 4、5	A	(10,0)
	B	(3,-0.5)		B	(2.8,-0.3)
	C	(7.5,-5)		C	(10,-7.5)
	D	(7.5,5)		D	(10,7.5)
	E	(-7.5,5)		E	(-10,7.5)
	F	(-7.5,5)		F	(-10,-7.5)
	G	(12,-0.5)		G	(17.2,-0.3)

3. 参考程序

1) 槽 1、2、3 的参考程序

槽 1、2、3 的参考程序见表 7-5。

表 7-5 槽 1、2、3 的参考程序

主 程 序	
程 序	说 明
O7002	主程序名
N10 G90 G54 M03 S800	建立工件坐标系，启动主轴
N20 G00 Z50 M08	主轴到达安全高度，同时打开冷却液
N30 G52 X-20 Y20 Z0	工件坐标系偏移到槽 1 中心
N40 M98 P7011	调用子程序 O7011 粗加工槽 1
N50 G52 X0 Y0 Z0	工件坐标系偏移到槽 2 中心
N60 M98 P7011	调用子程序 O7011 粗加工槽 2
N70 G52 X20 Y-20 Z0	工件坐标系偏移到槽 3 中心
N80 M98 P7011	调用子程序 O7011 粗加工槽 3

(续)

主 程 序	
程 序	说 明
N90 G52 X0 Y0 Z0	取消局部坐标系
N100 G00 Z50 M09	Z向抬刀并关闭冷却液
N110 M05	主轴停
N120 G91 G00 Y200	Y轴工作台前移,便于测量
N130 M00	程序暂停,进行测量
N140 G54 G90 G00 Y0 M03 S1000 M08	Y轴返回,启动主轴,同时打开冷却液
N150 G52 X-20 Y20 Z0	工件坐标系偏移到槽1中心
N160 M98 P7012	调用子程序O7012精加工槽1
N170 G52 X0 Y0 Z0	工件坐标系偏移到槽2中心
N180 M98 P7012	调用子程序O7012精加工槽2
N190 G52 X20 Y-20 Z0	工件坐标系偏移到槽3中心
N200 M98 P7012	调用子程序O7012精加工槽3
N210 G52 X0 Y0 Z0	取消局部坐标系
N220 G00 Z50 M09	Z向抬刀至安全高度,并关闭冷却液
N230 M05	主轴停
N240 M30	主程序结束
粗加工子程序	
程 序	说 明
O7011	子程序名
N10 G00 X7.5 Y0	快速定位至局部坐标系中A点(图7-8)
N20 G00 Z5.0	接近工件
N30 G01 Z-2.8 F80	下刀
N40 G41 G01 X3 Y-0.5 D01 F160	建立刀具半径补偿,$A \to B$
N50 G03 X7.5 Y-5 R4.5	R4.5圆弧切向切入,$B \to C$
N60 G03 X7.5 Y5 R5	$C \to D$
N70 G01 X-7.5 Y5	$D \to E$
N80 G03 X-7.5 Y-5 R5	$E \to F$
N90 G01 X7.5 Y-5	$F \to C$
N100 G03 X12 Y-0.5 R4.5	R4.5圆弧切向切出,$C \to G$
N110 G40 G01 X7.5 Y0	取消刀具半径补偿,$G \to A$
N120 G01 Z5	提刀,刀具退出键槽
N130 M99	子程序结束
精加工子程序	
程 序	说 明
O7012	子程序名

(续)

精加工子程序	
程　　序	说　　明
N10 G00 X7.5 Y0	快速定位至局部坐标系中 A 点(图 7-8)
N20 G00 Z5.0	接近工件
N30 G01 Z-3 F80	下刀
N40 G41 G01 X3 Y-0.5 D02 F100	建立刀具半径补偿,A→B
N50 G03 X7.5 Y-5 R4.5	R4.5 圆弧切向切入,B→C
N60 G03 X7.5 Y5 R5	C→D
N70 G01 X-7.5 Y5	D→E
N80 G03 X-7.5 Y-5 R5	E→F
N90 G01 X7.5 Y-5	F→C
N100 G03 X12 Y-0.5 R4.5	R4.5 圆弧切向切出,C→G
N110 G40 G01 X7.5 Y0	取消刀具半径补偿,G→A
N120 G01 Z5	提刀,刀具退出键槽
N130 M99	子程序结束
注：子程序中坐标均为局部坐标系中的坐标	

2) 槽 4、5 的参考程序

槽 4、5 的参考程序见表 7-6。

表 7-6　槽 4、5 的参考程序

主　程　序	
程　　序	说　　明
O7003	主程序名
N10 G90 G54 M03 S450	建立工件坐标系,启动主轴
N20 G00 Z50 M08	主轴到达安全高度,同时打开冷却液
N30 G52 X-20 Y-20 Z0	工件坐标系偏移到槽 4 中心
N40 M98 P7013	调用子程序 O7013 粗加工槽 4
N50 G52 X20 Y20 Z0	工件坐标系偏移到槽 5 中心
N60 M98 P7013	调用子程序 O7013 粗加工槽 5
N70 G52 X0 Y0 Z0	取消局部坐标系
N80 G00 Z50 M09	Z 向抬刀并关闭冷却液
N90 M05	主轴停
N100 G91 G00 Y200	Y 轴工作台前移,便于测量
N110 M00	程序暂停,进行测量
N120 G54 G90 G00 Y0 M03 S600 M08	Y 轴返回,启动主轴,同时打开冷却液
N130 G52 X-20 Y-20 Z0	工件坐标系偏移到槽 4 中心
N140 M98 P7014	调用子程序 O7014 精加工槽 4

79

(续)

主 程 序	
程　　序	说　　明
N150 G52 X20 Y20 Z0	工件坐标系偏移到槽5中心
N160 M98 P7014	调用子程序O7014精加工槽5
N170 G52 X0 Y0 Z0	取消局部坐标系
N180 G00 Z50 M09	Z向抬刀至安全高度,并关闭冷却液
N190 M05	主轴停
N20 M30	主程序结束

粗加工子程序	
程　　序	说　　明
O7013	子程序名
N10 G00 X-10 Y0	X、Y向快速定位至局部坐标系中A点(图7-7)
N20 G00 Z1.0	Z向下刀至A点
N30 G01 X10 Z-1.3 F60	斜向切削,A→B
N40 G01 X-10 Z-2.9	斜向切削,B→C
N50 G01 X10 F100	横向切削,C→D
N60 G01 Z5 F200	提刀,刀具退出键槽
N70 M99	子程序结束

精加工子程序	
程　　序	说　　明
O7014	子程序名
N10 G00 X10 Y0	快速定位至局部坐标系中A点(图7-8)
N20 G00 Z5.0	接近工件
N30 G01 Z-3 F80	下刀
N40 G41 G01 X2.8 Y-0.3 D03 F120	建立刀具半径补偿,A→B
N50 G03 X10 Y-7.5 R7.2	R7.2圆弧切向切入,B→C
N60 G03 X10 Y7.5 R7.5	C→D
N70 G01 X-10 Y7.5	D→E
N80 G03 X-10 Y-7.5 R7.5	E→F
N90 G01 X10 Y-7.5	F→C
N100 G03 X17.2 Y-0.3 R7.2	R7.2圆弧切向切出,C→G
N110 G40 G01 X10 Y0	取消刀具半径补偿,G→A
N120 G01 Z5 F200	提刀,刀具退出键槽
N130 M99	子程序结束

注:子程序中坐标均为局部坐标系中的坐标

思考题与习题

7-1 什么是局部坐标系？在局部坐标系中，坐标值是相对于哪个坐标系而言的？

7-2 键槽加工的常用下刀方式有哪些？

7-3 练习编写图 7-9 所示零件的键槽加工工艺及程序。

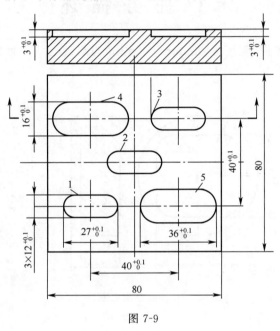

图 7-9

项目 8 型腔加工

8.1 任务描述

加工图 8-1 所示零件,毛坯为 φ50mm×20mm 的圆盘(上、下面和圆柱面已加工好),材料为 45 钢,单件生产。

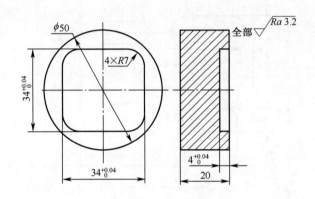

图 8-1 简单型腔零件

8.2 知识链接

8.2.1 型腔加工的工艺知识

1. 型腔加工方法

型腔铣削需要在边界线确定的一个封闭区域内去除材料。该区域由侧壁及底面围成,其侧壁和底面可以是斜面、凸台、球面以及其他形状。型腔内部可以全空或有孤岛。型腔加工分三步:型腔内部去余量,型腔轮廓粗加工,型腔轮廓精加工。

1)下刀方法

把刀具引入到型腔有三种方法:

(1)使用键槽铣刀沿 Z 向直接下刀,切入工件。

(2)先用钻头钻孔,立铣刀通过孔垂向进入再用圆周铣削。

(3)使用立铣刀螺旋下刀或者斜插式下刀。

螺旋下刀,即在两个切削层之间,刀具从上一层的高度沿螺旋线以渐近的方式切入工件,直到下一层的高度,然后开始正式切削。螺旋下刀时,一般进刀角度为 3°~5°,螺旋直径一般取刀具直径的 50%~80%。

2)走刀路线的选择

常见的型腔加工走刀路线有行切、环切和综合切削三种方法,如图 8-2 所示。三种加工方法的特点是:

(1)共同点是都能切净内腔中的全部面积,不留死角,不伤轮廓,同时尽量减少重复进给的搭接量。

(2)不同点是行切法(图 8-2(a))的进给路线比环切法短,但行切法将在每两次进给的起点与终点间留下残留面积,而达不到所要求的表面粗糙度;用环切法(图 8-2(b))获得的表面质量要好于行切法,但环切法需要逐次向外扩展轮廓线,刀位点计算稍微复杂一些。

(3)采用图 8-2(c)所示的进给路线,即先用行切法切去中间部分余量,后用环切法光整轮廓表面,既能使总的进给路线较短,又能获得较好的表面质量。

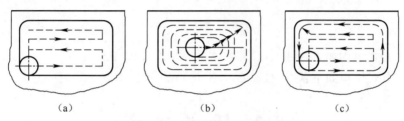

图 8-2 型腔加工走刀路线
(a)行切法;(b)环切法;(c)综合切削法。

2. 型腔加工的刀具

型腔加工常用立铣刀和键槽铣刀,刀具半径 r 应小于零件内轮廓面的最小曲率半径 ρ,一般取 $r=(0.8\sim0.9)\rho$。

3. 型腔加工的切削参数

粗加工型腔时要确定两次切削之间的间距即行距,通常取刀具直径的 70%～90%。

8.2.2 编程指令

螺旋线插补 G02/G03

1. 指令格式

指令格式:

$$G17 \begin{Bmatrix} G02 \\ G03 \end{Bmatrix} X\_Y\_ \begin{Bmatrix} I\_J\_ \\ R\_ \end{Bmatrix} Z\_F\_;$$

$$G18 \begin{Bmatrix} G02 \\ G03 \end{Bmatrix} X\_Z\_ \begin{Bmatrix} I\_K\_ \\ R\_ \end{Bmatrix} Y\_F\_;$$

$$G19 \begin{Bmatrix} G02 \\ G03 \end{Bmatrix} Y\_Z\_ \begin{Bmatrix} J\_K\_ \\ R\_ \end{Bmatrix} X\_F\_;$$

2. 指令说明

(1)X、Y、Z 中由 G17/G18/G19 平面选定的两个坐标为螺旋线投影圆弧的终点,意义同圆弧进给,第 3 个坐标是与选定平面相垂直的轴终点。其余参数的意义同圆弧进给。该指令对另一个不在圆弧平面上的坐标轴施加运动指令,对于任何小于 360°的圆弧可附加任一数值的单轴指令。

(2)指令中的 F 值只是圆弧进给速度,而直线轴的进给速度为

$$F_{直线} = F \times (直线轴位移/圆弧弧长)$$

【例 8-1】 使用 G02 对图 8-3 所示的的螺旋线编程,起点在(0,30,10),螺旋线终点(30,0,0),假设刀具最初在螺旋线起点。

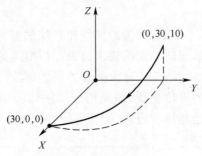

图 8-3 螺旋线插补

用 G90 方式编程如下:G90 G17 G02 X30 Y0 Z0 R30 F200;
用 G91 方式编程如下:G91 G17 G02 X30 Y-30 Z-10 R30 F200;

8.3 任务实施

8.3.1 加工工艺的确定

1. 分析零件图样
该零件要求加工矩形型腔,表面粗糙度要求为 $R_a 3.2 \mu m$。

2. 工艺分析
1)加工方案的确定
根据零件的要求,型腔加工方案为:型腔去余量→型腔轮廓粗加工→型腔轮廓精加工。

2)确定装夹方案
选三爪卡盘夹紧,使零件伸出 5mm 左右。

3)确定加工工艺
加工工艺见表 8-1。

表 8-1 数控加工工序卡片

数控加工工艺卡片		产品名称	零件名称	材料	零件图号
				45钢	
工序号	程序编号	夹具名称	夹具编号	使用设备	车间
		三爪卡盘			
工步号	工步内容	刀具号	主轴转速 /(r/min)	进给速度 /(mm/min)	背吃刀量 /mm	侧吃刀量 /mm	备注
1	型腔去余量	T01	400	100	4		
2	型腔轮廓粗加工	T01	400	120	4	0.7	
3	型腔轮廓精加工	T01	600	60	4	0.3	

4)进给路线的确定

(1)型腔去余量走刀路线。型腔去余量走刀路线如图 8-4 所示。刀具在 1 点螺旋下刀(螺旋直径为 6mm),再从 1 点至 2 点,采用行切法去余量。

图 8-4 中各点坐标见表 8-2。

表 8-2 型腔去余量加工基点坐标

1	(-4,-7)	2	(-10,-10)	3	(10,-10)
4	(10,-3)	5	(-10,-3)	6	(-10,3)
7	(10,3)	8	(10,10)	9	(-10,10)

(2)型腔轮廓加工走刀路线。型腔轮廓加工走刀路线如图 8-5 所示。刀具在 1 点下刀后,再从 1 点→2 点→3 点→4 点→…,采用环切法加工型腔轮廓。

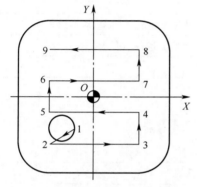

图 8-4 型腔去余量走刀路线

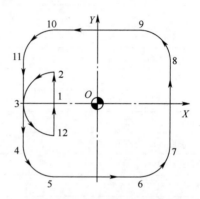

图 8-5 型腔轮廓加工走刀路线

图 8-5 中各点坐标见表 8-3。

表 8-3 型腔轮廓加工基点坐标

1	(-10,0)	2	(-10,7)	3	(-17,0)
4	(-17,-10)	5	(-10,-17)	6	(10,-17)
7	(17,-10)	8	(17,10)	9	(10,17)
10	(-10,17)	11	(-17,10)	12	(-10,-7)

5)刀具及切削参数的确定

刀具及切削参数见表 8-4。

表 8-4 数控加工刀具卡

数控加工刀具卡片		工序号	程序编号	产品名称	零件名称	材料		零件图号	
						45 钢			
序号	刀具号	刀具名称	刀具规格/mm		补偿值/mm		刀补号		备注
			直径	长度	半径	长度	半径	长度	
1	T01	立铣刀(3 齿)	φ12	实测	6.36	实测	D01 D02		高速钢

8.3.2 参考程序编制

1. 工件坐标系的建立

以图 8-1 所示零件的上表面中心为编程原点建立工件坐标系。

2. 基点坐标计算(略)

3. 参考程序

参考程序见表 8-5。

表 8-5 参考程序

程　　序	说　　明
O8001	主程序名
N10 G54 G90 G17 G40 G80 G49 G21	设置初始状态
N20 G00 Z50	安全高度
N30 G00 X-4 Y-7 S400 M03	启动主轴,快速进给至下刀位置(点1,图8-4)
N40 G00 Z5 M08	接近工件,同时打开冷却液
N50 G01 Z0 F60	接近工件
N60 G03 X-4 Y-7 Z-1 I-3	螺旋下刀
N70 G03 X-4 Y-7 Z-2 I-3	
N80 G03 X-4 Y-7 Z-3 I-3	
N90 G03 X-4 Y-7 Z-4 I-3	
N100 G03 X-4 Y-7 Z-4 I-3	修光底部
N110 G01 X-10 Y-10 F100	1→2(图8-4)
N120 X10	2→3
N130 Y-3	3→4
N140 X-10	4→5
N150 Y3	5→6
N160 X10	6→7
N170 Y10	7→8
N180 X-10	8→9
N190 G01 X-10 Y0	进给至型腔轮廓加工起点(点1,图8-5)
N200 M98 P8002 D01 F120	调子程序 O8002,粗加工型腔轮廓
N210 M98 P8002 D02 F60 S600	调子程序 O8002,精加工型腔轮廓
N220 G00 Z50 M09	Z向抬刀至安全高度,并关闭冷却液
N230 M05	主轴停
N240 M30	主程序结束
子　程　序	
O8002	子程序名
N10 G41 G01 X-10 Y7	1→2(图8-5),建立刀具半径补偿
N20 G03 X-17 Y0 R7	2→3

(续)

程　　　　序	说　　　　明
子　程　序	
N30 G01 Y-10	3→4
N40 G03 X-10 Y-17 R7	4→5
N50 G01 X10	5→6
N60 G03 X17 Y-10 R7	6→7
N70 G01 X17 Y10	7→8
N80 G03 X10 Y17 R7	8→9
N90 G01 X-10	9→10
N100 G03 X-17 Y10 R7	10→11
N110 G01 Y0	11→3
N120 G03 X-10 Y-7 R7	3→12
N120 G40 G00 X-10 Y0	12→1,取消刀具半径补偿
N130 M99	子程序结束

思考题与习题

8-1　型腔的加工步骤有哪些？

8-2　练习编写图 8-6 所示零件（未注圆角半径为 $R6$）的型腔加工工艺及程序。毛坯为 60mm×60mm×20mm 的长方块（六面均已加工），材料为 45 钢，单件生产。

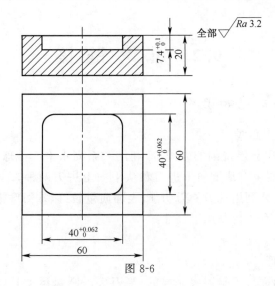

图 8-6

项目9　宏程序铣削加工

9.1　任务描述

加工图9-1所示的凸球面,毛坯为50mm×50mm×40mm长方块(六面均已加工),材料为45钢,单件生产。

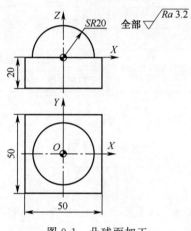

图9-1　凸球面加工

9.2　知识链接

9.2.1　球面加工工艺知识

1. 球面加工的走刀路线

球面加工一般采用分层铣削的方式,即利用一系列水平面截球面所形成的同心圆来完成走刀。在进刀控制上有从上向下进刀和从下向上进刀两种,一般应使用从下向上进刀来完成加工,此时主要利用铣刀侧刃切削,表面质量较好,端刃磨损较小,同时切削力将刀具向欠切方向推,有利于控制加工尺寸。

2. 进刀控制算法

1)进刀轨迹的处理

对立铣刀加工,曲面加工是刀尖完成的,当刀尖沿圆弧运动时,其刀具中心运动轨迹也是一等径的圆弧,只是位置相差一个刀具半径,如图9-2(a)所示。

对球头刀加工,曲面加工是球刃完成的,其刀具中心是球面的球心,半径相差一个刀具半径,如图9-2(b)所示。

2)进刀点的计算

(1)当采用等高方式逐层切削时,先根据允许的加工误差和表面粗糙度,确定合理的 Z 向进刀量,再根据给定加工深度 Z,计算加工圆的半径,即 $r=\sqrt{R^2-z^2}$,如图 9-2(c)所示。

(2)当采用等角度方式逐层切削时,先根据允许的加工误差和表面粗糙度,确定两相邻进刀点相对球心的角度增量,再根据角度计算进刀点的 Z 和 r 值,即 $Z=R\times\sin\theta$,$r=R\cos\theta$,如图 9-2(c)所示。

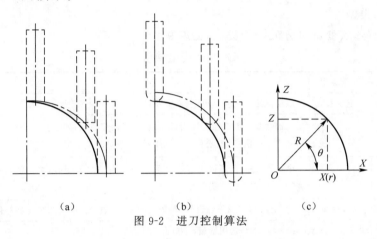

图 9-2 进刀控制算法

9.2.2 宏程序

在一般的程序编制中程序字为一常量,一个程序只能描述一个几何形状,缺乏灵活性与通用性。针对这种情况,数控机床提供了另一种编程方式,即宏编程。在程序中使用变量,通过对变量进行赋值及处理的方法可以充分发挥程序的功能,这种有变量的程序称为宏程序。

例如:

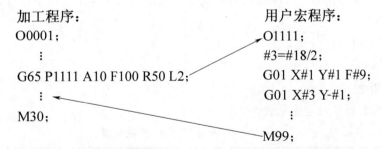

FANUC 0i 系统提供了两种用户宏程序:A 类宏程序和 B 类宏程序。A 类宏程序需要使用"G65Hm"格式的宏指令来表达各种数学运算和逻辑关系,导致程序编制比较复杂,所以目前使用较少,主要使用于一些低版本的数控系统中。在本书中只介绍 B 类宏程序的相关知识。

1. 变量

普通加工程序直接用数值指定 G 代码和移动距离,如 G00 X100。使用用户宏程序时,数值可以直接指定或用变量指定。当用变量时,变量值可用程序或用 MDI 面板上的操作改变。

例如:#1=#2+100;
　　　G01 X#1 F300;

1)变量的表示

一个变量由符号"#"和变量号组成,如#1、#2。表达式可以用于指定变量号,此时表达式应包含在方括号内,如#[#1+#2-20]等。

2)变量的类型

根据变量号,宏变量可分成四种类型,见表9-1。

表9-1　变量类型

变量号	变量类型	功　能
#0	空变量	该变量通常为空,该变量不能赋值
#1~#33	局部变量	局部变量只能在宏程序内部使用,用于保存数据,如运算结果等。当电源关闭时,局部变量被清空;当宏程序被调用时,参数被赋值给局部变量
#100~#199 #500~#999	全局变量	全局变量可在不同宏程序之间共享。当电源关闭时,#100~#149被清空,而#500~#531的值仍保留
#1000~#9999	系统变量	用于读、写CNC运行时各种数据的变化,如刀具的当前位置和补偿值等
注:全局变量#150~#199,#532~#999是选用变量,应根据实际系统使用		

3)变量的引用

在程序中引用(使用)宏变量时,其格式为:在程序字地址后面跟宏变量号。当用表达式表示变量时,表达式应包含在一对方括号内。

例如:G00 X#1 Z#2;
　　　G01 X[#5+#6] F#7;

4)变量使用限制

程序号、顺序号和程序段跳段编号不能使用变量。如不能用于以下用途:

O#1;

/#2 G00 X100;

N#3 Y200;

2. 运算指令

变量的算术和逻辑运算见表9-2。

表9-2　变量的算术和逻辑运算

函　数	格　式	备　注
赋值	#i=#j	
求和	#i=#j+#k	
求差	#i=#j-#k	
乘积	#i=#j*#k	
求商	#i=#j/#k	

(续)

函 数	格 式	备 注
正弦 余弦 正切 反正切	#i=SIN[#j] #i=COS[#j] #i=TAN[#j] #i=ATAN[#J]/[#k]	角度以度指定,如60°30′表示为60.5°
平方根 绝对值 四舍五入 向下取整 向上取整	#i=SQRT[#j] #i=ABS[#J] #I=ROUND[#J] #I=FIX[#J] #I=FUP[#J]	
或 OR 异或 XOR 与 AND	#I=#J OR #K #I=#J XOR #K #I=#I AND #J	逻辑运算用二进制数按位操作
十—二进制转换 二—十进制转换	#I=BIN[#J] #I=BCD[#J]	用于与PMC的信号交换

3. 控制指令

1) 分支语句

(1) 无条件转移(GOTO 语句)。该指令的功能是控制转移(分支)到顺序号 n 所在位置。

指令格式:GOTO n;

式中　n——(转移到的程序段)顺序号。

【例 9-1】　GOTO 200;

当执行到该语句时,将无条件转移到 N200 程序段执行。

(2) 条件转移。指令格式:IF[条件表达式]GOTO n;

如果指定的条件表达式满足时,则转移到标有顺序号 n 的程序段;如果指定的条件表达式不满足,执行下个程序段。

说明:

①条件表达式。条件表达式由两变量或一变量一常数中间夹比较运算符组成,条件表达式必须包含在一对方括号内。条件表达式可直接用变量代替。

②比较运算符。比较运算符由两个字母组成(表9-3),用于比较两个值,来判断它们是相等还是一个值小于或大于另一值。注意不能用不等号。

表 9-3　比较运算符

序号	运算符	含 义	序号	运算符	含 义
1	EQ	相等(=)	4	GE	大于等于(≥)
2	NE	不等于(≠)	5	LT	小于(<)
3	GT	大于(>)	6	LE	小于等于(≤)

【例 9-2】　条件转移指令的执行情况:

……

N50 IF[#3 LT 0]GOTO 80;

N60 …
N70 …
N80 G00 X50;
…

程序执行到 N50 时,如果条件[♯3 LT 0]满足,则转移执行 N80 程序段;否则顺序执行 N60 程序段。

2)循环语句

编程格式:WHILE[条件表达式]DO m;(m=1,2,3)
…
…
END m;

当指定的条件满足时,则执行 WHILE 从 DO 到 END 之间的程序,否则转移执行 END 之后的程序段。在 DO 和 END 后的数字是用于指定处理的范围(称循环体)的识别号,数字可用 1、2、3 表示。

【例 9-3】 条件转移指令的执行情况:
…
N50 WHILE[♯3 GT 0]DO1;
N60 …
N70 …
N80 END1;
N90 …

程序执行到 N50 时,如果条件[♯3 GT 0]满足,则执行 N50～N80 之间的程序;否则转移执行 N90 程序段。

4. 宏程序调用方法

1)非模态调用 G65

编程格式:G65P(程序号)L(重复次数)<实参描述>;

说明:

(1)调用。在 G65 后用地址 P 指定需调用的用户宏程序号;当重复调用时,在地址 L 后指定调用次数(1～99)。L 省略时,调用次数为 1 次。

(2)实参描述。通过使用实参描述,数值被指定给对应的局部变量。常用的地址与变量对应关系见表 9-4。

表 9-4 地址与变量对应关系

地 址	变量号	地 址	变量号	地 址	变量号
A	♯1	I	♯4	T	♯20
B	♯2	J	♯5	U	♯21
C	♯3	K	♯6	V	♯22
D	♯7	M	♯13	W	♯23
E	♯8	Q	♯17	X	♯24
F	♯9	R	♯18	Y	♯25
H	♯11	S	♯19	Z	♯26

注:地址 G、L、N、O、P 不能用于实参。

2)模态调用 G66

编程格式:G66P(程序号)L(重复次数)<实参描述>;

一旦指令了 G66,就指定了一种模态宏调用,即在(G66 之后的)程序段中指令的各轴运动执行完后,调用(G66 指定的)宏程序。这将持续到指令 G67 为止,才取消模态宏调用。

【例 9-4】 加工图 9-3 所示圆弧点阵孔群,试编写出其宏程序。

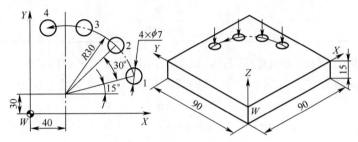

图 9-3 圆弧点阵孔群加工

选择工件上表面左下角为工件坐标系原点,刀具为 φ7mm 的麻花钻。参考程序见表 9-5。

表 9-5 参考程序

程　　序	说　　明
O9001	程序名
N10 G54 G90 G17 G40 G80 G49 G21	设置初始状态
N20 M03 S500	启动主轴
N30 G00 X0 Y0	回编程原点
N40 G00 Z50 M08	安全高度,打开冷却液
N50 #1=40	圆弧中心的 X 坐标值
N60 #2=30	圆弧中心的 Y 坐标值
N70 #3=30	圆弧半径
N80 #4=15	第一个孔的起始角
N90 #5=4	圆周上孔数
N100 #6=30	均布孔间隔度数
N110 #7=-20	最终钻孔深度
N120 #8=4	接近加工表面安全距离
N130 #9=60	钻孔进给速度
N140 #100=1	赋孔计数器初值
N150 #30=#3*COS[#4]	圆弧中心到圆弧上任意孔中心的横坐标值
N160 #31=#1+#30	圆弧上任意孔中心的 X 坐标
N170 #32=#3*SIN[#4]	圆弧中心到圆弧上任意孔中心的纵坐标值
N180 #33=#2+#32	圆弧上任意孔中心的 Y 坐标
N190 G81 X#31 Y#33 Z#7 R#8 F#9	调用固定循环指令钻孔

(续)

程　序	说　明
N200 #100=#100+1	孔计数器加1
N210 #4=#4+#6	孔位置角度叠加一个角度均值
N220 IF[#100 LE 4]GOTO 150	如果#100小于等于4，则返回
N230 G80 G00 Z100 M09	取消孔加工固定循环，快速抬刀，并关闭冷却液
N240 M05	主轴停
N250 M30	程序结束

【例 9-5】 加工图 9-4 所示椭圆凸台，试编写出其精加工宏程序。

(1)椭圆的参数方程。如图 9-5 所示，椭圆上任意点 P 的参数方程为

$$x = a\cos\alpha$$
$$y = b\sin\alpha$$

(2)椭圆的加工路线：1→2→3→4→3→5→1，如图 9-5 所示。

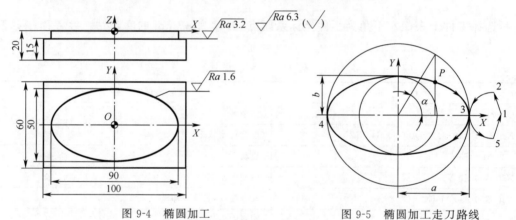

图 9-4　椭圆加工　　　　图 9-5　椭圆加工走刀路线

椭圆加工时，图 9-5 中各点坐标见表 9-6。

表 9-6　椭圆加工基点坐标

1	(65,0)	2	(60,15)	3	(45,0)
4	(−45,0)	5	(60,−15)		

(3)参考程序。

选择工件上表面中心为工件坐标系原点，刀具为 φ25mm 的立铣刀(高速钢)。参考程序见表 9-7。

表 9-7　参考程序

程　序	说　明
O9002	程序名
N10 G54 G90 G17 G40 G80 G49 G21	设置初始状态
N20 M03 S300	启动主轴
N30 G00 X0 Y0	回编程原点

(续)

程 序	说 明
N40 G00 Z50 M08	安全高度,打开冷却液
N50 #10=-0.5	角度步长
N60 #11=360	初始角度
N70 #12=0	终止角度
N80 #13=45	长半轴
N90 #14=25	短半轴
N100 #15=-5	加工深度
N110 G00 X65 Y0	刀具快速运行到点1
N120 G00 Z10	快速下刀到参考高度
N130 G01 Z[#15] F80	刀具下到-5mm
N140 G41 G01 X60 Y15 D01 F100	点1→点2,建立刀具半径补偿
N150 G03 X45 Y0 R15	点2→点3,圆弧切入
N160 #20=#11	赋初始值
N170 WHILE[#20 GT #12]D01	如果#20大于#12,循环1继续
N180 #20=#20+#10	变量#20增加一个角度步长
N190 #16=#13*COS[#20]	计算X坐标值
N200 #17=#14*SIN[#20]	计算Y坐标值
N210 G01 X#16 Y#17	运行一个步长
N220 END1	循环1结束
N230 G03 X60 Y-15 R15	点3→点5,圆弧切出
N240 G40 G01 X60 Y0	点5→点1,取消刀具半径补偿
N250 G00 Z100 M09	快速提刀,并关闭冷却液
N260 M05	主轴停
N270 M30	程序结束

9.3 任务实施

9.3.1 加工工艺的确定

1. 分析零件图样

该零件要求加工的只是凸球面及四方底座的上表面,其表面粗糙度为 $R_a 3.2 \mu m$,无其他要求。

2. 工艺分析

1)加工方案的确定

根据表面粗糙度 $R_a 3.2 \mu m$ 要求,凸球面的加工方案为粗铣→精铣;四方底座上表面的加工方案为粗铣→精铣。

2)确定装夹方案

选用平口虎钳装夹,工件上表面高出钳口约24mm。

3)确定加工工艺

加工工艺见表9-8。

表9-8 数控加工工序卡

数控加工工艺卡片		产品名称		零件名称	材料		零件图号	
					45钢			
工序号	程序编号	夹具名称	夹具编号	使用设备		车 间		
		虎钳						
工步号	工步内容		刀具号	主轴转速 /(r/min)	进给速度 /(mm/min)	背吃刀量 /mm	侧吃刀量 /mm	备注
1	粗铣圆柱φ41		T01	300	80	10		
2	粗加工凸球面		T01	300	120	2		
3	精加工凸球面及台阶面		T02	1600	200			

4)刀具及切削参数的确定

刀具及切削参数见表9-9。

表9-9 数控加工刀具卡

数控加工刀具卡片		工序号	程序编号	产品名称	零件名称	材料		零件图号	
						45钢			
序号	刀具号	刀具名称		刀具规格/mm	补偿值/mm		刀补号		备注
				直径	长度	半径	长度	半径	长度
1	T01	立铣刀(3齿)		φ20	实测		实测			高速钢
2	T02	立铣刀(4齿)		φ20	实测	10	实测	D01		硬质合金

9.3.2 参考程序编制

1. 工件坐标系的建立

以图9-1所示零件的球心为编程原点建立工件坐标系。

2. 基点坐标计算(略)

3. 参考程序

1)粗加工

凸球面粗加工使用平底立铣刀,自上而下以等高方式逐层去除余量,每层以G03方式走刀,相关参数如图9-6所示。参考程序见表9-10。

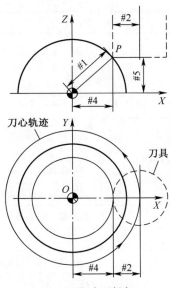

图 9-6 凸球面粗加工

表 9-10 粗加工参考程序

主 程 序	
程 序	说 明
O9003	主程序名
N10 G54 G90 G17 G40 G80 G49 G21	设置初始状态
N20 M03 S300	启动主轴
N30 G00 X30.5 Y-40	快速进给至粗铣圆柱 $\phi 41$ 下刀位置
N40 G00 Z100	安全高度
N50 G00 Z25 M08	接近工件,同时打开冷却液
N60 G01 Z10 F80	下刀至 Z10mm
N70 G01 Y0	直线切入
N80 G03 I-30.5	粗铣圆柱 $\phi 41$,深度为 10mm
N90 G00 Z12	快速提刀
N100 Y-40	快速进给至粗铣圆柱 $\phi 41$ 下刀位置
N110 G01 Z0.5 F80	下刀至 Z0.5mm
N120 G01 Y0	直线切入
N130 G03 I-30.5	粗铣圆柱 $\phi 41$,深度为 19.5mm
N140 G00 Z25	快速提刀
N150 G90 G00 X32 Y0	快进到凸球面粗加工下刀点
N160 G65 P9013 A20 B10 C2 J18	调用子程序 O9013
N170 G00 Z100 M09	快速提刀,并关闭冷却液
N180 M05	主轴停
N190 M30	程序结束

(续)

主 程 序	
程 序	说 明
自变量赋值说明： #1=A　　凸球面半径； #3=C　　Z坐标每次递减量(Z向层间距)；	#2=B　　立铣刀半径； #5=J　　凸球面上点P的Z坐标

子 程 序	
程 序	说 明
O9013	子程序名
N10 WHILE[#5 GT 0]DO1	如果#5大于0,循环1继续
N20 #4=SQRT[#1*#1-#5*#5]	凸球面上点P的X坐标
N30 G01 Z#5 F80	Z向下刀
N40 G01 X[#4+#2+0.3]F120	法向切入,留0.3mm精加工余量
N50 G02 I-[#4+#2+0.3]	整圆加工
N60 G91 G00 Z2	相对提刀2mm
N70 G90 G00 X32 Y0	快进到下刀点
N80 #5=#5-#3	Z坐标#5每次递减#3
N90 END1	循环1结束
N100 M99	子程序结束返回

2)精加工

凸球面精加工使用平底立铣刀,自下而上以等角度水平环绕方式逐层去除余量,每层以G02方式走刀,相关参数如图9-7所示。参考程序见表9-11。

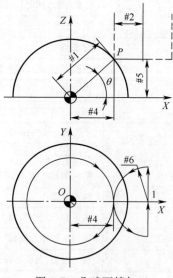

图9-7　凸球面精加工

表 9-11 精加工参考程序

主 程 序	
程 序	说 明
O9004	主程序名
N10 G54 G90 G17 G40 G80 G49 G21	设置初始状态
N20 M03 S1600	启动主轴
N30 G00 Z100	安全高度
N40 G00 Z5 M08	接近工件，同时打开冷却液
N50 G65 P9014 A20 B10 C1 K12 D0	调用子程序 O9014
N60 G00 Z100 M09	快速提刀，并关闭冷却液
N70 M05	主轴停
N80 M30	程序结束

自变量赋值说明：
♯1＝A　　凸球面半径；　　　　♯2＝B　　立铣刀半径；
♯3＝C　　角度每次递增量；　　♯6＝K　　圆弧进刀半径；
♯7＝D　　角度设为自变量，赋初始值

子 程 序	
程 序	说 明
O9014	子程序名
N10 WHILE[♯7 LT 90]DO1	如果♯7小于90，循环1继续
N20 ♯4＝♯1＊COS[♯7]	凸球面上点 P 的 X 坐标
N30 ♯5＝♯1＊SIN[♯7]	凸球面上点 P 的 Z 坐标
N40 G00 X[♯4＋♯6]Y0	快进到1点(图9-7)
N50 G01 Z♯5 F80	Z 向下刀
N60 G41 G01 Y♯6 D01 F200	走直线，建立刀具半径补偿
N70 G03 X♯4 Y0 R♯6	圆弧切向切入
N80 G02 I-♯4	整圆加工
N90 G03 X[♯4＋♯6]Y－♯6 R♯6	圆弧切向切出
N100 G40 G01 Y0	走直线，取消刀具半径补偿
N110 ♯7＝♯7＋♯3	角度♯7每次递增♯3
N120 G00 Z[♯5＋1]	相对当前高度快速提刀1mm
N130 END1	循环1结束
N140 M99	子程序结束返回

思考题与习题

9-1　什么是宏程序？其特点是什么？

9-2　加工图 9-8 所示的凹球面,毛坯为 100mm×80mm×40mm 长方块(六面均已加工),材料为 45 钢,单件生产。

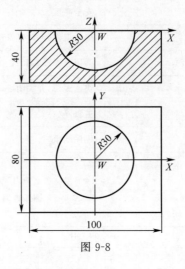

图 9-8

项目 10　数控铣削加工综合实例 1

10.1　任 务 描 述

加工图 10-1 所示零件（单件生产），毛坯为 80mm×80mm×19mm 长方块（80mm× 80mm 四面及底面已加工），材料为 45 钢。

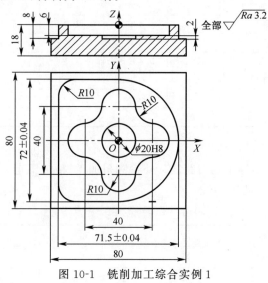

图 10-1　铣削加工综合实例 1

10.2　任 务 实 施

10.2.1　加工工艺的确定

1. 分析零件图样

该零件包含了平面、外形轮廓、型腔和孔的加工，孔的尺寸精度为 IT8，其他表面尺寸精度要求不高，表面粗糙度全部为 $Ra3.2\mu m$，没有形位公差项目的要求。

2. 工艺分析

1）加工方案的确定

根据零件的要求，上表面采用端铣刀粗铣→精铣完成；其余表面采用立铣刀粗铣→精铣完成。

2）确定装夹方案

该零件为单件生产，且零件外形为长方体，可选用平口虎钳装夹。工件上表面高出钳口11mm左右。

3) 确定加工工艺

加工工艺见表10-1。

表10-1 数控加工工序卡片

数控加工工艺卡片		产品名称	零件名称	材料		零件图号	
				45钢			
工序号	程序编号	夹具名称	夹具编号	使用设备		车 间	
		虎钳					
工步号	工步内容		刀具号	主轴转速 /(r/min)	进给速度 /(mm/min)	背吃刀量 /mm	侧吃刀量 /mm	备注
1	粗铣上表面		T01	300	150	0.7	80	
2	精铣上表面		T01	500	100	0.3	80	
3	外轮廓粗加工		T02	400	120	7.8		
4	孔粗加工		T02	400	60			
5	型腔粗加工		T02	400	120	5.8		
6	外轮廓精加工		T03	2000	600		0.3	
7	型腔精加工		T03	2000	600		0.3	
8	孔精加工		T03	2000	600		0.3	

4) 进给路线的确定

(1) 外轮廓粗加工、精加工走刀路线。外轮廓粗加工、精加工走刀路线如图10-2所示。图10-2中各点坐标见表10-2。

表10-2 外轮廓加工基点坐标

1	(12,60)	2	(12,50)	3	(52,10)
4	(52,-10)	5	(26,-36)	6	(-25.5,-36)
7	(-35.5,-26)	8	(-35.5,26)	9	(-25.5,36)
10	(0,36)	11	(0,-36)	12	(-10,-46)
13	(-10,-56)				

(2) 型腔粗加工、精加工走刀路线。型腔粗加工、精加工走刀路线如图10-3所示。

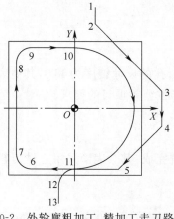
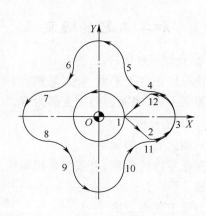

图10-2 外轮廓粗加工、精加工走刀路线　　图10-3 型腔粗加工、精加工走刀路线

图 10-3 中各点坐标见表 10-3。

表 10-3 型腔加工基点坐标

1	(10,0)	2	(21,-9)	3	(30,0)
4	(20,10)	5	(10,20)	6	(-10,20)
7	(-20,10)	8	(-20,-10)	9	(-10,-20)
10	(10,-20)	11	(20,-10)	12	(21,9)

(3)孔精加工走刀路线。孔精加工走刀路线如图 10-4 所示。

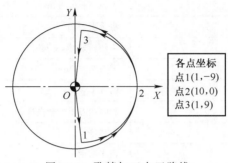

图 10-4 孔精加工走刀路线

5)刀具及切削参数的确定

刀具及切削参数见表 10-4。

表 10-4 数控加工刀具卡

数控加工刀具卡片		工序号	程序编号	产品名称		零件名称		材料		零件图号
								45钢		
序号	刀具号	刀具名称		刀具规格/mm		补偿值/mm		刀补号		备注
				直径	长度	半径	长度	半径	长度	
1	T01	端铣刀(6齿)		φ100	实测					硬质合金
2	T02	立铣刀(3齿)		φ14	实测	7.3		D01		高速钢
3	T03	立铣刀(4齿)		φ16	实测	8		D02		硬质合金
注:D02 的实际半径补偿值根据测量结果调整										

10.2.2 参考程序编制

1. 工件坐标系的建立

以图 10-1 所示零件的上表面中心为编程原点建立工件坐标系。

2. 基点坐标计算(略)

3. 参考程序

1)上表面加工程序

上表面采用面铣刀加工,其参考程序见表 10-5。

2)外轮廓、孔、型腔加工程序(使用了子程序)

(1)外轮廓、孔、型腔粗加工程序。

外轮廓、孔、型腔粗加工采用立铣刀加工,其参考程序见表 10-6、表 10-7、表 10-8。

表 10-5 上表面加工参考程序

程　　序	说　　明
O1001	程序名
N10 G54 G90 G17 G40 G80 G49 G21	设置初始状态
N20 G00 Z50	安全高度
N30 X-95 Y0 S300 M03	启动主轴,快速进给至下刀位置
N40 G00 Z5 M08	接近工件,同时打开冷却液
N50 G01 Z-0.7 F80	下刀至-0.7mm
N60 X95 F150	粗铣上表面
N70 M03 S500	主轴转速 500r/min
N80 Z-1	下刀至-1mm
N90 G01 X-95 F100	精铣上表面
N100 G00 Z50 M09	Z 向抬刀至安全高度,并关闭冷却液
N110 M05	主轴停
N120 M30	程序结束

表 10-6 外轮廓、孔、型腔粗加工程序

程　　序	说　　明
O1002	主程序名
N10 G54 G90 G17 G40 G80 G49 G21	设置初始状态
N20 G00 Z50	安全高度
N30 G00 X12 Y60 S400 M03	启动主轴,快速进给至下刀位置(点1,图10-2)
N40 G00 Z5 M08	接近工件,同时打开冷却液
N50 G01 Z-7.8 F80	下刀
N60 M98 P1011 D01 F120	调子程序 O1011,粗加工外轮廓
N70 G00 X2.7 Y0	快速进给至孔加工下刀位置
N80 G01 Z0 F60	接近工件
N90 G03 X2.7 Y0 Z-1 I-2.7	
N100 G03 X2.7 Y0 Z-2 I-2.7	
N110 G03 X2.7 Y0 Z-3 I-2.7	
N120 G03 X2.7 Y0 Z-4 I-2.7	螺旋下刀
N130 G03 X2.7 Y0 Z-5 I-2.7	
N140 G03 X2.7 Y0 Z-6 I-2.7	
N150 G03 X2.7 Y0 Z-7 I-2.7	
N160 G03 X2.7 Y0 Z-7.8 I-2.7	
N170 G03 X2.7 Y0 I-2.7	修光孔底
N180 G01 Z-5.8 F120	提刀
N190 G01 X10 Y0	进给至点1(图10-3)

(续)

程 序	说 明
N200 M98 P1012 D01	调子程序 O1012,粗加工型腔
N210 G00 Z50 M09	Z 向抬刀至安全高度,并关闭冷却液
N220 M05	主轴停
N230 M30	主程序结束

表 10-7 外轮廓加工子程序

程 序	说 明	程 序	说 明
O1011	子程序名	N70 G01 X-35.5 Y26	7→8
N10 G41 G01 X12 Y50	1→2(图 10-2),建立刀具半径补偿	N80 G02 X-25.5 Y36 R10	8→9
		N90 G01 X0 Y36	9→10
N20 X52 Y10	2→3	N100 G02 X0 Y-36 R36	10→11
N30 G00 X52 Y-10	3→4	N110 G03 X-10 Y-46 R10	11→12
N40 G01 X26 Y-36	4→5	N120 G40 G00 X-10 Y-56	12→13,取消刀具半径补偿
N50 X-25.5 Y-36	5→6	N130 G00 Z5	快速提刀
N60 G02 X-35.5 Y-26 R10	6→7	N140 M99	子程序结束

表 10-8 型腔加工子程序

程 序	说 明	程 序	说 明
O1012	子程序名	N80 G03 X-20 Y-10 R10	7→8
N10 G03 X10 Y0 I-10	走整圆去除余量	N90 G02 X-10 Y-20 R10	8→9
N20 G41 G01 X21 Y-9	1→2(图 10-3),建立刀具半径补偿	N100 G03 X10 Y-20 R10	9→10
		N110 G02 X20 Y-10 R10	10→11
N30 G03 X30 Y0 R9	2→3	N120 G03 X30 Y0 R10	11→3
N40 G03 X20 Y10 R10	3→4	N130 G03 X21 Y9 R9	3→12
N50 G02 X10 Y20 R10	4→5	N140 G40 G01 X10 Y0	12→1,取消刀具半径补偿
N60 G03 X-10 Y20 R10	5→6	N150 G00 Z5	快速提刀
N70 G02 X-20 Y10 R10	6→7	N160 M99	子程序结束

(2)外轮廓、孔、型腔精加工程序。

外轮廓、孔、型腔精加工采用立铣刀加工,其参考程序见表 10-9。

表 10-9 外轮廓、孔、型腔精加工程序

程 序	说 明
O1003	主程序名
N10 G54 G90 G17 G40 G80 G49 G21	设置初始状态
N20 G00 Z50	安全高度
N30 X12 Y60 S2000 M03	启动主轴,快速进给至下刀位置(点 1,图 10-2)
N40 G00 Z5 M08	接近工件,同时打开冷却液

(续)

程 序	说 明
N50 G01 Z-8 F80	下刀
N60 M98 P1011 D02 F250	调子程序 O1011(表 10-7),精加工外轮廓
N70 G00 X10 Y0	快速进给至型腔加工下刀位置(点 1,图 10-3)
N80 G01 Z-6 F80	下刀
N90 M98 P1012 D02 F250	调子程序 O1012(表 10-8),精加工型腔
N100 G00 X0 Y0	快速进给至孔加工下刀位置(图 10-4)
N110 G01 Z-8 F80	下刀
N120 G41 G01 X1 Y-9 D02 F250	$O→1$(图 10-4),建立刀具半径补偿
N130 G03 X10 Y0 R9	1→2,圆弧切入
N140 G03 X10 Y0 I-10	2→2,走整圆精加工孔
N150 G03 X1 Y9 R9	2→3,圆弧切出
N160 G40 G01 X0 Y0	3→O,取消刀具半径补偿
N170 G00 Z50 M09	Z 向抬刀至安全高度,并关闭冷却液
N180 M05	主轴停
N190 M30	主程序结束

3)外轮廓、型腔、孔加工程序(没有使用子程序)

使用 ϕ14 硬质合金立铣刀(带中心切削刃)加工外轮廓、孔、型腔,其参考程序见表 10-10。

表 10-10 外轮廓、型腔、孔加工程序(没有使用子程序)

程 序	说 明
O1004	程序名
N10 G54 G90 G17 G40 G80 G49 G21	设置初始状态
N20 G00 Z50	安全高度
N30 G00 X12 Y60 S1300 M03	启动主轴,快速进给至外轮廓下刀位置(点 1,图 10-2)
N40 G00 Z5 M08	接近工件,同时打开冷却液
N50 G01 Z-7.8 F80	下刀
N60 G41 G01 X12 Y50 D01	1→2(图 10-2),建立刀具半径补偿;粗加工时,D01=7.3
N70 X52 Y10 F390	2→3
N80 G00 X52 Y-10	3→4
N90 G01 X26 Y-36	4→5
N100 X-25.5 Y-36	5→6
N110 G02 X-35.5 Y-26 R10	6→7
N120 G01 X-35.5 Y26	7→8

(续)

程　　序	说　　明
N130 G02 X-25.5 Y36 R10	8→9
N140 G01 X0 Y36	9→10
N150 G02 X0 Y-36 R36	10→11
N160 G03 X-10 Y-46 R10	11→12
N170 G40 G00 X-10 Y-56	12→13,取消刀具半径补偿
N180 G00 Z5	快速提刀
N190 G00 X10 Y0	快速进给至型腔下刀位置(点1,图10-3)
N200 G01 Z-5.8 F80	下刀
N210 G03 X10 Y0 I-10 F390	走整圆去除余量
N220 G41 G01 X21 Y-9 D01	1→2(图10-3),建立刀具半径补偿
N230 G03 X30 Y0 R9	2→3
N240 G03 X20 Y10 R10	3→4
N250 G02 X10 Y20 R10	4→5
N260 G03 X-10 Y20 R10	5→6
N270 G02 X-20 Y10 R10	6→7
N280 G03 X-20 Y-10 R10	7→8
N290 G02 X-10 Y-20 R10	8→9
N300 G03 X10 Y-20 R10	9→10
N310 G02 X20 Y-10 R10	10→11
N320 G03 X30 Y0 R10	11→3
N330 G03 X21 Y9 R9	3→12
N340 G40 G01 X10 Y0	12→1,取消刀具半径补偿
N350 G01 X0 Y0	进给至孔加工下刀位置(图10-4)
N360 G01 Z-7.8 F80	下刀
N370 G41 G01 X1 Y-9 D01 F390	O→1(图10-4),建立刀具半径补偿
N380 G03 X10 Y0 R9	1→2,圆弧切入
N390 G03 X10 Y0 I-10	2→2,走整圆加工孔
N400 G03 X1 Y9 R9	2→3,圆弧切出
N410 G40 G01 X0 Y0	3→O,取消刀具半径补偿
N420 G00 Z50 M09	Z向抬刀至安全高度,并关闭冷却液
N430 M05	主轴停
N440 M30	主程序结束
备注:(1)粗加工时,主轴转速为1300r/min,进给速度为390mm/min;精加工时,主轴转速为2200r/min,进给速度为660mm/min。 (2)粗加工后,对工件进行测量,重新输入刀具半径补偿值,并修改程序中的下刀深度、主轴转速、进给速度,调用程序对工件进行精加工	

思考题与习题

10-1 图 10-1 若改为全部采用 φ16 键槽铣刀加工，程序应如何更改？

10-2 练习编写图 10-5 所示零件加工工艺及程序，毛坯为 80mm×80mm×19mm 长方块（80mm×80mm 四面及底面已加工），材料为 45 钢。

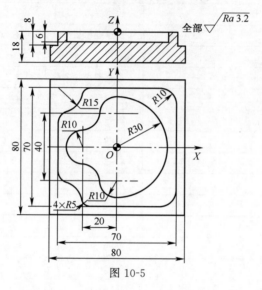

图 10-5

项目 11　数控铣削加工综合实例 2

11.1　任务描述

加工图 11-1 所示零件（单件生产），毛坯为 80mm×80mm×23mm 长方块，材料为 45 钢，单件生产。

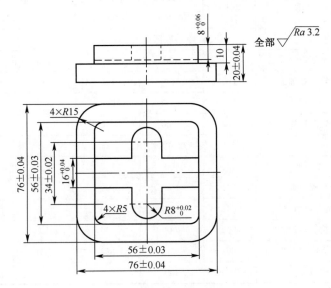

图 11-1　铣削加工综合实例 2

11.2　任务实施

11.2.1　加工工艺的确定

1. 分析零件图样

该零件包含了平面、外形轮廓、沟槽的加工，表面粗糙度全部为 $Ra3.2\mu m$。76mm× 76mm 外形轮廓和 56mm×56mm 凸台轮廓的的尺寸公差为对称公差，可直接按基本尺寸编程；十字槽中的两宽度尺寸的下偏差都为零，因此不必将其转变为对称公差，直接通过调整刀补来达到公差要求。

2. 工艺分析

1）加工方案的确定

根据零件的要求，上、下表面采用立铣刀粗铣→精铣完成；其余表面采用立铣刀粗铣→精铣完成。

2)确定装夹方案

该零件为单件生产,且零件外形为长方体,可选用平口虎钳装夹。

3)确定加工工艺

加工工艺见表 11-1。

表 11-1 数控加工工序卡片

数控加工工艺卡片			产品名称	零件名称	材料	零件图号	
					45 钢		
工序号	程序编号	夹具名称	夹具编号	使用设备		车 间	
		虎钳					
工步号	工步内容		刀具号	主轴转速 /(r/min)	进给速度 /(mm/min)	背吃刀量 /mm	侧吃刀量 /mm	备注
装夹 1:底部加工								
1	粗铣底面		T01	400	120	1.3	11	
2	底部外轮廓粗加工		T01	400	120	10	1.7	
3	精铣底面		T02	2000	250	0.2	11	
4	底部外轮廓精加工		T02	2000	250	10	0.3	
装夹 2:顶部加工								
1	粗铣上表面		T01	400	120	1.3	11	
2	凸台外轮廓粗加工		T01	400	100	9.8	11.7	
3	精铣上表面		T02	2000	250	0.2	11	
4	凸台外轮廓精加工		T02	2000	250	10	0.3	
5	十字槽粗加工		T03	550	120	3.9	12	
6	十字槽精加工		T03	800	80	8	0.3	

4)进给路线的确定

(1)上、下表面加工走刀路线如图 11-2 所示。

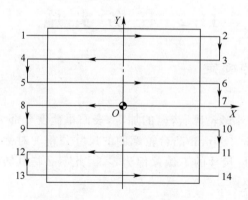

图 11-2 上、下表面加工走刀路线

图 11-2 中各点坐标见表 11-2。

表 11-2　上、下表面加工基点坐标

1	(−50,36)	2	(50,36)	3	(50,24)
4	(−50,24)	5	(−50,12)	6	(50,12)
7	(50,0)	8	(−50,0)	9	(−50,−12)
10	(50,−12)	11	(50,−24)	12	(−50,−24)
13	(−50,−36)	14	(50,−36)		

(2)底部和凸台外轮廓加工走刀路线如图 11-3 所示。

底部外轮廓加工时,图 11-3 中各点坐标见表 11-3。

表 11-3　底部外轮廓加工基点坐标

1	(−48,−48)	2	(−38,−48)	3	(−38,23)
4	(−23,38)	5	(23,38)	6	(38,23)
7	(38,−23)	8	(23,−38)	9	(−23,−38)
10	(−38,−23)	11	(−48,−13)	12	(−58,−13)

凸台外轮廓加工时,图 11-3 中各点坐标见表 11-4。

表 11-4　凸台外轮廓加工基点坐标

1	(−38,−48)	2	(−28,−48)	3	(−28,23)
4	(−23,28)	5	(23,28)	6	(28,23)
7	(28,−23)	8	(23,−28)	9	(−23,−28)
10	(−28,−23)	11	(−38,−13)	12	(−48,−13)

(3)十字槽加工走刀路线如图 11-4 所示。

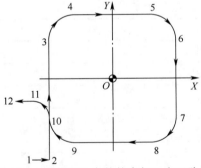

图 11-3　底部和凸台外轮廓加工走刀路线

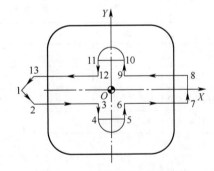

图 11-4　十字槽加工走刀路线

图 11-4 中各点坐标见表 11-5。

表 11-5　十字槽加工基点坐标

1	(−53,0)	2	(−36,−8)	3	(−8,−8)
4	(−8,−17)	5	(8,−17)	6	(8,−8)
7	(36,−8)	8	(36,8)	9	(8,8)
10	(8,17)	11	(−8,17)	12	(−8,8)
13	(−36,8)				

5)刀具及切削参数的确定

刀具及切削参数见表11-6。

表11-6 数控加工刀具卡

数控加工刀具卡片	工序号	程序编号	产品名称	零件名称	材料	零件图号
					45钢	

序号	刀具号	刀具名称	刀具规格/mm		补偿值/mm		刀补号		备注
			直径	长度	半径	长度	半径	长度	
1	T01	立铣刀(3齿)	φ16	实测	8.3		D01		高速钢
2	T02	立铣刀(4齿)	φ16	实测	8		D02		硬质合金
3	T03	立铣刀(4齿)	φ12	实测	6.3 6		D03 D04		高速钢

注:D02、D04的实际半径补偿值根据测量结果调整

11.2.2 参考程序编制

1. 底部参考程序编制

1)工件坐标系的建立

以图11-1所示零件的下表面中心为编程原点建立工件坐标系。

2)基点坐标计算(略)

3)参考程序

(1)底面及底部外轮廓粗加工程序。底面及底部外轮廓粗加工参考程序见表11-7、表11-8、表11-9。

表11-7 底面及底部外轮廓粗加工参考程序

程 序	说 明
O1101	主程序名
N10 G54 G90 G17 G40 G80 G49 G21	设置初始状态
N20 G00 Z50	安全高度
N30 G00 X-50 Y36 S400 M03	启动主轴,快速进给至下刀位置(点1,图11-2)
N40 G00 Z5 M08	接近工件,同时打开冷却液
N50 G01 Z-1.3 F80	下刀
N60 M98 P1111 F120	调子程序01111,粗加工底面
N70 G00 X-48 Y-48	快速进给至外轮廓加工下刀位置(点1,图11-3)
N80 G01 Z-10.5 F80	下刀
N90 M98 P1112 D01 F120	调子程序01112,粗加工外轮廓
N100 G00 Z50 M09	Z向抬刀至安全高度,并关闭冷却液
N110 M05	主轴停
N120 M30	主程序结束

表 11-8 底面加工子程序

程　　序	说　明	程　　序	说　明
O1111	子程序名	N80 G00 X-50 Y-12	8→9
N10 G01 X50 Y36	1→2(图 10-2)	N90 G01 X50 Y-12	9→10
N20 G00 X50 Y24	2→3	N100 G00 X50 Y-24	10→11
N30 G01 X-50 Y24	3→4	N110 G01 X-50 Y-24	11→12
N40 G00 X-50 Y12	4→5	N120 G00 X-50 Y-36	12→13
N50 G01 X50 Y12	5→6	N130 G01 X50 Y-36	13→14
N60 G00 X50 Y0	6→7	N140 G00 Z5	快速提刀
N70 G01 X-50 Y0	7→8	N150 M99	子程序结束

表 11-9 外轮廓加工子程序

程　　序	说　明	程　　序	说　明
O1112	子程序名	N70 G02 X23 Y-38 R15	7→8
N10 G41 G01 X-38 Y-48	1→2(图 11-3),建立刀具半径补偿	N80 G01 X-23 Y-38	8→9
		N90 G02 X-38 Y-23 R15	9→10
N20 G01 X-38 Y23	2→3	N100 G03 X-48 Y-13 R10	10→11
N30 G02 X-23 Y38 R15	3→4	N110 G40 G00 X-58 Y-13	11→12,取消刀具半径补偿
N40 G01 X23 Y38	4→5	N120 G00 Z5	快速提刀
N50 G02 X38 Y23 R15	5→6	N130 M99	子程序结束
N60 G01 X38 Y-23	6→7		

(2)底面及底部外轮廓精加工程序。底面及底部外轮廓精加工参考程序见表 11-10。

表 11-10 底面及底部外轮廓精加工参考程序

程　　序	说　明
O1102	主程序名
N10 G54 G90 G17 G40 G80 G49 G21	设置初始状态
N20 G00 Z50	安全高度
N30 G00 X-50 Y36 S2000 M03	启动主轴,快速进给至下刀位置(点 1,图 11-2)
N40 G00 Z5 M08	接近工件,同时打开冷却液
N50 G01 Z-1.5 F80	下刀
N60 M98 P1111 F250	调子程序 O1111(表 11-8),精加工底面
N70 G00 X-48 Y-48	快速进给至外轮廓加工下刀位置(点 1,图 11-3)
N80 G01 Z-10.5 F80	下刀
N90 M98 P1112 D02 F250	调子程序 O1112(表 11-9),精加工外轮廓
N100 G00 Z50 M09	Z 向抬刀至安全高度,并关闭冷却液
N110 M05	主轴停
N120 M30	主程序结束

2. 顶部参考程序编制

1)工件坐标系的建立

以图 11-1 所示零件的上表面中心为编程原点建立工件坐标系。

2)基点坐标计算(略)

3)参考程序

(1)上表面及凸台外轮廓粗加工程序。上表面及凸台外轮廓粗加工参考程序见表 11-11、表 11-12。

表 11-11 上表面及凸台外轮廓粗加工参考程序

程 序	说 明
O1103	主程序名
N10 G54 G90 G17 G40 G80 G49 G21	设置初始状态
N20 G00 Z50	安全高度
N30 G00 X-50 Y36 S400 M03	启动主轴,快速进给至下刀位置(点1,图 11-2)
N40 G00 Z5 M08	接近工件,同时打开冷却液
N50 G01 Z-1.3 F80	下刀
N60 M98 P1111 F120	调子程序 O1111(表 11-8),粗加工上表面
N70 G00 X-38 Y-48	快速进给至外轮廓加工下刀位置(点1,图 11-3)
N80 G01 Z-9.8 F80	下刀
N90 M98 P1113 D01 F120	调子程序 O1113,粗加工凸台外轮廓
N100 G00 Z50 M09	Z 向抬刀至安全高度,并关闭冷却液
N110 M05	主轴停
N120 M30	主程序结束

表 11-12 凸台外轮廓加工子程序

程 序	说 明	程 序	说 明
O1113	子程序名	N70 G02 X23 Y-28 R5	7→8
N10 G41 G01 X-28 Y-48	1→2(图 11-3),建立刀具半径补偿	N80 G01 X-23 Y-28	8→9
		N90 G02 X-28 Y-23 R5	9→10
N20 G01 X-28 Y23	2→3	N100 G03 X-38 Y-13 R10	10→11
N30 G02 X-23 Y28 R5	3→4	N110 G40 G00 X-48 Y-13	11→12,取消刀具半径补偿
N40 G01 X23 Y28	4→5	N120 G00 Z5	快速提刀
N50 G02 X28 Y23 R5	5→6	N130 M99	子程序结束
N60 G01 X28 Y-23	6→7		

(2)上表面及凸台外轮廓精加工程序。上表面及凸台外轮廓精加工参考程序见表 11-13。

表 11-13 上表面及凸台外轮廓精加工参考程序

程　序	说　明
O1104	主程序名
N10 G54 G90 G17 G40 G80 G49 G21	设置初始状态
N20 G00 Z50	安全高度
N30 G00 X-50 Y36 S2000 M03	启动主轴，快速进给至下刀位置(点1，图11-2)
N40 G00 Z5 M08	接近工件，同时打开冷却液
N50 G01 Z-1.5 F80	下刀
N60 M98 P1111 F250	调子程序O1111，精加工上表面
N70 G00 X-38 Y-48	快速进给至外轮廓加工下刀位置(点1，图11-3)
N80 G01 Z-10 F80	下刀
N90 M98 P1113 D02 F250	调子程序O1113，精加工凸台外轮廓
N100 G00 Z50 M09	Z向抬刀至安全高度，并关闭冷却液
N110 M05	主轴停
N120 M30	主程序结束

(3)十字槽加工程序。十字槽加工参考程序见表11-14、表11-15。

表 11-14 十字槽加工参考程序

程　序	说　明
O1105	主程序名
N10 G54 G90 G17 G40 G80 G49 G21	设置初始状态
N20 G00 Z50	安全高度
N30 G00 X-53 Y0 S550 M03	启动主轴，快速进给至下刀位置(点1，图11-4)
N40 G00 Z5 M08	接近工件，同时打开冷却液
N50 G00 Z-3.9	下刀
N60 M98 P1114 D03 F120	调子程序O1114，粗加工十字槽
N70 G00 Z-7.8	下刀
N80 M98 P1114 D03 F120	调子程序O1114，粗加工十字槽
N90 M03 S800	主轴转速800r/min
N100 G00 Z-8	下刀
N110 M98 P1114 D04 F80	调子程序O1114，精加工十字槽
N120 G00 Z50 M09	Z向抬刀至安全高度，并关闭冷却液
N130 M05	主轴停
M140 M30	主程序结束

表 11-15　十字槽加工子程序

程　　序	说　　明	程　　序	说　　明
O1114	子程序名	N80 G01 X8 Y8	8→9
N10 G41 G01 X-36 Y-8	1→2(图 11-4),建立刀具半径补偿	N90 G01 X8 Y17	9→10
N20 G01 X-8 Y-8	2→3	N100 G03 X-8 Y17 R8	10→11
N30 G01 X-8 Y-17	3→4	N110 G01 X-8 Y8	11→12
N40 G03 X8 Y-17 R8	4→5	N120 G01 X-36 Y8	12→13
N50 G01 X8 Y-8	5→6	N130 G40 G00 X-53 Y0	13→1,取消刀具半径补偿
N60 G01 X36 Y-8	6→7	N140 G00 Z5	快速提刀
N70 G01 X36 Y8	7→8	N150 M99	子程序结束

思考题与习题

11-1　图 11-1 若改为全部采用 $\phi12$ 立铣刀加工,程序应如何更改?

11-2　练习编写图 11-5 所示零件加工工艺及程序。

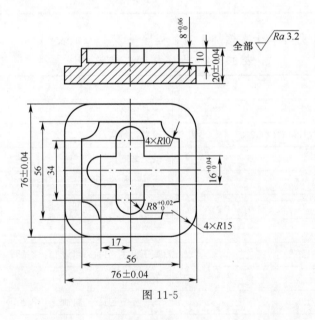

图 11-5

模块三
加工中心加工工艺与编程

项目 12　加工中心加工基础
项目 13　加工中心加工综合实例 1
项目 14　加工中心加工综合实例 2

项目12　加工中心加工基础

12.1　加工中心简介

12.1.1　加工中心概述

　　加工中心(Machining Center,MC)是指配备有刀库和自动换刀装置,在一次装夹下可实现多工序(甚至全部工序)加工的数控机床。目前主要有镗铣类加工中心(简称加工中心)和车削类加工中心(简称车削中心)两大类。本模块中讨论的加工中心是指镗铣类加工中心。

　　镗铣类加工中心是在数控铣床的基础上演化而来的,其数控系统能控制机床自动地更换刀具,连续地对工件各加工表面自动进行钻孔、扩孔、铰孔、镗孔、攻丝、铣削等多种工序的加工,工序高度集中。由于工序的集中和自动换刀,减少了工件的装夹、测量和机床调整等时间,使机床的切削时间达到机床开动时间的80%左右(普通机床仅为15%～20%);同时也减少了工序之间的工件周转、搬运和存放时间,缩短了生产周期,具有明显的经济效果。

12.1.2　加工中心的分类

1. 按照加工中心的结构方式分类

1)立式加工中心

　　立式加工中心指主轴轴线为垂直状态设置的加工中心,如图12-1所示。其结构形式多为固定立柱式,工作台为长方形,无分度回转功能,具有三个直线运动坐标,并可在工作台上安装一个水平轴的数控回转台用以加工螺旋线类零件。立式加工中心主要适合加工盘、套、板类零件。立式加工中心的结构简单、占地面积小、价格低廉、装夹方便、便于操作、易于观察加工情况、调试程序容易,故应用广泛。

2)卧式加工中心

　　卧式加工中心指主轴轴线为水平状态设置的加工中心,如图12-2所示。它的工作台大多为可分度的回转台或由伺服电动机控制的数控回转台,在零件的一次装夹中通过旋转工作台可实现多面加工。如果为数控回转工作台,还可参与机床各坐标轴的联动,实现螺旋线的加工。因此,它适用于内容较多、精度较高的箱体类零件及小型模具型腔的加工。与立式加工中心相比较,卧式加工中心的结构复杂、占地面积大、质量大、价格也较高。

　　卧式加工中心有多种形式,如固定立柱式或固定工作台式。固定立柱式的卧式加工中心的立柱是固定不动的,主轴箱沿立柱做上下运动,而工作台可在水平面内做前后、左右两个方向的移动;固定工作台式的卧式加工中心,安装工件的工作台是固定不动的(不作直线运动),沿坐标轴三个方向的直线运动由主轴箱和立柱的移动来实现。

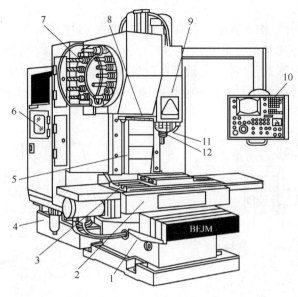

图 12-1 立式加工中心

1—床身;2—滑座;3—工作台;4—润滑油箱;5—立柱;6—数控柜;7—刀库;8—机械手;
9—主轴箱;10—操纵面板;11—控制柜;12—主轴。

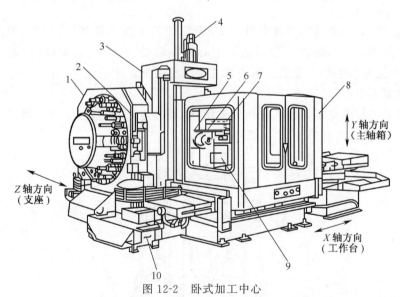

图 12-2 卧式加工中心

1—刀库;2—换刀装置;3—支座;4—Y 轴伺服电机;5—主轴箱;6—主轴;
7—数控装置;8—防溅挡板;9—回转工作台;10—切屑槽。

3) 龙门式加工中心

龙门式加工中心如图 12-3 所示,其形状与龙门式数控铣床相似,主轴多为垂直设置,带有自动换刀装置,带有可更换的主轴头附件,数控装置的软件功能也较齐全,能够一机多用。龙门式布局结构刚性好,容易实现热对称性设计,尤其适用于大型或形状复杂的工件,如航天工业及大型汽轮机上某些零件的加工。

4) 万能加工中心

万能加工中心如图12-4所示。它具有立式和卧式加工中心的功能,工件在一次装夹后能完成除安装面外的其他侧面和顶面等五个面的加工,也称为五面加工中心。常见的五面加工中心有两种形式:一种是主轴可以旋转90°,既可以像立式加工中心那样工作,也可以像卧式加工中心那样工作;另一种是主轴不改变方向,而工作台可以带着工件旋转90°,完成对工件五个表面的加工。

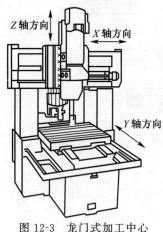

图12-3 龙门式加工中心

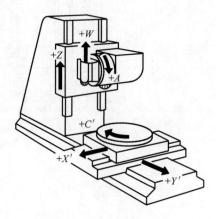

图12-4 万能加工中心

万能加工中心主要适用于复杂外形、复杂曲线的小型工件加工,例如,加工螺旋桨叶片及各种复杂模具。但是由于五面加工中心存在着结构复杂、造价高、占地面积大等缺点,所以它的使用和生产在数量上远不如其他类型的加工中心。

5) 虚轴加工中心

虚轴加工中心改变了以往传统机床的结构,通过连杆的运动,实现主轴多自由度的运动,完成对工件复杂曲面的加工,如图12-5所示。

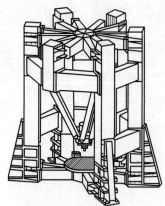

图12-5 虚轴加工中心

2. 按换刀形式分类

1) 带刀库、机械手的加工中心

加工中心的换刀装置(Automatic Tool Changer,ATC)由刀库和机械手组成,换刀机械手完成换刀工作,这是加工中心普遍采用的形式,如图12-1所示。

2）无机械手的加工中心

这种加工中心的换刀是通过刀库和主轴箱的配合动作来完成的。一般是采用把刀库放在主轴箱可以运动到的位置,整个刀库或某一刀位能移动到主轴箱可以达到的位置,刀库中刀具的存放位置方向与主轴装刀方向一致。换刀时,主轴运动到刀位上的换刀位置,由主轴直接取走或放回刀具,其多用于采用40号以下刀柄的小型加工中心,如XH754型卧式加工中心,如图12-6所示。

3）转塔刀库式加工中心

一般在小型立式加工中心上采用转塔刀库形式,如图12-7所示。

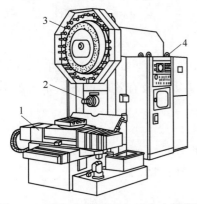

图12-6 XH754型卧式加工中心外观图
1—工作台;2—主轴;3—刀库;4—数控柜。

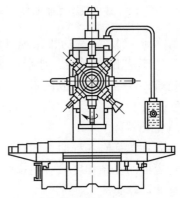

图12-7 转塔刀库式加工中心

3. 按工作台数量和功能分类

加工中心可分为单工作台加工中心、双工作台加工中心和多工作台加工中心。

12.1.3 铣削加工中心的加工对象

针对加工中心的工艺特点,加工中心适宜于加工形状复杂、加工内容多、要求较高、需用多种类型的普通机床和众多的工艺装备,且经多次装夹和调整才能完成加工的零件。主要的加工对象有下列几种。

1. 既有平面又有孔系的零件

加工中心具有自动换刀装置,在一次安装中,可以完成零件上平面的铣削、孔系的钻削、镗削、铰削、铣削及攻螺纹等多工步加工。加工的部位可以在一个平面上,也可以在不同的平面,如五面加工中心一次安装可以完成除装夹面以外的五个面的加工。因此,既有平面又有孔系的零件是加工中心的首选加工对象,这类零件常见的有箱体类零件和盘、套、板类零件。

1）箱体类零件

箱体类零件一般是指具有孔系和平面,内有一定型腔,在长、宽、高方向有一定比例的零件,如汽车的发动机缸体、变速箱体,机床的床头箱、主轴箱,齿轮泵壳体等。图12-8所示为热电机车主轴箱体。

2）盘、套、板类零件

这类零件端面上有平面、曲面和孔系,也常分布一些径向孔,如图12-9所示的板类零件。加工部位集中在单一端面上的盘、套、板类零件宜选择立式加工中心,加工部位不是位于同一方向表面上的零件,宜选择卧式加工中心。

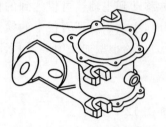 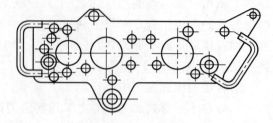

图 12-8　热电机车主轴箱体　　　　　　　图 12-9　板类零件

2. 结构形状复杂、普通机床难以加工的零件

主要表面是由复杂曲线、曲面组成的零件在加工时,需要多坐标联动加工,这在普通机床上是难以甚至无法完成的,加工中心是加工这类零件最有效的设备。常见的典型零件有以下几类。

1)凸轮类零件

这类零件包括有各种曲线的盘形凸轮、圆柱凸轮、圆锥凸轮和端面凸轮等,加工时,可根据凸轮表面的复杂程度,选用三轴、四轴或五轴联动的加工中心。

2)整体叶轮类

整体叶轮常见于航空发动机的压气机、空气压缩机、船舶水下推进器等,它除了具有一般曲面加工的特点外,还存在许多特殊的加工难点,如通道狭窄,刀具很容易与加工表面和邻近曲面产生干涉。图 12-10 所示是轴向压缩机涡轮,它的叶面是一个典型的三维空间曲面,加工这样的型面,可采用四轴以上联动的加工中心。

3)模具类

常见的模具有锻压模具、铸造模具、注塑模具及橡胶模具等。采用加工中心加工模具,由于工序高度集中,动模、静模等关键件基本上是在一次安装中完成全部精加工内容,其尺寸累积误差及修配工作量小,而且同时模具的可复制性强,互换性好。

3. 外形不规则的异形零件

异形零件是指支架、基座、样板、靠模等这一类外形不规则的零件。如图 12-11 所示,这类零件大多需要点、线、面多工位混合加工。由于外形不规则,普通机床上只能采取工序分散的原则加工,需用工装较多,周期较长。利用加工中心工序集中的特点,采用合理的工艺措施,一次或两次装夹,可以完成多道工序或全部的加工内容。

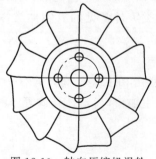 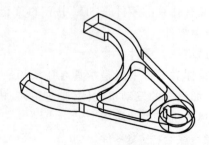

图 12-10　轴向压缩机涡轮　　　　　　　图 12-11　异形零件

12.2 加工中心的自动换刀系统

12.2.1 加工中心的自动换刀装置

加工中心自动换刀装置的形式多种多样,有利用刀库进行换刀,还有自动更换主轴箱、自动更换刀库等形式。利用刀库实现换刀是目前加工中心普遍使用的换刀形式。

加工中心的自动换刀装置可分为五种基本形式:转塔式、180°回转式、回转插入式、两轴转动式和主轴直接式。自动换刀的刀具可紧固在专用刀柄内,每次换刀时将刀柄直接装入主轴。

1. 转塔式自动换刀装置

用转塔实现换刀是最早的自动换刀方式,如图 12-7 所示,转塔是由若干与加工中心动力头(主轴箱)相连接的主轴组成。在运行程序之前将刀具分别装入主轴,需要哪把刀具时,转塔就转到相应的位置。

这种装置的缺点是主轴的数量受到限制。要使用数量多于主轴数的刀具时,操作者必须卸下已用过的刀具,并装上后续程序所需要的刀具。转塔式换刀并不是拆卸刀具,而是将刀具和刀柄一起换下,所以这种换刀方式很快。目前 NC 钻床等经常使用转塔式刀库。

2. 回转式换刀装置

最简单的换刀装置是 180°回转式换刀装置,如图 12-12 所示。接到换刀指令后,机床控制系统便将主轴控制到指定换刀位置。与此同时,刀具库运动到适当位置,换刀装置回转并同时与主轴、刀具库的刀具相配合。拉杆从主轴刀具上卸掉,换刀装置将刀具从各自的位置上取下,换刀装置回转 180°并将主轴刀具与刀具库刀具带走。换刀装置回转的同时,刀具库重新调整其位置,以接受从主轴取下的刀具,随后换刀装置将要换上的刀具与卸下的刀具分别装入主轴和刀具库,最后,换刀装置转回原"待命"位置。至此,换刀完成,程序继续运行。

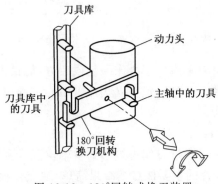

图 12-12 180°回转式换刀装置

这种换刀装置的主要优点是结构简单、涉及的运动少、换刀快;主要缺点是刀具必须存放在与主轴平行的平面内,与侧置后置刀具库相比,切屑及切削液易进入刀夹,因此必须对刀具另加防护。

3. 回转插入式换刀装置

回转插入式换刀装置(最常用的形式之一),是回转式换刀装置的改进形式。回转插入机构是换刀装置与传递杆的组合。图12-13为回转插入式换刀装置的工作原理,这种换刀装置的结构设计与180°回转式换刀装置基本相同。当接到换刀指令时,主轴移至换刀点,刀具库转到适当位置,使换刀装置从其槽内取出欲换上的刀具;换刀装置转动并从位于机床一侧的刀具库中取出刀具,换刀装置回转至机床的前方,在该位置将主轴上的刀具取下,回转180°将欲换上的刀具装入主轴;与此同时,刀具库移至适当位置以接受从主轴取下的刀具;换刀装置转到机床的一侧,并将从主轴取下的刀具放入刀具库的槽内。

这种装置的主要优点是刀具存放在机床的一侧,避免了切屑造成主轴或刀夹损坏的可能性。与180°回转式换刀装置相比,其缺点是换刀过程中的动作多,换刀所用的时间长。

4. 两轴转动式换刀装置

图12-14所示是两轴转动式换刀装置的工作原理。这种换刀装置可用于侧置或后置式刀具库,其结构特点最适用于立式加工中心。接到换刀指令后,换刀机构从"等待"位置开始运动,夹紧主轴上的刀具并将其取下,转至刀具库,并将刀具放回刀具库;从刀具库中取出欲换上的刀具,转向主轴,并将刀具装入主轴;然后返回"等待"位置,换刀完成。

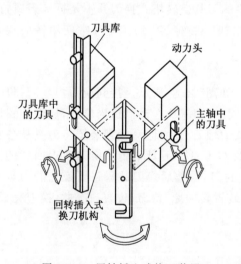

图12-13 回转插入式换刀装置

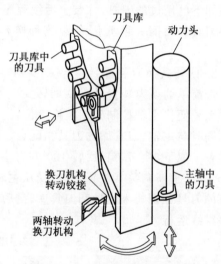

图12-14 两轴转动式换刀装置

这种装置的主要优点是刀具库位于机床一侧或后方,能最大限度地保护刀具;缺点是刀具的传递次数及运动较多。这种装置在立式加工中心上的应用已逐渐被180°回转式和主轴直接式换刀装置所取代。

5. 主轴直接式换刀装置

主轴直接式换刀装置主要通过刀库直接移到主轴位置或主轴直接移至刀库来实现换刀,如图12-6所示。这种装置的主要优点是结果简单,缺点是换刀所用的时间长。

12.2.2 加工中心的换刀方式

加工中心的换刀方式按换刀过程中有无机械手分成无机械手换刀和有机械手换刀两

种情况。

1. 无机械手换刀方式

无机械手换刀方式是利用刀库与机床主轴的相对运动来实现刀具交换,要么刀具库直接移到主轴位置,要么主轴直接移至刀具库。这种换刀方式结构简单,成本低,换刀的可靠性较高。这种换刀系统多为中、小型加工中心采用。图12-15所示卧式加工中心就是采用这种换刀方式,其换刀过程如下:

图12-15(a)中,当加工工步结束后执行换刀指令,主轴实现准停,主轴箱沿Y轴上升。这时机床上方刀库的空挡刀位正好交换位置,装夹刀具的卡爪打开。

图12-15(b)中,主轴箱上升到极限位置,被更换刀具的刀杆进入刀库空刀位,即被刀具定位卡爪钳住,与此同时,主轴内刀杆自动夹紧装置放松刀具。

图12-15(c)中,刀库伸出,从主轴锥孔中将刀具拔出。

图12-15(d)中,刀库转动,按照程序指令要求将选好的刀具转到最下面的位置,同时压缩空气将主轴锥孔吹净。

图12-15(e)中,刀库退回,同时将新刀具插入主轴锥孔。主轴内由夹紧装置将刀杆拉紧。

图12-15(f)中,主轴下降到加工位置后启动,开始下一工步的加工。

这种换刀机构不需要机械手,结构简单、紧凑,其由于交换刀具时机床不工作,所以不会影响加工精度,但会影响机床的生产效率,而且因刀库尺寸限制,装刀数量不能太多。

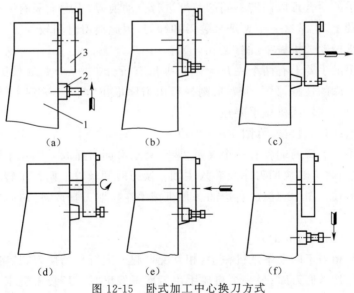

图12-15 卧式加工中心换刀方式
1—立柱;2—主轴箱;3—刀库。

2. 有机械手换刀方式

采用机械手进行刀具交换方式在加工中心中应用最为广泛。机械手是当主轴上的刀具完成一个工步后,把这一工步的刀具送回刀库,并把下一工步所需要的刀具从刀库中取出来装入主轴继续进行加工的功能部件。对机械手的具体要求是迅速可靠,准确协调。由于不同的加工中心的刀库与主轴的相对位置不同,所以各种加工中心所使用的换刀机械手也不尽相同。从手臂的类型来看,有单臂、双臂机械手,最常用的有如图12-16所示的几种结构形式。

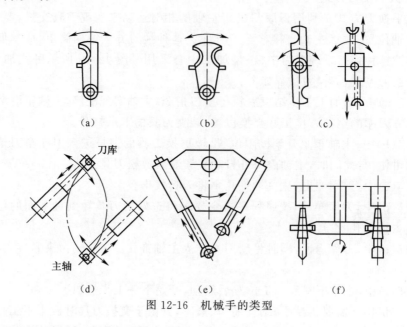

图12-16 机械手的类型

1)单臂单爪回转式机械手(图12-16(a))

这种机械手的手臂可以回转不同的角度进行自动换刀,手臂上只有一个夹爪,无论在刀库上或在主轴上,均靠这一个夹爪来装刀和卸刀,因此换刀时间较长。

2)单臂双爪摆动式机械手(图12-16(b))

这种机械手的手臂上有两个夹爪。两个夹爪有所分工,一个夹爪只执行从主轴上取下"旧刀"送回刀库的任务,另一个夹爪则执行由刀库取出"新刀"送到主轴的任务。其换刀时间较上述单爪回转式机械手要短。

3)单臂双爪回转式机械手(图12-16(c))

这种机械手的手臂两端各有一个夹爪,两个夹爪可同时抓取刀库及主轴上的刀具,回转180°后,又同时将刀具放回刀库及装入主轴。换刀时间较以上两种单臂机械手均短,是最常用的一种形式。图12-16(c)右边的一种机械手在抓取刀具或将刀具送入刀库及主轴时,两臂可伸缩。

4)双机械手(图12-16(d))

这种机械手相当于两个单爪机械手,相互配合起来进行自动换刀,其中一个机械手从主轴上取下"旧刀"送回刀库;另一个机械手由刀库里取出"新刀"装入机床主轴。

5)双臂往复交叉式机械手(图12-16(e))

这种机械手的两手臂可以往复运动,并交叉成一定的角度,其中一个手臂从主轴上取下"旧刀"送回刀库,另一个手臂由刀库取出"新刀"装入主轴。整个机械手可沿某导轨直线移动或绕某个转轴回转,以实现刀库与主轴间的运刀运动。

6)双臂端面夹紧机械手(图12-16(f))

这种机械手只是在夹紧部位上与前几种不同。前几种机械手均靠夹紧刀柄的外圆表面以抓取刀具,这种机械手则夹紧刀柄的两个端面。

思考题与习题

12-1 加工中心的加工对象有哪些?
12-2 立式加工中心和卧式加工中心在结构及功能上有何不同?
12-3 试述加工中心自动换刀装置有哪几种基本形式?
12-4 加工中心的换刀方式有哪几种?各有何特点?

项目 13　加工中心加工综合实例 1

13.1　任务描述

加工图 13-1 所示零件(单件生产),毛坯为 100mm×120mm×26mm 长方块(100mm×120mm 四方轮廓及底面已加工),材料为 45 钢。

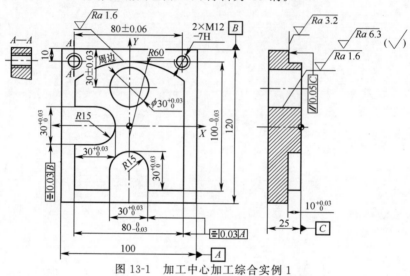

图 13-1　加工中心加工综合实例 1

13.2　知识链接

13.2.1　关于参考点的 G 代码

1. 自动返回参考点指令 G28

机床参考点,是机床上一个特殊的固定点,一般位于机床坐标系原点的位置,可用 G28 指令移动刀具到这个位置。在加工中心上,机床参考点一般为主轴换刀点,使用自动返回参考点 G28 指令主要用来进行刀具交换准备。

指令格式:G28 X_Y_Z_;

式中　X、Y、Z——中间点在工件坐标系中的坐标值(可用绝对值或增量值)。

执行过程:如图 13-2 所示,执行 G28 指令时,各轴以快速运动方式从当前点(X_1,Y_1,Z_1)经指定的中间点(X_2,Y_2,Z_2)返回到参考点 M 上定位。

2. 自动从参考点返回指令 G29

自动从参考点返回指令 G29 的功能是使各轴自动地从参考点返回到返回点。

指令格式:G29 X_Y_Z_;

式中 X、Y、Z——返回点在工件坐标系中的坐标值(可用绝对值或增量值;采用增量值时为从中间点到返回点的增量值)。

执行过程:如图 13-2 所示,执行 G29 指令时,各轴以快速运动方式,从参考点经中间点(X_2,Y_2,Z_2)移动到返回点(X_3,Y_3,Z_3)。

注意事项与说明:

(1)通常 G28 与 G29 指令配对使用。

(2)G28 和 G29 指令都是非模态指令。

(3)使用 G28 指令时,必须先取消刀具半径补偿,而不必先取消刀具长度补偿,因为 G28 指令包含刀具长度补偿取消、主轴停止、切削液关闭等功能。

(4)该指令一般用于自动换刀。

(5)在使用上经常将 X、Y 和 Z 分开来用。先用 G28 Z_提刀并回 Z 轴参考点位置,然后再用 G28 X_Y_回到 X、Y 方向的参考点,如图 13-3 所示。

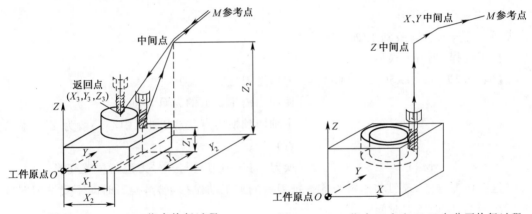

图 13-2 G28、G29 指令执行过程　　图 13-3 G28 指令 Z 向和 X、Y 向分开执行过程

3. 自动返回第二、三、四参考点指令 G30

指令格式:G30 Pn X_Y_Z_;

式中 n——可为 2 或 3 或 4,分别表示返回第二、三、四参考点,P2 可以省略;

X、Y、Z——中间点在工件坐标系中的坐标值(可用绝对值或增量值)。

当自动换刀位置不在 G28 指令的参考点上时,通常用 G30 指令。

注意:在没有绝对位置检测器的系统中,只有在执行过返回第一参考点后,G30 才有效。

13.2.2 加工中心换刀功能及应用

1. 刀具指令 T

T 指令用来选择机床上的刀具,如 T02 表示选 2 号刀,执行该指令时刀库将 2 号刀具放到换刀位置做换刀准备。

2. 换刀指令 M06

M06 指令实施换刀,即将当前刀具与 T 指令选择的刀具进行交换。

3. 加工中心常用换刀程序

1)无机械手的换刀程序

指令格式:T×M06 或 M06 T××;

式中 ××——要安装到主轴上的刀具。

换刀过程:还刀—找刀—装刀。

【例 13-1】 M06 T03

该程序的执行过程为:若主轴上没有刀具,则刀库旋转找到 3 号刀,装到主轴上;若主轴上有刀,则先把主轴上的旧刀具送回到它原来所在的刀座上去,刀库再旋转找刀,并进行换刀。

2)带机械手的换刀程序

指令格式:T××;

　　　　　…

　　　　　…

　　　　　M06;

式中 ××——要安装到主轴上的刀具。

换刀过程:找刀—换刀。

【例 13-2】　G01 X50 Y52 T05　　刀库选刀(选 5 号刀)

　　　　　…　　　　　　　　　　使用当前主轴上的刀具切削

　　　　　G91 G28 Z0　　　　　　主轴回到换刀点(立式加工中心一般为 Z 向参考点)

　　　　　M06　　　　　　　　　换刀,将当前刀具与 5 号刀进行位置交换

这种换刀方法,选刀动作可与前一把刀具的加工动作相重合,换刀时间不受选刀时间长短的影响,因此换刀时间较短。

13.3 任务实施

13.3.1 加工工艺的确定

1. 分析零件图样

该零件包含了平面、外形轮廓、孔、螺纹的加工,凸台外轮廓及孔的尺寸精度要求较高,表面粗糙度为 $Ra1.6\mu m$。

2. 工艺分析

1)加工方案的确定

根据零件的要求,上表面采用端铣刀粗铣→精铣完成;凸台轮廓表面及台阶面采用立铣刀粗铣→精铣完成;$\phi 30$ 孔的加工方案为钻中心孔→钻孔→扩孔→粗镗孔→精镗孔;M12 螺纹的加工方案为钻中心孔→钻孔→攻丝。

2)确定装夹方案

该零件为单件生产,且零件外形为长方体,可选用平口虎钳装夹,工件上表面应高出钳口 13mm 左右。

3)确定加工工艺

加工工艺见表 13-1。

表 13-1 数控加工工序卡片

数控加工工艺卡片			产品名称	零件名称	材料	零件图号	
					45钢		
工序号	程序编号	夹具名称	夹具编号	使用设备		车 间	
		虎钳					
工步号	工步内容		刀具号	主轴转速/(r/min)	进给速度/(mm/min)	背吃刀量/mm	侧吃刀量/mm	备注
1	粗铣上表面		T01	350	150	0.7	50	
2	精铣上表面		T01	500	100	0.3	50	
3	粗铣凸台外轮廓		T02	350	100	9.7		
4	钻中心孔		T03	1200	50	2.5		
5	钻孔		T04	600	60	5.15		
6	扩孔		T05	300	50	9.7		
7	精铣凸台外轮廓		T06	1600	200	10	0.3	
8	攻螺纹		T07	150	262.5			
9	粗镗孔		T08	800	80	0.1		
10	精镗孔		T09	1200	60	0.05		

4)进给路线的确定

凸台外轮廓及台阶面加工走刀路线如图 13-4 所示,其余表面走刀路线略。

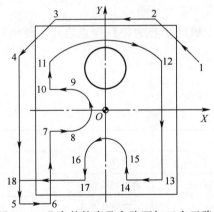

图 13-4 凸台外轮廓及台阶面加工走刀路线

凸台外轮廓及台阶面加工时,图 13-4 中各点坐标见表 13-2。

表 13-2 凸台外轮廓及台阶面加工基点坐标

1	(66,33)	2	(35,65)	3	(-35,65)
4	(-62,38)	5	(-62,-72)	6	(-40,-72)
7	(-40,-15)	8	(-25,-15)	9	(-25,15)
10	(-40,15)	11	(-40,34.721)	12	(40,34.721)
13	(40,-50)	14	(15,-50)	15	(15,-35)
16	(-15,-35)	17	(-15,-50)	18	(-62,-50)

5)刀具及切削参数的确定

刀具及切削参数见表 13-3。

表 13-3 数控加工刀具卡

数控加工刀具卡片		工序号	程序编号	产品名称	零件名称	材 料		零件图号
						45 钢		
序号	刀具号	刀具名称	刀具规格/mm		补偿值/mm		刀补号		备注

序号	刀具号	刀具名称	直径	长度	半径	长度	半径	长度	备注
1	T01	端铣刀(6齿)	ϕ80	实测					硬质合金
2	T02	立铣刀(3齿)	ϕ20	实测	10.3		D01		高速钢
3	T03	中心钻(2齿)	ϕ5	实测					高速钢
4	T04	麻花钻(2齿)	ϕ10.3	实测					高速钢
5	T05	麻花钻(2齿)	ϕ29.7	实测					高速钢
6	T06	立铣刀(4齿)	ϕ20	实测	10		D02		硬质合金
7	T07	丝锥	M12	实测					高速钢
8	T08	粗镗刀	ϕ29.9	实测					硬质合金
9	T09	精镗刀	ϕ30	实测					硬质合金

注:D02 的实际半径补偿值根据测量结果调整

13.3.2 参考程序编制

1. 工件坐标系的建立

以图 13-1 所示零件的上表面中心为编程原点建立工件坐标系。

2. 基点坐标计算(略)

3. 参考程序

参考程序见表 13-4、表 13-5。

表 13-4 主程序

程 序	说 明
O1301	主程序名
N10 G54 G90 G17 G40 G80 G49 G21	设置初始状态
N20 G91 G28 Z0	Z 向回参考点
N30 M06 T01	换 1 号刀,端铣刀
N40 G90 G43 G00 Z100 H1	安全高度,建立刀具长度补偿
N50 G00 X40 Y-105 M03 S350	启动主轴,快速进给至下刀位置
N60 G00 Z5 M08	接近工件,同时打开冷却液
N70 G01 Z-0.7 F80	下刀至 Z-0.7mm
N80 G01 X40 Y105 F150	粗铣上表面
N90 G00 X-25 Y105	
N100 G01 X-25 Y-105 F150	

(续)

程　序	说　明
N110 G00 X40 Y-105	快速进给至下刀位置
N120 G00 Z-1 M03 S500	下刀至 Z-1mm，主轴转速 500r/min
N130 G01 X40 Y105 F100	精铣上表面
N140 G00 X-25 Y105	
N150 G01 X-25 Y-105 F100	
N160 G00 Z100 M09 M05	Z 向抬刀至安全高度，并关闭冷却液，主轴停
N170 G91 G28 Z0	Z 向回参考点
N180 M06 T02	换 2 号刀，立铣刀
N190 G90 G43 G00 Z100 H2	安全高度，建立刀具长度补偿
N200 G00 X66 Y33 M03 S350	启动主轴，快速进给至下刀位置（点1，图 13-4）
N210 G00 Z5 M08	接近工件，同时打开冷却液
N220 G01 Z-9.7 F80	下刀
N230 M98 P1311 D01 F100	调子程序 O1311，粗加工凸台外轮廓及台阶面
N240 G00 Z100 M09 M05	Z 向抬刀至安全高度，并关闭冷却液，主轴停
N250 G91 G28 Z0	Z 向回参考点
N260 M06 T03	换 3 号刀，中心钻
N270 G90 G43 G00 Z100 H3	安全高度，建立刀具长度补偿
N280 M03 S1200	启动主轴
N290 G00 Z10 M08	接近工件，同时打开冷却液
N300 G98 G81 X0 Y30 R3 Z-4 F50	钻出 3 个孔的中心孔
N310 X40 Y50 R-7 Z-14	
N320 X-40 Y50 R-7 Z-14	
N330 G00 Z100 M09 M05	Z 向抬刀至安全高度，并关闭冷却液，主轴停
N340 G91 G28 Z0	Z 向回参考点
N350 M06 T04	换 4 号刀，ϕ10.3 麻花钻
N360 G90 G43 G00 Z100 H4	安全高度，建立刀具长度补偿
N370 M03 S600	启动主轴
N380 G00 Z10 M08	接近工件，同时打开冷却液
N390 G98 G73 X0 Y30 R3 Z-30 Q6 F60	钻出 3 个 ϕ10.3 的孔
N400 X40 Y50 R-7 Z-30 Q6 F60	
N410 X-40 Y50 R-7 Z-30 Q6 F60	
N420 G00 Z100 M09 M05	Z 向抬刀至安全高度，并关闭冷却液，主轴停
N430 G91 G28 Z0	Z 向回参考点
N440 M06 T05	换 5 号刀，ϕ29.7 麻花钻
N450 G90 G43 G00 Z100 H5	安全高度，建立刀具长度补偿
N460 M03 S300	启动主轴

(续)

程　序	说　明
N470 G00 Z10 M08	接近工件,同时打开冷却液
N480 G98 G81 X0 Y30 R3 Z-36 F50	扩 ϕ30 孔至 ϕ29.7mm
N490 G00 Z100 M09 M05	Z 向抬刀至安全高度,并关闭冷却液,主轴停
N500 G91 G28 Z0	Z 向回参考点
N510 M06 T06	换 6 号刀,立铣刀
N520 G90 G43 G00 Z100 H6	安全高度,建立刀具长度补偿
N530 G00 X66 Y33 M03 S1600	启动主轴,快速进给至下刀位置(点1,图 13-4)
N540 G00 Z5 M08	接近工件,同时打开冷却液
N550 G01 Z-10 F80	下刀
N560 M98 P1311 D02 F200	调子程序 O1311,精加工凸台外轮廓及台阶面
N570 G00 Z100 M09 M05	Z 向抬刀至安全高度,并关闭冷却液,主轴停
N580 G91 G28 Z0	Z 向回参考点
N590 M06 T07	换 7 号刀,丝锥
N600 G90 G43 G00 Z100 H7	安全高度,建立刀具长度补偿
N610 M03 S150	启动主轴
N620 G00 Z10 M08	接近工件,同时打开冷却液
N630 G98 G84 X40 Y50 R-5 Z-30 F262.5	加工 2×M12 螺纹
N640 X-40 Y50	
N650 G00 Z100 M09 M05	Z 向抬刀至安全高度,并关闭冷却液,主轴停
N660 G91 G28 Z0	Z 向回参考点
N670 M06 T08	换 8 号刀,粗镗刀
N680 G90 G43 G00 Z100 H8	安全高度,建立刀具长度补偿
N690 M03 S800	启动主轴
N700 G00 Z10 M08	接近工件,同时打开冷却液
N710 G98 G86 X0 Y30 R3 Z-28 F80	粗镗 ϕ30 孔至 ϕ29.9mm
N720 G00 Z100 M09 M05	Z 向抬刀至安全高度,并关闭冷却液,主轴停
N730 G91 G28 Z0	Z 向回参考点
N740 M06 T09	换 9 号刀,精镗刀
N750 G90 G43 G00 Z100 H9	安全高度,建立刀具长度补偿
N760 M03 S1200	启动主轴
N770 G00 Z10 M08	接近工件,同时打开冷却液
N780 G98 G85 X0 Y30 R3 Z-28 F60	精镗 ϕ30 孔
N790 G00 Z100 M09	Z 向抬刀至安全高度,并关闭冷却液
N800 M05	主轴停
N810 M30	主程序结束

表 13-5　凸台外轮廓及台阶面加工子程序

程　　序	说　　明	程　　序	说　　明
O1311	子程序名	N110 G02 X40 Y34.721 R60	11→12
N10 G01 X35 Y65	1→2(图 13-4)	N120 G01 X40 Y-50	12→13
N20 G01 X-35 Y65	2→3	N130 G01 X15 Y-50	13→14
N30 G01 X-62 Y38	3→4	N140 G01 X15 Y-35	14→15
N40 G00 X-62 Y-72	4→5	N150 G03 X-15 Y-35 R15	15→16
N50 G41 G01 X-40 Y-72	5→6,建立刀具半径补偿	N160 G01 X-15 Y-50	16→17
N60 G01 X-40 Y-15	6→7	N170 G01 X-62 Y-50	17→18
N70 G01 X-25 Y-15	7→8	N180 G40 G00 X-62 Y-72	18→5,取消刀具半径补偿
N80 G03 X-25 Y15 R15	8→9	N190 G00 Z5	快速提刀
N90 G01 X-40 Y15	9→10	N200 M99	子程序结束
N100 G01 X-40 Y34.721	10→11		

思考题与习题

练习编写图 13-5 所示零件加工工艺及程序(ϕ60 外圆及相邻两个端面已加工),材料为 45 钢。

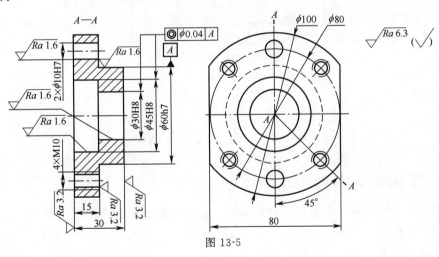

图 13-5

项目 14 加工中心加工综合实例 2

14.1 任务描述

加工图 14-1 所示零件（单件生产），毛坯为 100mm×100mm×21mm 长方块（100mm×100mm 四方轮廓及底面已加工），材料为 45 钢。

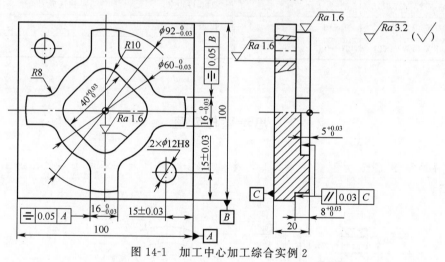

图 14-1 加工中心加工综合实例 2

14.2 知识链接

14.2.1 可编程镜像加工指令

使用可编程镜像加工指令可实现沿某一坐标轴或某一坐标点的对称加工。
1) 指令形式 1
指令格式：G17 G51.1 X_Y_；
　　　　　G50.1
式中　G51.1——建立镜像；
　　　X、Y——指定对称轴或对称点；
　　　G50.1——取消镜像。

【例 14-1】 G51.1 Y10；
该指令表示以直线 $X=10$ 作为对称轴进行镜像加工。

【例 14-2】 G51.1 X40 Y10；

该指令表示以点(40,10)作为对称点进行镜像加工。

2)指令形式2

指令格式：G17 G51 X_Y_I_J_;
　　　　　　G50;

式中　G51——建立镜像；
　　　X、Y——镜像中心；
　　　I、J——指定镜像轴(其值为-1表示沿该轴镜像,为1则不镜像);
　　　G50——取消镜像。

【例14-3】　试用镜像加工指令编写图14-2所示轨迹程序(切深5mm)。

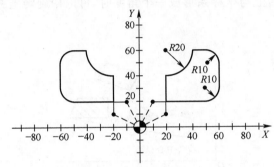

图14-2　镜像加工编程实例

主程序：

O1401　　　　　　　　　　　　　　　主程序名
N10 G90 G54 G00 X0 Y0 M03 S500
N20 G00 Z50.0
N30 Z10
N40 M98 P1411　　　　　　　　　　　调子程序加工第一象限轨迹
N50 G51 X0 Y0 I-1 J0　　　　　　　　镜像中心(0,0),X轴镜像
N60 M98 P1411　　　　　　　　　　　调子程序加工第二象限轨迹
N70 G50　　　　　　　　　　　　　　取消镜像
N80 G00 Z50
N100 M05
N110 M30　　　　　　　　　　　　　　程序结束

说明：该例中如果将N50 G51 X0 Y0 I-1 J0改为N50 G51 X0 Y0 I-1 J-1,就变成镜像中心(0,0),X轴、Y轴镜像,加工第三象限轨迹。

子程序：

O1411
N10 G01 Z-5 F80
N20 G41 G01 X20 Y10 D01 F100
N30 G01 Y40
N40 G03 X40 Y60 R20
N50 G01 X50

```
N60 G02 X60 Y50 R10
N70 G01 Y30
N80 G02 X50 Y20 R10
N90 G01 X10
N100 G00 Z5
N110 G40 G00 X0 Y0
N120 M99
```

14.2.2 坐标系旋转指令

当工件置于工作台上与坐标系形成一个角度时,可以用旋转坐标系来实现,如图14-3所示。

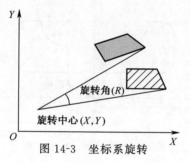

图14-3 坐标系旋转

指令格式:G17 G68 X_Y_R_;
　　　　　　G69

式中　G68——建立坐标系旋转;
　　　X、Y——指定坐标系旋转的中心;
　　　R——指定坐标系旋转的角度,其零度方向为第一坐标轴的正方向,逆时针方向为角度方向的正方向;
　　　G69——取消坐标系旋转。

【例14-4】　G68 X30 Y20 R45;
该指令表示以点(30,20)作为旋转中心,逆时针旋转45°。

【例14-5】　如图14-4所示的外形轮廓B,是由外形轮廓A绕坐标点M(-30,0)旋转80°所得,试编写轮廓B的加工程序(切深5mm)。

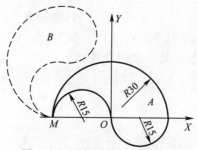

图14-4 坐标系旋转编程实例

参考程序:
O1402

```
N10 G90 G54 G00 X0 Y0 M03 S500
N20 G00 Z50.0
N30 Z10
N40 G68 X-30 Y0 R80              绕点(-30,0)进行坐标系旋转,旋转角度80°
N50 G00 X-30 Y-10
N60 G01 Z-5 F80
N60 G41 G01 X-30 Y0 D01 F100
N70 G02 X30 Y0 R30
N80 G02 X0 Y0 R15
N90 G03 X-30 Y0 R15
N100 G01 X-30 Y-10
N110 G00 Z5
N110 G40 G00 X-30 Y-20
N120 G69                          取消坐标系旋转
N120 M05
N130 M30
```

14.3 任务实施

14.3.1 加工工艺的确定

1. 分析零件图样

该零件包含了平面、外形轮廓、型腔、孔的加工,凸台外轮廓、型腔及孔的尺寸精度要求较高,表面粗糙度为 $R_a1.6\mu m$。

2. 工艺分析

1)加工方案的确定

根据零件的要求,上表面采用端铣刀粗铣→精铣完成;凸台轮廓表面及台阶面采用立铣刀粗铣→精铣完成;型腔及型腔轮廓采用立铣刀粗铣→精铣完成;$\phi 12$ 孔的加工方案为钻中心孔→钻孔→铰孔。

2)确定装夹方案

该零件为单件生产,且零件外形为长方体,可选用平口虎钳装夹。工件上表面高出钳口 11mm 左右。

3)确定加工工艺

加工工艺见表 14-1。

表 14-1 数控加工工序卡片

数控加工工艺卡片		产品名称	零件名称	材料	零件图号
				45钢	
工序号	程序编号	夹具名称	夹具编号	使用设备	车间
		虎钳			

(续)

工步号	工步内容	刀具号	主轴转速/ (r/min)	进给速度/ (mm/min)	背吃刀量 /mm	侧吃刀量 /mm	备注
1	粗铣上表面	T01	350	150	0.7	50	
2	精铣上表面	T01	500	100	0.3	50	
3	去除轮廓四个角落角料	T02	400	120	7.8		
4	粗铣凸台外轮廓	T02	400	120	7.8		
5	粗铣型腔	T02	400	120	4.8		
6	钻中心孔	T03	1200	50	2.5		
7	钻孔	T04	600	60	5.85		
8	精铣轮廓四个角落	T05	2000	250	0.3		
9	精铣型腔	T05	2000	250	5	0.3	
10	精铣凸台外轮廓	T06	2500	300	8	0.3	
11	铰孔	T07	150	60	0.15		

注：粗铣凸台外轮廓时，$R8$圆弧按$R10$处理，采用$\phi16$立铣刀加工；
精铣凸台外轮廓时，$R8$圆弧按图编程，采用$\phi12$立铣刀加工

4) 进给路线的确定

(1) 轮廓角落加工走刀路线。轮廓角落加工走刀路线如图14-5所示。
轮廓四个角落角料加工时，图14-5中各点坐标见表14-2。

表14-2 轮廓角落加工基点坐标

1	(62,32)	2	(40,54)	3	(23,54)
4	(54,23)	5	(54,18)	6	(41,18)
7	(18,41)	8	(18,54)		

(2) 凸台外轮廓加工走刀路线。凸台外轮廓加工走刀路线如图14-6所示。

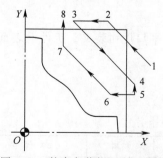

图14-5 轮廓角落加工走刀路线

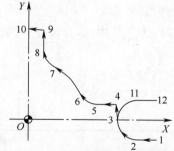

图14-6 凸台外轮廓加工走刀路线

凸台外轮廓加工时，图14-6中各点坐标见表14-3。

表 14-3 凸台外轮廓加工基点坐标

1	(66,−10)	2	(56,−10)	3	(46,0)
4	(45.299,8)	5	(35.721,8)	6	(26.791,13.5)
7	(13.5,26.791)	8	(8,35.721)	9	(8,45.299)
10	(0,46)	11	(56,10)	12	(66,10)

注：①粗加工凸台外轮廓时，$R8$ 圆弧按 $R10$ 编程；
②精加工凸台外轮廓时采用 $\phi12$ 硬质合金立铣刀，相关点坐标为点 5(34.467,8)、点 6(27.211,12.632)、点 7(12.632,27.211)、点 8(8,34.467)

(3)型腔加工走刀路线。型腔加工时采用旋转指令将坐标系绕原点旋转 45°，其加工走刀路线如图 14-7 所示。

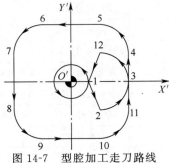

图 14-7 型腔加工走刀路线

型腔加工时，图 14-7 中各点坐标见表 14-4。

表 14-4 型腔加工基点坐标

1	(6,0)	2	(10,−10)	3	(20,0)
4	(20,10)	5	(10,20)	6	(−10,20)
7	(−20,10)	8	(−20,−10)	9	(−10,−20)
10	(10,−20)	11	(20,−10)	12	(10,10)

5)刀具及切削参数的确定

刀具及切削参数见表 14-5。

表 14-5 数控加工刀具卡

数控加工刀具卡片		工序号	程序编号	产品名称	零件名称	材料	零件图号
						45 钢	
序号	刀具号	刀具名称	刀具规格/mm		补偿值/mm		刀补号		备注

序号	刀具号	刀具名称	直径	长度	半径	长度	半径	长度	备注
1	T01	端铣刀(6齿)	$\phi80$	实测					硬质合金
2	T02	立铣刀(3齿)	$\phi16$	实测	8.3		D01		高速钢
3	T03	中心钻(2齿)	$\phi5$	实测					高速钢
4	T04	麻花钻(2齿)	$\phi11.7$	实测					高速钢
5	T05	立铣刀(4齿)	$\phi16$	实测	8		D02		硬质合金
6	T06	立铣刀(4齿)	$\phi12$	实测	6		D03		硬质合金
7	T07	铰刀	$\phi12H8$	实测					高速钢

注：D02、D03 的实际半径补偿值根据测量结果调整

14.3.2 参考程序编制

1. 工件坐标系的建立

以图 14-1 所示零件的上表面中心为编程原点建立工件坐标系。

2. 基点坐标计算(略)

3. 参考程序

参考程序见表 14-6～表 14-11。

表 14-6 主程序

程　　序	说　　明
O1403	主程序名
N10 G54 G90 G17 G40 G80 G49 G21	设置初始状态
N20 G91 G28 Z0	Z 向回参考点
N30 M06 T01	换 1 号刀,端铣刀
N40 G43 G00 Z100 H1	安全高度,建立刀具长度补偿
N50 G00 X40 Y-95 M03 S350	启动主轴,快速进给至下刀位置
N60 G00 Z5 M08	接近工件,同时打开冷却液
N70 G01 Z-0.7 F80	下刀至 Z-0.7mm
N80 G01 X40 Y95 F150	粗铣上表面
N90 G00 X-25 Y95	粗铣上表面
N100 G01 X-25 Y-95	粗铣上表面
N110 G00 X40 Y-95	快速进给至下刀位置
N120 G00 Z-1 M03 S500	下刀至 Z-1mm,主轴转速 500r/min
N130 G01 X40 Y95 F100	精铣上表面
N140 G00 X-25 Y95	精铣上表面
N150 G01 X-25 Y-95	精铣上表面
N160 G00 Z100 M09 M05	Z 向抬刀至安全高度,并关闭冷却液,主轴停
N170 G91 G28 Z0	Z 向回参考点
N180 M06 T02	换 2 号刀,立铣刀
N190 G90 G43 G00 Z100 H2	安全高度,建立刀具长度补偿
N200 M03 S400	启动主轴
N210 M98 P1412 F120	调子程序 O1412,去除轮廓第一象限角落料
N220 G51 X0 Y0 I-1 J1	镜像中心(0,0),X 轴镜像
N230 M98 P1412 F120	调子程序 O1412,去除轮廓第二象限角落料
N240 G51 X0 Y0 I-1 J-1	镜像中心(0,0),X、Y 轴镜像
N250 M98 P1412 F120	调子程序 O1412,去除轮廓第三象限角落料
N260 G51 X0 Y0 I1 J-1	镜像中心(0,0),Y 轴镜像
N270 M98 P1412 F120	调子程序 O1412,去除轮廓第四象限角落料
N280 G50	取消镜像

(续)

程 序	说 明
N290 G00 X66 Y-10	快速进给至外轮廓下刀位置(点1,图14-6)
N300 G01 Z-7.8 F80	下刀
N310 G42 G01 X56 Y-10 D01 F120	1→2(图14-6),建立刀具半径补偿
N320 G02 X46 Y0 R10	2→3,圆弧切向切入
N330 M98 P1413	调子程序O1413,粗加工第一象限凸台轮廓
N340 G68 X0 Y0 R90	绕点(0,0)进行坐标系旋转,旋转角度90°
N350 M98 P1413	调子程序O1413,粗加工第二象限凸台轮廓
N360 G68 X0 Y0 R180	绕点(0,0)进行坐标系旋转,旋转角度90°
N370 M98 P1413	调子程序O1413,粗加工第三象限凸台轮廓
N380 G68 X0 Y0 R270	绕点(0,0)进行坐标系旋转,旋转角度90°
N390 M98 P1413	调子程序O1413,粗加工第四象限凸台轮廓
N400 G69	取消坐标系旋转
N410 G02 X56 Y10 R10	3→11(图14-6),圆弧切向切出
N420 G40 G01 X66 Y10	11→12,取消刀具半径补偿
N430 G00 Z5	快速提刀
N440 G68 X0 Y0 R45	绕点(0,0)进行坐标系旋转,旋转角度45°
N450 G00 X6 Y0	快速进给至型腔加工下刀位置(点1,图14-7)
N460 G01 Z0 F80	下刀
N470 G03 X6 Y0 Z-1 I-6	螺旋下刀加工
N480 G03 X6 Y0 Z-2 I-6	
N490 G03 X6 Y0 Z-3 I-6	
N500 G03 X6 Y0 Z-4.8 I-6	
N510 G03 X6 Y0 Z-4.8 I-6 F120	修光底部
N520 M98 P1414 D01	调子程序O1414,粗加工型腔
N530 G69	取消坐标系旋转
N540 G00 Z100 M09 M05	Z向抬刀至安全高度,并关闭冷却液,主轴停
N550 G91 G28 Z0	Z向回参考点
N560 M06 T03	换3号刀,中心钻
N570 G90 G43 G00 Z100 H3	安全高度,建立刀具长度补偿
N580 M03 S1200	启动主轴
N590 G00 Z10 M08	接近工件,同时打开冷却液
N600 G98 G81 X35 Y-35 R-5 Z-12 F50	钻出2个孔的中心孔
N610 X-35 Y35	
N620 G00 Z100 M09 M05	Z向抬刀至安全高度,并关闭冷却液,主轴停
N630 G91 G28 Z0	Z向回参考点
N640 M06 T04	换4号刀,ϕ11.7麻花钻

(续)

程　　序	说　　明
N650 G90 G43 G00 Z100 H4	安全高度,建立刀具长度补偿
N660 M03 S600	启动主轴
N670 G00 Z10 M08	接近工件,同时打开冷却液
N680 G98 G73 X35 Y-35 R-5 Z-26 Q8 F60	钻出 2 个 ϕ11.7 的孔
N690 X-35 Y35	
N700 G00 Z100 M09 M05	Z 向抬刀至安全高度,并关闭冷却液,主轴停
N710 G91 G28 Z0	Z 向回参考点
N720 M06 T05	换 5 号刀,ϕ16 立铣刀
N730 G90 G43 G00 Z100 H5	安全高度,建立刀具长度补偿
N740 M03 S2000	启动主轴
N750 G00 Z10 M08	接近工件,同时打开冷却液
N760 M98 P1415	调子程序 O1415,精加工轮廓第一象限角落
N770 G51 X0 Y0 I-1 J1	镜像中心(0,0),X 轴镜像
N780 M98 P1412 F120	调子程序 O1415,精加工轮廓第二象限角落
N790 G51 X0 Y0 I-1 J-1	镜像中心(0,0),X、Y 轴镜像
N800 M98 P1412 F120	调子程序 O1415,精加工轮廓第三象限角落
N810 G51 X0 Y0 I1 J-1	镜像中心(0,0),Y 轴镜像
N820 M98 P1412 F120	调子程序 O1415,精加工轮廓第四象限角落
N830 G50	取消镜像
N840 G68 X0 Y0 R45	绕点(0,0)进行坐标系旋转,旋转角度 45°
N850 G00 X6 Y0	快速进给至型腔加工下刀位置(点 1,图 14-7)
N860 G01 Z-5 F80	下刀
N870 G03 X6 Y0 I-6 F250	修光底部
N880 M98 P1414 D02	调子程序 O1414,精加工型腔
N890 G69	取消坐标系旋转
N900 G00 Z100 M09 M05	Z 向抬刀至安全高度,并关闭冷却液,主轴停
N910 G91 G28 Z0	Z 向回参考点
N920 M06 T06	换 6 号刀,ϕ12 立铣刀,精铣凸台外轮廓
N930 G90 G43 G00 Z100 H6	安全高度,建立刀具长度补偿
N940 G00 X66 Y-10 M03 S2500	启动主轴,快速进给至下刀位置(点 1,图 14-6)
N950 G00 Z5 M08	接近工件,同时打开冷却液
N960 G01 Z-8 F80	下刀
N970 G42 G01 X56 Y-10 D01 F300	1→2(图 14-6),建立刀具半径补偿
N980 G02 X46 Y0 R10	2→3,圆弧切向切入
N990 M98 P1416	调子程序 O1416,精加工第一象限凸台轮廓
N1000 G68 X0 Y0 R90	绕点(0,0)进行坐标系旋转,旋转角度 90°

144

(续)

程　　序	说　　明
N1010 M98 P1416	调子程序 O1416,精加工第二象限凸台轮廓
N1020 G68 X0 Y0 R180	绕点(0,0)进行坐标系旋转,旋转角度 90°
N1030 M98 P1416	调子程序 O1416,精加工第三象限凸台轮廓
N1040 G68 X0 Y0 R270	绕点(0,0)进行坐标系旋转,旋转角度 90°
N1050 M98 P1416	调子程序 O1416,精加工第四象限凸台轮廓
N1060 G69	取消坐标系旋转
N1070 G02 X56 Y10 R10	3→11(图 14-6),圆弧切向切出
N1080 G40 G01 X66 Y10	11→12,取消刀具半径补偿
N1090 G00 Z100 M09 M05	Z 向抬刀至安全高度,并关闭冷却液,主轴停
N1100 G91 G28 Z0	Z 向回参考点
N1110 M06 T07	换 7 号刀,铰刀
N1120 G90 G43 G00 Z100 H7	安全高度,建立刀具长度补偿
N1130 M03 S150	启动主轴
N1140 G00 Z10 M08	接近工件,同时打开冷却液
N1150 G98 G85 X35 Y-35 R-5 Z-25 F60	铰 2×ϕ12H8 孔
N1160 X-35 Y-35	
N1170 G00 Z100 M09	Z 向抬刀至安全高度,并关闭冷却液
N1180 M05	主轴停
N1190 M30	主程序结束

表 14-7　轮廓角落粗加工子程序

程　　序	说　　明	程　　序	说　　明
O1412	子程序名	N60 G01 X54 Y23	3→4
N10 G00 X62 Y32	快速进给至下刀位置(点 1,图 14-5)	N70 G01 X54 Y18	4→5
		N80 G01 X41 Y18	5→6
N20 G00 Z5 M08	接近工件,同时打开冷却液	N90 G01 X18 Y41	6→7
N30 G01 Z-7.8 F80	下刀	N100 G01 X18 Y54	7→8
N40 G01 X40 Y54	1→2	N110 G00 Z5	快速提刀
N50 G01 X23 Y54	2→3	N1200 M99	子程序结束

表 14-8　凸台外轮廓粗加工子程序

程　　序	说　　明	程　　序	说　　明
O1413	子程序名	N50 G02 X8 Y35.721 R10	7→8
N10 G03 X45.299 Y8 R46	3→4(图 14-6)	N60 G01 X8 Y45.299	8→9
N20 G01 X35.721 Y8	4→5	N70 G03 X0 Y46 R46	9→10
N30 G02 X26.791 Y13.5 R10	5→6	N80 M99	子程序结束
N40 G03 X13.5 Y26.791 R30	6→7		

表 14-9 型腔加工子程序

程　序	说　明	程　序	说　明
O1414	子程序名	N80 G03 X-10 Y-20 R10	8→9
N10 G41 G01 X10 Y-10	1→2(图14-7),建立刀具半径补偿	N90 G01 X10 Y-20	9→10
		N100 G03 X20 Y-10 R10	10→11
N20 G03 X20 Y0 R10	2→3	N110 G01 X20 Y0	11→3
N30 G01 X20 Y10	3→4	N120 G03 X10 Y10 R10	3→12
N40 G03 X10 Y20 R10	4→5	N130 G40 G01 X10 Y0	12→1,取消刀具半径补偿
N50 G01 X-10 Y20	5→6		
N60 G03 X-20 Y10 R10	6→7	N140 G00 Z5	快速提刀
N70 G01 X-20 Y-10	7→8	N150 M99	子程序结束

表 14-10 轮廓角落精加工子程序

程　序	说　明	程　序	说　明
O1415	子程序名	N60 G01 X54 Y23	3→4
N10 G00 X62 Y32	快速进给至下刀位置(点1,图14-5)	N70 G01 X54 Y18	4→5
		N80 G01 X41 Y18	5→6
N20 G00 Z5	接近工件	N90 G01 X18 Y41	6→7
N30 G01 Z-8 F80	下刀	N100 G01 X18 Y54	7→8
N40 G01 X40 Y54 F250	1→2	N110 G00 Z5	快速提刀
N50 G01 X23 Y54	2→3	N1200 M99	子程序结束

表 14-11 凸台外轮廓精加工子程序

程　序	说　明	程　序	说　明
O1416	子程序名	N50 G02 X8 Y34.467 R8	7→8
N10 G03 X45.299 Y8 R46	3→4(图14-6)	N60 G01 X8 Y45.299	8→9
N20 G01 X34.467 Y8	4→5	N70 G03 X0 Y46 R46	9→10
N30 G02 X27.211 Y12.632 R8	5→6	N80 M99	子程序结束
N40 G03 X12.632 Y27.211 R30	6→7		

思考题与习题

加工图 14-8 所示零件(单件生产),毛坯为 100mm×80mm×21mm 长方块(100mm×80mm 四方轮廓及底面已加工),材料为 45 钢。

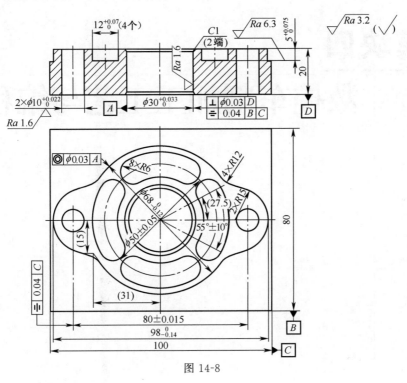

图 14-8

模块四

数控车削加工工艺与编程

项目15　数控车削的加工基础

项目16　外圆与端面加工

项目17　车槽与切断加工

项目18　外成形面加工

项目19　孔加工

项目20　螺纹加工

项目21　宏程序车削加工

项目22　数控车削加工综合实例1

项目23　数控车削加工综合实例2

项目24　车削中心编程与加工

项目 15 数控车削的加工基础

15.1 数控车削简介

数控车削是数控加工中最常用的方法之一,主要用于加工轴类、盘类等回转类零件。可自动完成内外圆柱面、圆锥面、成形表面、螺纹和端面等工序的切削加工,并能进行切槽、钻孔、扩孔、铰孔等工作。尤其数控车削中心可在一次装夹中完成更多的加工工序,提高加工精度和生产效率,特别适合形状复杂的回转类零件的加工。

15.1.1 数控车床的组成及布局

1. 数控车床的组成

数控车床与普通车床相比较,其结构上仍然是由床身、主轴箱、刀架、进给传动系统、液压、冷却、润滑系统等部分组成。在数控车床上由于实现了计算机数字控制,伺服电动机驱动刀具做连续纵向和横向进给运动,所以数控车床的进给系统与普通车床的进给系统在结构上存在着本质上的差别。普通车床主轴的运动经过挂轮架、进给箱、溜板箱传到刀架实现纵向和横向进给运动。而数控车床是采用伺服电动机经滚珠丝杠,传到滑板和刀架,实现纵向(Z 向)和横向(X 向)进给运动。可见数控车床进给传动系统的结构大为简化。

2. 数控车床的布局

数控车床的主轴、尾座等部件相对床身的布局形式与普通车床基本一致。因为刀架和导轨的布局形式直接影响数控车床的使用性能及机床的结构和外观,所以刀架和导轨的布局形式发生了根本的变化。另外,数控车床上都设有封闭的防护装置,有些还安装了自动排屑装置。

1)床身和导轨的布局

数控车床床身导轨与水平面的相对位置如图 15-1 所示,它有五种布局形式。一般来说,中、小规格的数控车床采用斜床身和卧式床身斜滑板的居多,只有大型数控车床或小型精密数控车床才采用平床身,立床身采用得较少。

2)刀架的布局

刀架作为数控车床的重要部件之一,它对机床整体布局及工作性能影响很大。按换刀方式的不同,数控车床的刀架主要有回转刀架和排式刀架。

(1)回转刀架。回转刀架是数控车床最常用的一种典型刀架系统。回转刀架在机床上的布局有两种形式:一种是适用于加工轴类和盘类零件的回转刀架,其回转轴与主轴平行;另一种是适用于加工盘类零件的回转刀架,其回转轴与主轴垂直,如图 15-2 所示。

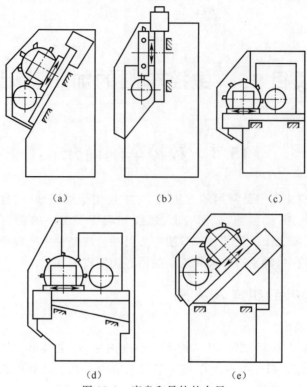

图 15-1 床身和导轨的布局

(a)后斜床身—斜滑板;(b)立床身—立滑板;(c)卧式床身—平滑板;
(d)前斜床身—平滑板;(e)卧式床身—斜滑板。

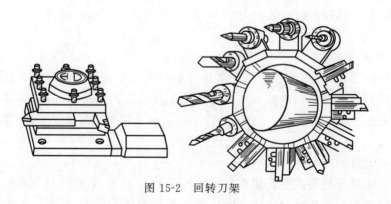

图 15-2 回转刀架

(2)排式刀架。排式刀架一般用于小规格数控车床,以加工棒料或盘类零件为主。刀具的典型布置形式如图 15-3 所示。

15.1.2 数控车床的分类

1. 按主轴的配置形式分

1)卧式数控车床

卧式数控车床的主轴轴线处于水平设置。卧式数控车床又可分为数控水平导轨卧式车床和数控倾斜导轨卧式车床。倾斜导轨结构可以使数控车床具有更大的刚性,并易于

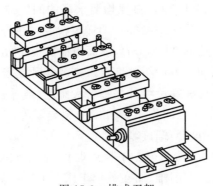

图 15-3　排式刀架

排除切屑。

2) 立式数控车床

立式数控车床的主轴轴线垂直于水平面，主要用于加工径向尺寸大、轴向尺寸相对较小的大型复杂零件。

2. 按数控系统控制的轴数分

(1) 两轴控制的数控车床：机床上只有一个回转刀架，可实现两坐标轴联动。

(2) 四轴控制的数控车床：机床上有两个回转刀架，可实现四坐标轴联动。

(3) 多轴控制的数控车床：机床上除了控制 X、Z 两个坐标外，还可控制其他坐标轴，实现多轴控制，如具有 C 轴控制功能。车削加工中心或柔性制造单元，都具有多轴控制功能。

3. 按数控系统的功能分

(1) 经济型数控车床：一般采用步进电机驱动的开环伺服系统，具有 CRT 显示、程序存储、程序编辑等功能，但加工精度较低，功能较简单。

(2) 全功能型数控车床：较高档次的数控车床，具有刀尖圆弧半径自动补偿、恒线速、倒角、固定循环、螺纹切削、图形显示、用户宏程序等功能。其加工能力强，适于精度高、形状复杂、循环周期长、品种多变的单件或中小批量零件的加工。

(3) 精密型数控车床：采用闭环控制，不但具有全功能型数控车床的全部功能，而且机械系统的动态响应较快，在数控车床基础上增加了其他附加坐标轴，适于精密和超精密加工。

15.1.3　数控车削的加工对象

数控车削是数控加工中用的最多的加工方法之一。同常规加工相比，数控车削加工对象具有以下特点：

(1) 轮廓形状特别复杂或难于控制尺寸的回转体零件。车床数控装置都具有直线和圆弧插补功能，还有部分车床数控装置有某些非圆曲线的插补功能，所以能车削任意平面曲线轮廓所组成的回转体零件，包括通过拟合计算处理后的、不能用方程描述的列表曲线类零件。

(2) 高精度零件。零件的精度要求主要指尺寸、形状、位置、表面精度要求，其中表面精度主要指表面粗糙度。例如：尺寸精度高（达 0.001mm 或更小）的零件；圆柱度要求高的圆柱体零件;素线直线度、圆度和倾斜度均要求高的圆锥体零件;线轮廓要求高的零件(其轮廓形状精度可超过用数控线切割加工的样板精度);在特种精密数控车床上,还可以加工出几何轮廓精度极高(达 0.0001mm)、表面粗糙度极小(Ra 达 $0.02\mu m$)的超精零件,以及通过恒线速切削功能,加工表面粗糙度要求高的各种变径表面类零件等。

(3)特殊的螺旋零件。这些螺旋零件是指特大螺距(或导程)、变(增/减)螺距、等螺距与变螺距或圆柱与圆锥螺旋面之间作平滑过度的螺旋零件,以及高精度的模数螺旋零件(如圆柱、圆弧蜗杆)和端面(盘形)螺旋零件等。

(4)淬硬工件。在大型模具加工中,有不少尺寸大而形状复杂的零件。这些零件热处理后的变形量较大,磨削加工有困难,而在数控车床上可以用陶瓷车刀对淬硬后的零件进行车削加工,以车代磨,提高加工效率。

(5)高效率加工。为了进一步提高车削加工效率,通过增加车床的控制坐标轴,就能在一台数控车床上同时加工出两个多工序的相同或不同的零件。

15.2 数控车削加工工艺

15.2.1 数控车削加工工艺的主要内容

数控车削加工工艺制定的合理与否对数控加工程序编制、数控车床加工效率以及工件的加工精度都有重要的影响。因此,根据车削加工的一般工艺原则并结合数控车床的特点,制定零件的数控车削加工工艺显得非常重要。其主要内容包含下面几个方面。

1. 零件的工艺性分析

1)零件图分析

零件图分析是制定数控车削工艺的首要工作,主要应考虑以下几个方面:

(1)尺寸标注方法分析。在数控车床的编程中,点、线、面的位置一般都是以工件坐标原点为基准的。因此,零件图中尺寸标注根据数控车床编程特点尽量直接给出坐标尺寸,或采用同一基准标注尺寸,减少编程辅助时间,容易满足加工要求。

(2)零件轮廓几何要素分析。在手工编程时需要知道几何要素各节点坐标,在CAD/CAM编程时,要对轮廓所有的几何要素进行定义。因此,在分析零件图样时,要分析几何要素给定条件是否充分,应尽量避免由于参数不全或不清,增加编程计算难度,甚至无法编程。

(3)精度和技术要求分析。保证零件精度和各项技术要求是最终目标,只有在分析零件有关精度要求和技术要求的基础上,才能合理选择加工方法、装夹方法、刀具及切削用量等。如对于表面质量要求高的表面,应采用恒线速度切削;若还要采用其他措施(如磨削)弥补,则应给后续工序留有余量。对于零件图上位置精度要求高的表面,应尽量把这些表面在同一次装夹中完成。

2)结构工艺性分析

零件结构工艺性分析是指零件对加工方法的适应性,即所设计的零件结构应便于加工成形。在数控车床上加工零件时,应根据数控车床的特点,认真分析零件结构的合理性。在结构分析时,若发现问题应及时与设计人员或有关部门沟通并提出相应修改意见和建议。

2. 确定数控车削加工内容

在分析零件形状、精度和其他技术要求的基础上,选择在数控车床上加工的内容。选择数控车床加工的内容,应注意以下几个方面:

(1)优先考虑普通车床无法加工的内容作为数控车床的加工内容。

(2)重点选择普通车床难加工、质量也很难保证的内容作为数控车床加工内容。

(3)在普通车床上加工效率低、工人操作劳动强度大的加工内容可以考虑在数控车床上加工。

3. 数控车削加工工艺方案的拟定

数控车削加工工艺方案的拟定是制定数控车削加工工艺的重要内容之一,其主要内容包括选择各加工表面的加工方法、安排工序的先后顺序、确定刀具的走刀路线等。技术人员应根据从生产实践中总结出来的一些综合性工艺原则,结合现场的实际生产条件,提出几种方案,通过对比分析,从中选择最佳方案。

1) 拟定工艺路线

(1)加工方法的选择。回转体零件的结构形状虽然是多种多样的,但它们都由平面、内圆柱面、外圆柱面、曲面、螺纹等组成。每一种表面都有多种加工方法,实际选择时应结合零件的加工精度、表面粗糙度、材料、结构形状、尺寸及生产类型等因素全面考虑。

(2)加工顺序的安排。在选定加工方法后,就是划分工序和合理安排工序的顺序。零件的加工工序通常包括切削加工工序、热处理工序和辅助工序。工序安排一般有两种原则:工序分散和工序集中。在数控车床上加工零件,应按工序集中的原则划分工序。

安排零件车削加工顺序一般遵循下列原则:

①先粗后精。按照粗车→半精车→精车的顺序进行。

②先近后远。通常在粗加工时,离换刀点近的部位先加工,离换刀点远的部位后加工,以便缩短刀具移动距离,减少空行程时间,并且有利于保持坯件或半成品件的刚性,改善其切削条件。如图15-4所示的零件,对这类直径相差不大的台阶轴,当第一刀的切削深度未超限时,刀具宜按 $\phi 40mm \rightarrow \phi 42mm \rightarrow \phi 44mm$ 的顺序加工。如果按 $\phi 44mm \rightarrow \phi 42mm \rightarrow \phi 40mm$ 的顺序安排车削,不仅会增加刀具返回换刀点所需的空行程时间,而且还可能使台阶的外直角处产生毛刺。

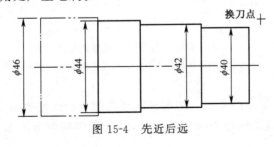

图 15-4 先近后远

③内外交叉。对既有内表面(内型、内腔),又有外表面的零件,安排加工顺序时,应先粗加工内外表面,然后精加工内外表面。加工内外表面时,通常先加工内型和内腔,然后加工外表面。

④刀具集中。尽量用一把刀加工完相应各部位后,再换另一把刀加工相应的其他部

位,以减少空行程和换刀时间。

⑤基面先行。用作精基准的表面应优先加工出来。

2)确定走刀路线

确定走刀路线的主要工作在于确定粗加工及空行程的进给路线等,因为精加工的切削过程的进给路线基本上是沿着零件轮廓顺序进给的。走刀路线一般是指刀具从起刀点开始运动起,直至返回该点并结束加工程序所经过的路径为止,包括切削加工的路径及刀具引入、切出等非切削空行程。

(1)刀具引入、切出。在数控车床上进行加工时,尤其是精车,要妥当考虑刀具的引入、切出路线,尽量使刀具沿轮廓的切线方向引入、切出,以免因切削力突然变化而造成弹性变形,致使光滑连接轮廓上产生表面划伤、形状突变或滞留刀痕等疵病。车螺纹时,必须设置升速段和降速段,这样可避免因车刀升降速而影响螺距的稳定。

(2)确定最短的空行程路线。确定最短的走刀路线,除了依靠大量的实践经验外,还要善于分析,必要时可辅以一些简单计算。

①灵活设置程序循环起点。在车削加工编程时,许多情况下采用固定循环指令编程,如图 15-5 所示,是采用矩形循环方式进行外轮廓粗车的一种情况示例。考虑加工中换刀的安全,常将起刀点设在离坯件较远的位置 A 点处,同时,将起刀点和循环起点重合,其走刀路线如图 15-5(a)所示。若将起刀点和循环起点分开设置,分别在 A 点和 B 点处,其走刀路线如图 15-5(b)所示。显然,图 15-5(b)所示走刀路线短。

②合理安排返回换刀点。在手工编制较复杂轮廓的加工程序时,编程者有时将每一刀加工完后的刀具通过执行返回换刀点,使其返回到换刀点位置,然后再执行后续程序。这样会增加走刀路线的距离,从而降低生产效率。因此,在不换刀的前提下,执行退刀动作时,应不用返回到换刀点。安排走刀路线时,应尽量缩短前一刀终点与后一刀起点间的距离,满足走刀路线为最短的要求。

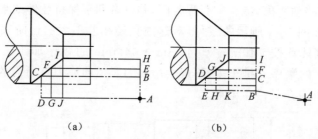

图 15-5 起刀点和循环起点

(a)起刀点和循环起点重合;(b)起刀点和循环起点分离。

(3)确定最短的切削进给路线。切削进给路线短可有效地提高生产效率、降低刀具的损耗。在安排粗加工或半精加工的切削进给路线时,应同时兼顾被加工零件的刚性及加工的工艺性要求。

图 15-6 所示是几种不同切削进给路线的安排示意图,其中,图 15-6(a)表示封闭轮廓复合车削循环的进给路线,图 15-6(b)表示三角形进给路线,图 15-6(c)表示矩形进给路线。

对以上三种切削进给路线分析和判断可知:矩形循环进给路线的走刀长度总和为最

短,即在同等条件下,其切削所需的时间(不含空行程)为最短,刀具的损耗小。另外,矩形循环加工的程序段格式较简单,所以,在制订加工方案时,建议采用矩形走刀路线。

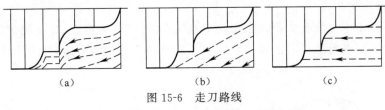

图 15-6　走刀路线
(a)沿工件轮廓走刀;(b)三角形走刀;(c)矩形走刀。

(4)零件轮廓精加工一次走刀完成。在安排可以一刀或多刀进行的精加工工序时,零件轮廓应由最后一刀连续加工而成,此时,加工刀具的进、退刀位置要考虑妥当,尽量不要在连续轮廓中安排切入、切出、换刀及停顿,以免因切削力突然变化而造成弹性变形,致使光滑连续的轮廓上产生表面划伤、形状突变或滞留刀痕等缺陷。

总之,在保证加工质量的前提下,使加工程序具有最短的进给路线,不仅可以节省整个加工过程的执行时间,还能减少不必要的刀具耗损及机床进给滑动部件的磨损等。

15.2.2　数控车削加工工序划分与设计

1. 数控车削加工工序划分方法

数控车削加工工序划分常有以下几种方法:

(1)按安装次数划分工序。以每一次装夹作为一道工序,这种划分方法主要适用于加工内容不多的零件。

(2)按加工部位划分工序。按零件的结构特点分成几个加工部分,每个部分作为一道工序。

(3)按所用刀具划分工序。刀具集中分序法是按所用刀具划分工序,即用同一把刀或同一类刀具加工完成零件所有需要加工的部位,以达到节省时间、提高效率的目的。

(4)按粗加工、精加工划分工序。对易变形或精度要求较高的零件常用这种方法。这种划分工序一般不允许一次装夹就完成加工,而是粗加工时留出一定的加工余量,重新装夹后再完成精加工。

2. 数控车削加工工序设计

数控车削加工工序划分后,对每个加工工序都要进行设计。

1)确定装夹方案

在数控车床上根据工件结构特点和工件加工要求,确定合理装夹方式,选用相应的夹具。如轴类零件的定位方式通常是一端外圆固定,即用三爪自定心卡盘、四爪单动卡盘或弹簧套固定工件的外圆表面,但此定位方式对工件的悬伸长度有一定的限制。工件的悬伸长度过长在切削过程中会产生较大的变形,严重时将无法切削。对于切削长度过长的工件可以采用一夹一顶或两顶尖装夹。

数控车床常用的装夹方法有以下几种。

(1)三爪自定心卡盘装夹。三爪自定心卡盘(图 15-7)是数控车床最常用的卡具。它的特点是可以自定心,夹持工件时一般不需要找正,装夹速度较快,但夹紧力较小,定心精度不高。适于装夹中小型圆柱形、正三边或正六边形工件,不适合同轴度要求高的工件的二次装夹。

三爪卡盘常见的有机械式和液压式两种。数控车床上经常采用液压卡盘,液压卡盘特别适合于批量生产。

(2)四爪单动卡盘装夹。用四爪单动卡盘装夹时,夹紧力较大,装夹精度较高,不受卡爪磨损的影响,但夹持工件时需要找正(图15-8)。适于装夹偏心距较小、形状不规则或大型的工件等。

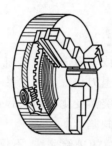
图 15-7 三爪自定心卡盘

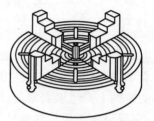
图 15-8 四爪单动卡盘

(3)软爪装夹。由于三爪自定心卡盘定心精度不高,当加工同轴度要求高的工件二次装夹时,常常使用软爪(图15-9)。软爪是一种可以加工的卡爪,在使用前配合被加工工件特别制造。

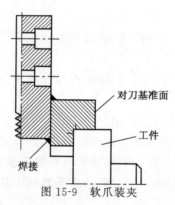
图 15-9 软爪装夹

(4)中心孔定位装夹。

①两顶尖拨盘。两顶尖只对工件起定心和支撑作用,工件安装时要用鸡心夹头或对分夹头夹紧工件的一端,必须通过鸡心夹头或对分夹头带动工件旋转。这种方式适于装夹轴类零件,利用两顶尖定位还可以加工偏心工件。

②拨动顶尖。拨动顶尖有内、外拨动顶尖和端面拨动顶尖两种。内、外拨动顶尖是通过带齿的锥面嵌入工件拨动工件旋转。端面拨动顶尖是利用端面的拨爪带动工件旋转,适合装夹直径在 $\phi50\sim\phi150$mm 之间的工件。

用两端中心孔定位,容易保证定位精度,但由于顶尖细小,装夹不够牢靠,不宜用大的切削用量进行加工。

③一夹一顶。一端用三爪或四爪卡盘,通过卡爪夹紧工件并带动工件转动,另一端用尾顶尖支撑。这种方式定位精度较高,装夹牢靠。

(5)心轴与弹簧卡头装夹。以孔为定位基准,用心轴装夹来加工外表面。以外圆为定位基准,采用弹簧卡头装夹来加工内表面。用心轴或弹簧卡头装夹工件的定位精度高,装夹工件方便、快捷,适用于装夹内外表面的位置精度要求较高的套类零件。

(6)利用其他工装夹具装夹。数控车削加工中有时会遇到一些形状复杂和不规则的零件,不能用三爪或四爪卡盘等夹具装夹,需要借助其他工装夹具装夹,如花盘、角铁等,对于批量生产时,还要采用专用夹具装夹。

2)选用刀具

刀具选择是数控加工工序设计中的重要内容之一。常用数控车刀的种类、形状和用途如图 15-10 所示。

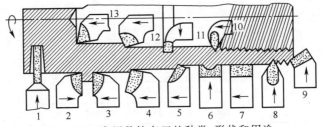

图 15-10　常用数控车刀的种类、形状和用途

1—切断刀;2—右偏刀;3—左偏刀;4—弯头车刀;5—直头车刀;6—成形车刀;7—宽刃精车刀;8—外螺纹车刀;9—端面车刀;10—内螺纹车刀;11—内切槽刀;12—通孔车刀;13—盲孔车刀。

3)确定切削用量

(1)选择切削用量的一般原则。

①粗车切削用量选择。粗车时一般以提高生产效率为主,兼顾经济性和加工成本。提高切削速度、加大进给量和背吃刀量都能提高生产效率,由于切削速度对刀具使用寿命影响最大,背吃刀量对刀具使用寿命影响最小,所以,在考虑粗车切削用量时,首先尽可能选择大的背吃刀量,其次选择大的进给速度,最后,在保证刀具使用寿命和机床功率允许的条件下选择一个合理的切削速度。

②精车、半精车切削用量选择。精车和半精车的切削用量选择要保证加工质量,兼顾生产效率和刀具使用寿命。精车和半精车的背吃刀量是由零件加工精度和表面粗糙度要求以及粗车后留下的加工余量决定的,一般情况一刀切去余量。精车和半精车的背吃刀量较小,产生的切削力也较小,所以,在保证表面粗糙度的情况下,适当加大进给量。

(2)背吃刀量 a_p 的确定。在车床主体、夹具、刀具和零件这一系统刚性允许的条件下,尽可能选取较大的背吃刀量,以减少走刀次数,提高生产效率。

粗加工时,在允许的条件下,尽量一次切除该工序的全部余量,背吃刀量一般为 2~5mm。半精加工时,背吃刀量一般为 0.5~1mm。精加工时,背吃刀量为 0.1~0.4mm。

(3)进给量 f 的确定。进给量是指工件每转一周,刀具沿进给方向移动的距离,它与背吃刀量有着密切的关系。粗车时一般取 0.3~0.8mm/r,精车时常取 0.1~0.3mm/r,切断时宜取 0.05~0.2mm/r。

进给速度是指在单位时间里,刀具沿进给方向移动的距离。进给速度可按下式计算:

$$v_f = f \times n$$

式中　v_f——进给速度(mm/min);

n——主轴转速(r/min);

f——进给量(mm/r)。

粗加工时,进给量根据工件材料、车刀刀杆直径、工件直径和背吃刀量按表15-1进行选取。从表15-1可以看出,在背吃刀量一定时,进给量随着刀杆尺寸和工件尺寸的增大而增大;加工铸铁时的切削力比加工钢件时小,可以选取较大的进给量。

表15-1 硬质合金车刀粗车外圆及端面的进给量

工件材料	车刀刀杆	工件	背吃刀量 a_p/mm			
			≤3	>3~5	>5~8	>8~12
			进给量 f/(mm/r)			
碳素钢 合金钢	16×25	20	0.3~0.4	—	—	—
		40	0.4~0.5	0.3~0.4	—	—
		60	0.5~0.7	0.4~0.6	0.3~0.5	—
		100	0.6~0.9	0.5~0.7	0.5~0.6	0.4~0.5
		400	0.8~1.2	0.7~1.0	0.6~0.8	0.5~0.6
碳素钢 合金钢	20×30 25×25	20	0.3~0.4	—	—	—
		40	0.4~0.5	0.3~0.4	—	—
		60	0.5~0.7	0.5~0.7	0.4~0.6	—
		100	0.8~1.0	0.7~0.9	0.5~0.7	0.4~0.7
		400	1.2~1.4	1.0~1.2	0.8~1.0	0.6~0.9
铸铁及 铜合金	16×25	40	0.4~0.5	—	—	—
		60	0.5~0.8	0.5~0.8	0.4~0.6	—
		100	0.8~1.2	0.7~1.0	0.6~0.8	0.5~0.7
		400	1.0~1.4	1.0~1.2	0.8~1.0	0.6~0.8
	20×30 25×25	40	0.4~0.5	—	—	—
		60	0.5~0.9	0.5~0.8	0.4~0.7	—
		100	0.9~1.3	0.8~1.2	0.7~1.0	0.5~0.8
		400	1.2~1.8	1.2~1.6	1.0~1.3	0.9~1.1

精加工与半精加工时,进给量可根据加工表面粗糙度要求按表选取,同时考虑切削速度和刀尖圆弧半径因素,见表15-2。

表15-2 按表面粗糙度选择进给量的参考值

工件材料	表面粗糙度 Ra/μm	切削速度 v_c/(m/min)	刀尖圆弧半径 r_ε/mm		
			0.5	1.0	2.0
			进给量 f/(mm/r)		
碳钢 硬质合金	>1.25~2.5	<50	0.10	0.11~0.15	0.15~0.22
		50~100	0.11~0.16	0.16~0.25	0.25~0.35
		>100	0.16~0.20	0.20~0.25	0.25~0.35
碳钢 硬质合金	>2.5~5	<50	0.18~0.25	0.25~0.30	0.30~0.40
		>50	0.25~0.30	0.30~0.35	0.30~0.50

(续)

工件材料	表面粗糙度 $Ra/\mu m$	切削速度 $v_c/(\mathrm{m/min})$	刀尖圆弧半径 r_ε/mm		
			0.5	1.0	2.0
			进给量 $f/(\mathrm{mm/r})$		
碳钢 硬质合金	>5~10	<50	0.30~0.50	0.45~0.60	0.55~0.70
		>50	0.40~0.55	0.55~0.65	0.65~0.70
铸铁 青铜 铝合金	>5~10	不限	0.25~0.40	0.40~0.50	0.50~0.60
	>2.5~5		0.15~0.25	0.25~0.40	0.40~0.60
	>1.25~2.5		0.10~0.15	0.15~0.20	0.20~0.35

(4) 主轴转速的确定。

①光车时主轴转速。光车时,主轴转速的确定应根据零件上被加工部位的直径,并按零件和刀具的材料及加工性质等条件所允许的切削速度来确定。在实际生产中,主轴转速计算公式为

$$n = 1000v_c/\pi d$$

式中　n——主轴转速(r/min);

v_c——切削速度(m/mim);

d——零件待加工表面的直径(mm)。

在确定主轴转速时,首先需要确定其切削速度,而切削速度又与背吃刀量和进给量有关。切削速度确定方法有计算、查表和根据经验确定。切削速度参考值见表15-3。

表15-3　切削速度参考表

零件材料	刀具材料	a_p/mm			
		0.38~0.13	2.40~0.38	4.70~2.40	9.50~4.70
		$f/(\mathrm{mm/r})$			
		0.13~0.05	0.38~0.13	0.76~0.38	1.30~0.76
		$v_c/(\mathrm{m/min})$			
低碳钢	高速钢	90~120	70~90	45~60	20~40
	硬质合金	215~365	165~215	120~165	90~120
中碳钢	高速钢	70~90	45~60	30~40	15~20
	硬质合金	130~165	100~130	75~100	55~75
灰铸铁	高速钢	50~70	35~45	25~35	20~25
	硬质合金	135~185	105~135	75~105	60~75
黄铜 青铜	高速钢	105~120	85~105	70~85	45~70
	硬质合金	215~245	185~215	150~185	120~150
铝合金	高速钢	105~150	70~105	45~70	30~45
	硬质合金	215~300	135~215	90~135	60~90

②车螺纹时主轴转速。车削螺纹时,车床的主轴转速将受到螺纹的螺距(或导程)大小、驱动电机的升降频特性及螺纹插补运算速度等多种因素影响,故对于不同的数控系统,推荐有不同的主轴转速选择范围。如大多数经济型车床数控系统推荐车螺纹的主轴转速计算公式为

$$n \leqslant \frac{1200}{P} - k$$

式中　n——主轴转速(r/min);

P——工件螺纹的导程(mm),英制螺纹为相应换算后的毫米值;

k——保险系数(一般取为80)。

15.2.3 数控车削加工工艺文件

数控加工工艺文件不仅是进行数控加工和产品验收的依据,也是操作者遵守和执行的规程;同时还为产品零件重复生产积累了必要的工艺资料,进行技术储备。这些由工艺人员制订的工艺文件是编程员在编制数控加工程序时所依据的相关技术文件。编制数控加工工艺文件是数控加工工艺设计的重要内容之一。

一般来说,数控车床所需工艺文件应包括编程任务书、数控加工工序卡片、数控机床调整卡、数控加工刀具卡、数控加工进给路线图、数控加工程序单等。

其中,以数控加工工序卡片和数控加工刀具卡最为重要,这些卡片暂无国家标准,前者是说明数控加工顺序和加工要素的文件,后者为刀具使用依据。表15-4、表15-5所列是两种卡片参考格式。

表15-4　数控加工工序卡

单位		数控加工工序卡		产品名称及代号		零件名称		零件图号	
		工序简图		车间			使用设备		
				工艺序号			程序编号		
				夹具名称			夹具编号		
工步号	工步作业内容		刀具号	刀补量	主轴转速	进给速度		背吃刀量	备注
编制		审核		批准		年　月　日	共　页		第　页

表15-5　数控刀具卡片

零件图号			数控刀具卡片					使用设备	
刀具名称									
刀具编号			换刀方式			程序编号			
刀具组成	序号	编号		刀具名称		规格	数量		备注
	1								
	2								
	3								
备注									
编制		审校			批准		共　页		第　页

15.3 数控车床的坐标系

15.3.1 数控车床坐标系的确定

数控加工是建立在工件轮廓点坐标计算的基础上的。准确把握数控机床坐标轴的定义,运动方向的规定,根据不同坐标原点建立不同坐标系的方法,是正确计算工件轮廓点坐标的关键,并会给程序编制和机床操作带来方便。

1. 数控车床坐标系

在数控车床上加工零件,机床的动作是由数控系统发出的指令来控制的。为了确定数控机床的运动方向和移动距离,需要在机床上建立一个坐标系,这就是数控车床坐标系。

2. 数控车床坐标系的建立

数控车床的坐标系统采用右手笛卡儿直角坐标系。

1) Z 轴及其正向

Z 轴定义为平行于车床主轴的坐标轴,数控车床 Z 坐标的正向为刀具离开工件的方向。

2) X 轴及其正向

对于数控车床,X 轴的方向是在工件的径向并平行于横滑板,以刀具远离工件的方向为其正向。

常见数控车床坐标系如图 15-11 和图 15-12 所示。

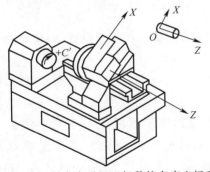

图 15-11 斜床身后置刀架数控车床坐标系

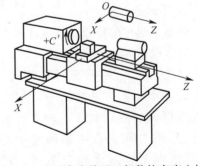

图 15-12 水平床身前置刀架数控车床坐标系

说明:(1)后置刀架。刀架布局在操作者和主轴外侧位置,称为后置刀架。
(2)前置刀架。刀架布局在操作者和主轴之间位置,称为前置刀架。

15.3.2 机床原点和参考点

1. 机床原点

机床原点(也称机床零点)是机床上设置好的一个固定点,即机床坐标系的原点。机床原点在机床装配、调试时就已设置好,一般不允许用户进行更改。数控车床的原点为主轴轴线与卡盘端面的交点(图 15-13),它是车床参考点及工件坐标系的基准点。

2. 机床参考点

机床参考点是机床上一个特殊位置的点,与机床原点的相对位置是固定的,如图15-13所示,在机床出厂之前由机床制造商精密测量确定。对于大多数数控车床,开机第一步总是进行返回机床参考点的操作。开机回参考点的目的就是建立机床坐标系,并确定机床坐标系的原点。该坐标系一经建立,在机床不断电的前提下,将保持不变,并且不能通过编程对它进行修改。

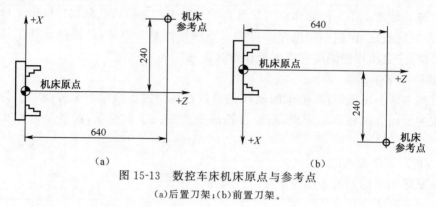

图 15-13 数控车床机床原点与参考点
(a)后置刀架;(b)前置刀架。

15.3.3 工件坐标系与工件原点

1. 工件坐标系

工件坐标系(也称编程坐标系)是以工件设计尺寸为依据建立的坐标系。该坐标系的原点可由编程人员根据具体情况设置,其坐标轴的方向与机床坐标系一致。建立工件坐标系的目的主要是为了方便编程。

2. 工件原点

工件原点也称编程原点或程序零点,可由编程人员根据具体情况设置,一般是在工件装夹完毕后通过对刀来确定。

从理论上讲,工件原点设在任何位置都可以,但实际上,在加工过程中为了使工件的设计基准与工艺基准统一,即为了使各尺寸直观,从而方便编程,应尽可能把工件原点选得合理些。如图 15-14 所示,工件原点可选在主轴回转中心与工件右端面的交点 O' 上,也可选在主轴回转中心与工件左端面的交点 O 上。当工件原点确定后,工件坐标系也随之确定下来。FANUC 系统数控车床工件原点一般用 G50 或 G54~G59 设置。

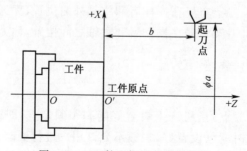

图 15-14 工件坐标系与工件原点

15.4 数控车床基本编程指令

15.4.1 准备功能 G 指令

FANUC 0i 数控车削系统常用 G 指令见表 15-6。

表 15-6 FANUC 0i 数控车削系统指令表

G 代码	组	功　　能	G 代码	组	功　　能
*G00	01	快速定位	*G54	14	选择工件坐标系1
G01		直线插补	G55		选择工件坐标系2
G02		顺时针圆弧插补	G56		选择工件坐标系3
G03		塑时针圆弧插补	G57		选择工件坐标系4
G04	00	暂停	G58		选择工件坐标系5
G10		可编程数据输入	G59		选择工件坐标系6
*G11		可编程数据输入方式取消	G65	00	宏程度调用
G12.1	21	极坐标插补方式	G66	12	宏程序模态调用
*G13.1		极坐标插补方式取消	*G67		宏程序模态调用取消
G20	60	英寸输入	G70	00	精加工复合循环
*G21		毫米输入	G71		粗车外圆复合循环
G27	00	返回参考点检测	G72		粗车端面复合循环
G28		自动返回第一参考点	G73		固定形状粗加工复合循环
G29		从参考点返回	G74		端面深孔复合钻削
G30		返回第二、三、四参考点	G75		端面切槽复合循环
G31		跳转功能	G76		螺纹切削复合循环
G32	01	螺纹切削	G90	01	外径/内径车削简单循环
G34		变螺矩螺纹切削	G92		螺纹简单循环
*G40	07	刀尖半径补偿取消	G94		端面简单循环
G41		刀尖半径左补偿	G96	02	恒线速切削
G42		刀尖半径右补偿	*G97		恒线速切削取消
G50	00	工作坐标系预制	G98	05	每分进给
G52		局部坐标系设定	*G99		每转进给
G53		机床坐标系选择			

注：1. 带 * 的是上电时或复位时各模态 G 代码所处的状态（可以通过参数设置进行修改）。
　　2. 不同组的 G 代码在同一程序段中可以指令多个。如果在同一程序段中指令了多个同组的 G 代码，仅执行最后的 G 代码。
　　3. 除了 G10、G11 以外的 00 组 G 代码都是非模态 G 代码

15.4.2 进给功能 F 指令

进给功能 F 指令用来指定刀具相对于工件的合成进给速度,其单位有每分钟进给量(mm/min)和每转进给量(mm/r)两种,由准备功能指令 G98、G99 来设定。

在实际操作过程中,可以通过操作机床操作面板上的进给速度倍率开关来对进给速度值进行实时修正。

15.4.3 刀具功能 T 指令

T 功能指令用于选择加工所用刀具。

指令格式:T××××;

T 后面通常有四位数字表示所选择的刀具号码。前两位是刀具号,后两位是刀具补偿号。刀具补偿号是刀具偏置补偿寄存器的地址号,该寄存器存放刀具的长度补偿值和刀尖圆弧半径补偿值。系统对刀具的补偿或取消都是通过拖板的移动来实现的。

【例 15-1】 T0303;表示选择 3 号刀具和 3 号刀补地址。

T0300;表示取消刀具补偿。

还有一种格式是 T××,T 后面用两位数,第一位是刀具号,第二位是刀具长度补偿号和刀尖圆弧半径补偿号。

【例 15-2】 T33;表示选择 3 号刀具和 3 号刀补地址。

思考题与习题

15-1 数控车床的加工对象有哪些?

15-2 在数控车床上编排加工工序应考虑哪些原则?

15-3 数控车削加工工件常用的装夹方法有哪些?

15-4 如何建立数控车床坐标系?

项目16　外圆与端面加工

16.1　任务描述

加工图 16-1 所示零件,毛坯为 $\phi 32\mathrm{mm}\times 91\mathrm{mm}$ 的棒料($\phi 32$ 外圆已加工),材料为 45 钢。

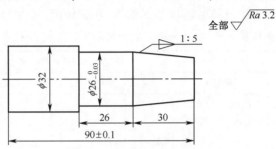

图 16-1　外圆与端面加工

16.2　知 识 链 接

16.2.1　外圆与端面加工工艺知识

1. 刀具的选择

1)外圆车刀

外圆车刀主要用于外圆加工,常用的有 75°外圆车刀、90°外圆车刀、93°(或 95°)外圆车刀等,如图 16-2 所示。

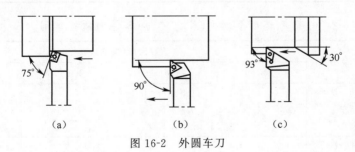

图 16-2　外圆车刀
(a)75°偏头外圆车刀;(b)90°偏头外圆车刀;(c)93°偏头外圆车刀。

2)端面车刀

端面车刀主要是用于工件端面和台阶面加工,主要有 90°偏头端面车刀和 45°偏头端面车刀等,如图 16-3 所示。

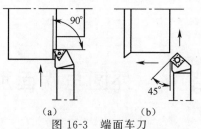

图 16-3 端面车刀

(a) 90°偏头端面车刀；(b) 45°偏头外圆车刀。

2. 数控车削加工余量的确定

确定加工余量的方法主要有计算法和查表法，通常采用查表法。表 16-1 和表 16-2 分别给出了轧制圆棒料毛坯和模锻毛坯状态下轴类（外旋转面）零件的机械加工余量。

表 16-1　普通精度轧制用于轴类（外旋转面）零件的数控车削加工余量

直径/mm	表面加工方法	直径余量（按轴长取）/mm							
		到 120		>120~260		>260~500		>500~800	
到 30	粗车和一次车	1.1	1.3	1.7	1.7	—	—	—	—
	半精车	0.45	0.45	0.5	0.5	—	—	—	—
	精车	0.2	0.25	0.25	0.25	—	—	—	—
	细车	0.12	0.13	0.15	0.15	—	—	—	—
>30~50	粗车和一次车	1.1	1.3	1.4	1.6	2.2	2.2	—	—
	半精车	0.45	0.45	0.45	0.45	0.5	0.5	—	—
	精车	0.2	0.25	0.25	0.25	0.3	0.3	—	—
	细车	0.12	0.13	0.13	0.14	0.16	0.16	—	—
>50~80	粗车和一次车	1.1	1.5	1.5	1.7	2.2	2.3	2.3	2.6
	半精车	0.45	0.45	0.45	0.5	0.5	0.5	0.5	0.5
	精车	0.2	0.25	0.25	0.25	0.3	0.17	0.3	
	细车	0.12	0.13	0.13	0.15	0.14	0.16	0.18	0.18

注：1. 直径小于 30mm 的毛坯规定校直，不校直时必须增加直径，以达到能够补偿弯曲所需的数值。
2. 阶梯轴按最大阶梯直径选取毛坯。
3. 表中每格前列数值是用中心孔安装时的车削余量，后列数值是用卡盘安装时的车削余量。

表 16-2　模锻毛坯用于轴类（外旋转面）零件的数控车削加工余量

直径	表面加工方法	直径余量（按轴长取）/mm							
		到 120		>120~260		>260~500		>500~800	
到 18	粗车和一次车	1.4	1.5	1.9	1.9	—	—	—	—
	精车	0.25	0.25	0.3	0.3	—	—	—	—
	细车	0.14	0.14	0.15	0.15	—	—	—	—
>18~30	粗车和一次车	1.5	1.6	1.9	2.0	2.3	2.3	—	—
	精车	0.25	0.25	0.25	0.3	0.3	0.3	—	—
	细车	0.14	0.14	0.14	0.15	0.16	0.16	—	—
>30~50	粗车和一次车	1.7	1.8	2.0	2.3	2.7	3.0	3.5	3.5
	精车	0.25	0.3	0.3	0.3	0.3	0.3	0.35	0.35
	细车	0.15	0.15	0.15	0.16	0.17	0.19	0.21	0.21

(续)

直径	表面加工方法	直径余量(按轴长取)/mm							
		到 120		>120~260		>260~500		>500~800	
>50~80	粗车和一次车 精车 细车	2.0 0.3 0.16	2.2 0.3 0.16	2.6 0.3 0.17	2.9 0.3 0.18	2.9 0.3 0.18	3.4 0.35 0.2	3.6 0.35 0.2	4.2 0.4 0.22

注:1. 直径小于30mm的毛坯规定校直,不校直时必须增加直径,以达到能够补偿弯曲所需的数值。
 2. 阶梯轴按最大阶梯直径选取毛坯。
 3. 表中每格前列数值是用中心孔安装时的车削余量,后列数值是用卡盘安装时的车削余量。

16.2.2 编程指令

1. 编程方式

数控车床的工件外形通常是旋转体,其 X 轴尺寸可以用直径编程方式和半径编程方式加以指定。当地址 X 后所跟的坐标值是直径时,称为直径编程;当地址 X 后所跟的坐标值是半径时,称为半径编程。用直径编程方式可使设计、标注一致,减少换算,给编程带来很大方便。编程方式可由参数设定,一般车床编程默认为是直径编程方式。

【例 16-1】 分别用直径编程方式和半径编程方式写出图 16-4 中 B、C、D 点坐标。

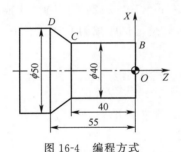

图 16-4 编程方式

图 16-4 中 B、C、D 点坐标见表 16-3。

表 16-3 B、C、D 点坐标

编程方式	B 点坐标	C 点坐标	D 点坐标
直径编程方式	$X40, Z0$	$X40, Z-40$	$X50, Z-55$
半径编程方式	$X20, Z0$	$X20, Z-40$	$X25, Z-55$

2. 绝对坐标编程、增量坐标编程与混合编程

绝对坐标编程:在数控车床中用 X、Z 表示绝对坐标。
增量坐标编程:在数控车床中用 U、W 表示绝对坐标。
混合编程:允许同一程序段中绝对编程和增量编程两者混合使用。

【例 16-2】 如图 16-4 所示,分别使用绝对坐标编程、增量坐标编程与混合编程控制刀具 $B \rightarrow C \rightarrow D$ 点。

参考程序见表 16-4。

表 16-4　绝对坐标编程、增量坐标编程与混合编程

	绝对坐标编程	增量坐标编程	混 合 编 程
$B \to C$	G01 X40 Z-40	G01 U0 W-40	G01 X40 W-40 或 G01 U0 Z-40
$C \to D$	G01 X50 Z-55	G01 U10 W-15	G01 X50 W-15 或 G01 U10 Z-55

3. 有关坐标系的指令

1）工件坐标系设定指令 G50

指令格式为：G50 X_Z_；

式中　X、Z——当前刀位点在新建工件坐标系中的初始位置。

【例 16-3】 如图 16-5 所示，坐标系设定指令为：G50 X100 Z120。

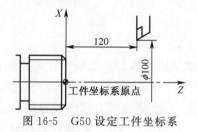

图 16-5　G50 设定工件坐标系

其确立的加工原点在距离刀具起始点 $X=-100, Z=-120$ 的位置上。使用时必须预先将刀具放置在工件坐标系下 X100 Z120 的位置，才能建立正确的坐标系。即执行 G50 时，机床不产生任何运动，只是记忆距离刀具当前位置 $X=-100, Z=-120$ 的那个点作为工件坐标系原点。

2）工件坐标系选择指令（G54～G59）

指令格式：G54～G59 G00(G01) X_Z_(F_)；

式中　G54～G59——工件坐标系选择指令，可任选一个。

3）T 指令建立工件坐标系

编程时，常设定刀架上各刀在工作位时，其刀尖位置是一致的。但由于刀具的几何形状及安装的不同，其刀尖位置是不一致的，各刀具相对于工件原点的距离也是不同的。因此需要将各刀具的位置值进行比较或设定，称为刀具偏置补偿。T 指令建立工件坐标系的实质是将机床位于参考点时，相应刀具的刀位点与工件坐标系原点之间的距离输入相应的补偿地址中。

【例 16-4】 图 16-6 所示为当机床位于参考点时，1 号刀刀位点与工件坐标系原点之间的距离。

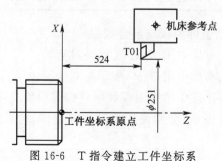

图 16-6　T 指令建立工件坐标系

参考程序:T0101;选用1号刀1号刀补地址。1号刀补中输入的数据见表16-5。

表16-5 几何补偿值

刀 补 号	X 向几何补偿	Z 向几何补偿
01	−251	−524

4. 速度控制指令

1)最高转速限制

指令格式:G50 S_;

式中 S——主轴最高转速(r/min)。

【例 16-5】 G50 S4000;表示最高转速限制为 4000r/min。

2)恒线速控制

指令格式:G96 S_;

式中 S——恒定的线速度(m/min)。

【例 16-6】 G96 S120;表示切削点线速度控制在 120m/min。

对图 16-4 中所示的零件,为保持 C、D 点的线速度在 120m/min,则各点在加工时的主轴转速分别为

C 点:$n = 1000 \times 120 \div (\pi \times 40) \approx 955$ (r/min)

D 点:$n = 1000 \times 120 \div (\pi \times 50) \approx 764$ (r/min)

3)恒线速取消

指令格式:G97 S_;

式中 S——恒线速度控制取消后的主轴转速(r/min)。

5. 进给速度单位设定指令

1)每分钟进给模式 G98

指令格式:G98 F_;

功能:该指令指定进给速度单位为每分钟进给量(mm/min),G98 为模态指令。

2)每转进给模式 G99

指令格式:G99 F_;

功能:该指令指定进给速度单位为每转进给量(mm/r),G99 为模态指令。

【例 16-7】 G98 G01 X10 F100;表示进给速度为 100mm/min。

G99 G01 X10 F0.1;表示进给速度为 0.1mm/r。

6. G01 倒角及倒圆角功能

G01 倒角控制功能可以在两相邻轨迹的程序段之间插入直线倒角或圆弧倒角,如图 16-7 所示。

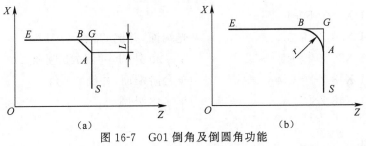

图 16-7 G01 倒角及倒圆角功能

1)倒角功能

指令格式:G01 X(U)_Z(W)_C_F_;

式中　X(U)、Z(W)——倒角相邻两直线交点(假想拐点 G 点)坐标,其中,X、Z 为 G 点在工件坐标系中坐标,即绝对坐标;U、W 为 G 点相对于直线起点的位移量,即增量坐标;

　　　　C——倒角的直角边的边长(L);

　　　　F——合成进给速度。

2)倒圆角功能

指令格式:G01 X(U)_Z(W)_R_F_;

式中　X(U)、Z(W)——倒圆角相邻两直线交点(假想拐点 G 点)坐标,其中,X、Z 为 G 点在工件坐标系中坐标,即绝对坐标;U、W 为 G 点相对于直线起点的位移量,即增量坐标;

　　　　R——倒圆角的半径(r)。

　　　　F——合成进给速度。

说明:倒角及倒圆角指令中的 C 值和 R 值有正、负之分。当倒角及倒圆角的方向指向另一坐标轴的正方向时,C 和 R 值为正;否则为负。

【例 16-8】　编写图 16-8 所示零件的精加工程序。

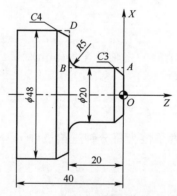

图 16-8　倒角及倒圆角实例

参考程序:

O1601

N10 T0101

　　...

N100 G01 X0 Z0 F0.1

N110 G01 X20 Z0 C-3　　　　　　　光端面,并倒 $C3$ 角

N120 G01 X20 Z-20 R5　　　　　　 车 $\phi 20$ 外圆,并倒 $R5$ 圆角

N130 G01 X48 Z-20 C-4　　　　　　车台阶端面,并倒 $C4$ 角

N140 G01 X48 Z-40　　　　　　　　车 $\phi 48$ 外圆

　　...

N200 M30

7. 内、外圆车削简单循环指令 G90

G90 是内、外圆车削简单循环指令,主要用于圆柱面和圆锥面的切削循环。其刀具轨迹如图 16-9 所示,刀具从循环起点开始循环,最后又回到循环起点,小括号中的 R 表示快进,小括号中的 F 表示工进速度。

指令格式:G90 X(U)_Z(W)_R_F_;

式中　X、Z——绝对编程,圆柱(锥)面切削终点的坐标值;

　　　U、W——增量编程,圆柱(锥)面切削终点相对循环起点的坐标值;

　　　R——圆锥面切削起点与圆锥面切削终点的半径差:编程时,应注意 R 的符号,锥面切削起点坐标大于切削终点坐标时 R 为正;反之为负。当 R＝0,用于圆柱面车削。

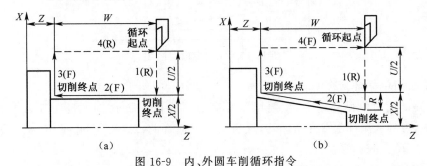

图 16-9　内、外圆车削循环指令

(a)切削圆柱面;(b)切削圆锥面。

【例 16-9】　加工图 16-10 所示零件。

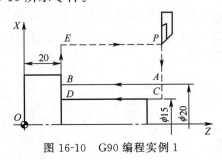

图 16-10　G90 编程实例 1

参考程序:

O1602

N10 T0101

　　…

N100 G90 X20 Z20 F0.2　　　$P \to A \to B \to E \to P$

N110 X15 F0.1　　　　　　　　$P \to C \to D \to E \to P$

　　…

N150 M30

【例 16-10】　加工图 16-11 所示零件。

参考程序:

O1603

```
N10 T0101
  ...
N100 G90 X20 Z20 R-7 F0.2          P→A→B→E→P
N110 X15 F0.1                      P→C→D→E→P
  ...
N150 M30
```

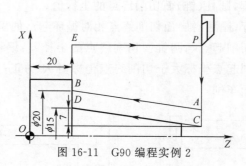

图 16-11 G90 编程实例 2

8. 端面简单循环指令 G94

G94 是端面简单循环指令,主要用于盘套类零件的平面切削循环。其刀具轨迹如图 16-12 所示,刀具从循环起点开始循环,最后又回到循环起点,小括号中的 R 表示快进,小括号中的 F 表示工进速度。

指令格式:G94 X(U)_Z(W)_R_F_;

式中 X、Z——绝对编程,端面切削终点的坐标值;

U、W——增量编程,端面切削终点相对循环起点的坐标值;

R——端面切削起点至端面切削终点在 Z 轴方向的坐标增量,编程时,应注意 R 的符号,锥面切削起点坐标大于切削终点坐标时 R 为正;反之为负。当 R=0,为垂直端面车削。

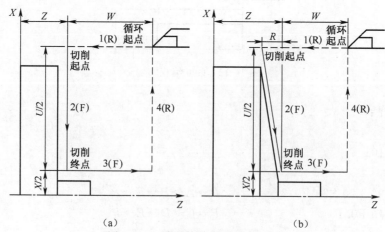

图 16-12 端面简单循环指令 G94
(a)垂直端面车削;(b)斜端面车削。

【例 16-11】 加工图 16-13 所示零件。

参考程序:

O1604

N10 T0101

...

N100 G94 X10 Z30 F0.2   P→A→B→E→P
N110 Z25 F0.1   P→D→C→E→P

...

N150 M30

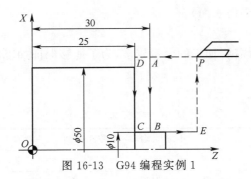

图 16-13 G94 编程实例 1

【例 16-12】 加工图 16-14 所示零件。

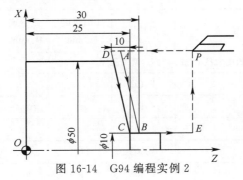

图 16-14 G94 编程实例 2

参考程序：
O1605
N10 T0101

...

N100 G94 X10 Z30 R-10 F0.2   P→A→B→E→P
N110 Z25   P→D→C→E→P

...

N150 M30

16.3 任务实施

16.3.1 加工工艺的确定

1. 分析零件图样

该零件为一轴类零件，主要加工面包括圆柱面、圆锥面、端面等。其中 $\phi26$ 外圆柱面尺寸精度为8级,所有表面的粗糙度为$Ra3.2\mu m$。

2. 工艺分析

1)加工方案的确定

根据零件的加工要求,各表面的加工方案确定为粗车→精车。

2)确定装夹方案:

工件是棒料,为回转体,可用三爪自定心卡盘装夹。$\phi32$的外表面不需要加工,可用来做装夹面(注意:防止夹伤表面)。

3)确定加工工序

零件毛坯为棒料,所需要加工的余量较多,为了能够保证加工的精度,在加工时,先进行粗加工,再进行精加工。

加工工艺见表16-6。

表16-6 数控加工工序卡

数控加工工序卡片			产品名称	零件名称	材料	零件图号
					45钢	
工序号	程序编号	夹具名称	夹具编号	使用设备		车间
工步号	工步内容		刀具号	主轴转速/(r/min)	进给速度/(mm/r)	背吃刀量/mm	备注
装夹:夹住$\phi32$外圆,留出长度大约60mm,对刀,调用程序							
1	粗车端面		T0101	800	0.2	0.7	
2	粗车圆锥面		T0101	800	0.2	1.5	
3	粗车$\phi26$外圆		T0101	800	0.2	1.5	
4	精车端面		T0202	1200	0.1	0.3	
5	精车圆锥面		T0202	1200	0.1	0.3	
6	精车$\phi26$外圆		T0202	1200	0.1	0.3	

4)进给路线的确定

(1)粗车走刀路线。粗车圆锥面的走刀路线如图16-15所示,其余表面的粗车走刀路线略。

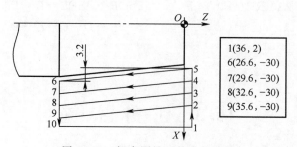

图16-15 粗车圆锥面的走刀路线

(2)精车外圆走刀路线。精车外圆的走刀路线如图16-16所示,端面精车走刀路线略。

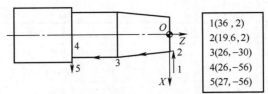

图 16-16 精车外圆的走刀路线

3. 刀具及切削参数的确定

刀具及切削参数的确定见表 16-7。

表 16-7 数控加工刀具卡

数控加工刀具卡片	工序号	程序编号	产品名称	零件名称	材料	零件图号
					45钢	

序号	刀具号	刀具名称及规格	刀尖半径/mm	加工表面	备注
1	T0101	95°粗车右偏外圆刀	0.8	外表面、端面	硬质合金
2	T0202	95°精车右偏外圆刀	0.4	外表面、端面	硬质合金

16.3.2 参考程序编制

1. 工件坐标系的建立

以工件右端面与轴线的交点为编程原点建立工件坐标系。

2. 基点坐标计算（略）

3. 参考程序

参考程序见表 16-8。

表 16-8 参考程序

程　　序		说　　明
O1606		程序名
N10	T0101	选择1号刀,建立刀补
N20	M03 S800	启动主轴
N30	G00 X40 Z5	快进至进刀点
N40	X36 Z2	快进至端面车削循环起点
N50	G94 X-2 Z0.3 F0.2	端面粗车循环
N60	G90 X35.6 Z-30 R-3.2	锥面粗车循环
N70	X32.6	
N80	X29.6	
N90	X26.6	
N100	G00 X36 Z-29	快进至φ26外圆车削循环起点
N110	G90 X29.6 Z-55.9	φ26外圆粗车循环
N120	X26.6	
N130	G00 X100 Z100 M05	返回换刀点,停主轴
N140	T0100	取消1号刀刀补

(续)

程　序		说　明
N150	T0202	选择 2 号刀,建立刀补
N160	G50 S3000	主轴限速(最高转速 3000r/min)
N170	M03 G96 S120	启动主轴、恒线速度控制
N180	G00 X40 Z5	快进至进刀点
N190	X36 Z2	快进至端面车削循环起点
N200	G94 X-2 Z0 F0.1	端面精车循环
N210	G00 X19.6 Z2	快进至 2 点(图 16-15)
N220	G01 X26 Z-30 F0.1	2→3
N230	Z-56	3→4
N240	X27	4→5
N250	G00 X100 Z100 M05 G97	返回换刀点,停主轴,取消恒线速控制
N260	T0200	取消 2 号刀刀补
N270	M30	程序结束

思考题与习题

16-1 编写图 16-17 所示零件的精加工程序。

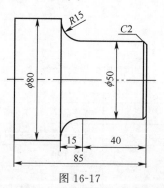

图 16-17

16-2 加工图 16-18 所示零件,毛坯为 $\phi50\text{mm}\times51\text{mm}$ 的棒料($\phi50$ 外圆不加工),材料为 45 钢。

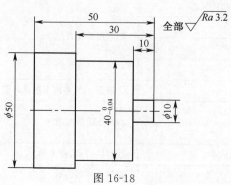

图 16-18

项目 17 车槽与切断加工

17.1 任务描述

加工图 17-1 所示零件,毛坯为 $\phi42\text{mm}$ 棒料,材料为 45 钢。

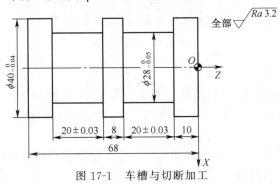

图 17-1 车槽与切断加工

17.2 知识链接

17.2.1 车槽与切断加工的工艺知识

1. 车槽(切断)刀

车槽(切断)刀(图 17-2)以横向进给为主,前端的切削刃为主切削刃,有两个刀尖,两侧为副切削刃,刀头窄而长,强度差;主切削刃太宽会引起振动,切断时浪费材料,太窄又削弱刀头的强度。

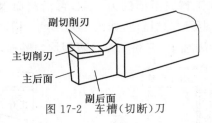

图 17-2 车槽(切断)刀

主切削刃宽度可以用如下经验公式计算:

$$b \approx (0.5 \sim 0.6)\sqrt{d}$$

式中 b——切削刃宽度(mm);

 d——待加工零件表面直径(mm)。

刀头的长度可以用如下经验公式计算:

$$L=h+(2\sim 3)$$

式中 L——刀头长度(mm)。

h——切入深度(mm)。

2. 槽的类型

根据槽所处的位置不同,数控车削的槽加工主要包括内、外沟槽及端面槽的加工,如图17-3所示。本项目中仅讨论外沟槽的加工。

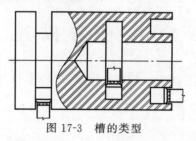

图17-3 槽的类型

3. 槽加工进刀方式

(1)对于宽度、深度值较小,切削精度要求不高的槽,采用与槽等宽的刀具直接切入一次成形的方法加工,如图17-4所示。刀具切入槽底后可利用延时指令使刀具短暂停留,以修整槽底,退出过程采用工进速度。

(2)对于宽度值较小、深度值较大的深槽加工,为了避免切槽过程中排屑不畅导致打刀现象,应采用多次进刀的方式,如图17-5所示。

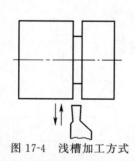

图17-4 浅槽加工方式

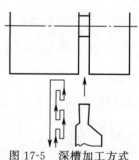

图17-5 深槽加工方式

(3)宽槽的切削。在切削宽槽时,横向常先采用多次横向走刀粗切,然后用精切槽刀沿槽的一侧切至槽底,精加工槽底至槽的另一侧,再沿侧面退出,切削方式如图17-6所示。也可采用纵、横向综合走刀方式粗切,如图17-7所示,横向走刀深度通常取刀片宽度的60%~70%,纵向双向走刀加工,有利于刀口两侧均匀磨损,延长刀具使用寿命。

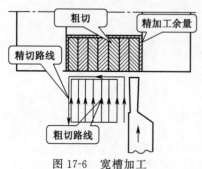

图17-6 宽槽加工

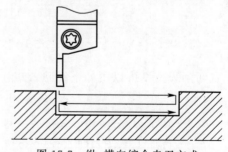

图17-7 纵、横向综合走刀方式

4. 刀位点

刀位点是指在编制程序和加工时,用于表示刀具的基准点,也是对刀时的注视点,一般是刀具上的一点。常用数控车刀的刀位点如图 17-8 所示。

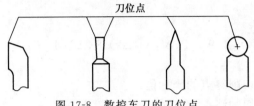

图 17-8 数控车刀的刀位点

5. 切削用量的选择

切削用量包括背吃刀量、进给量和切削速度三要素。在切槽加工中,背吃刀量受到刀具宽度的影响,其大小的调节范围较小;切削速度一般取外圆切削的 60%～80%;进给量一般取 0.05～0.3mm/r。

17.2.2 编程指令

1. 暂停指令 G04

指令格式:G04 P_或 X_;

式中　P——暂停时间(ms);

　　　X——暂停时间(s)。

说明:(1)G04 在前一程序段的进给速度降到零之后才开始暂停动作。在执行含 G04 指令的程序段时,先执行暂停功能。

(2)G04 为非模态指令,仅在其被规定的程序段中有效。

(3)G04 可使刀具短暂停留,以获得圆整而光滑的表面。该指令除用于切槽、钻镗孔外,还可用于拐角轨迹控制。

2. 径向切槽复合循环指令 G75

径向切槽复合循环指令 G75,可以实现深槽的断屑加工。其刀具轨迹如图 17-9 所示,刀具从循环起点 A 点开始,沿径向进刀 Δi,并到达 C 点,然后退刀 e(断屑)到 D 点,

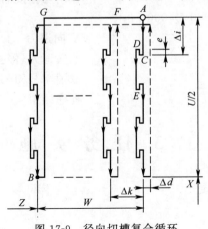

图 17-9 径向切槽复合循环

再按循环递进切削至径向终点的 X 坐标处,然后快速退刀刀径向起刀点,完成一次切削循环;接着沿轴向偏移 Δk 至 F 点,进行第二次切削循环;依次循环直至刀具切削至循环终点坐标处(B 点),径向退刀至起刀点(G 点),再轴向退刀至起刀点(A 点),完成整个切槽循环动作。

指令格式:G75 R (e)
　　　　　G75 X(U)_Z(W)_P(Δi) Q(Δk) R(Δd) F_;

式中　e——退刀量;
　X、Z——绝对编程,切削终点的坐标值;
　U、W——增量编程,切削终点相对循环起点的坐标值;
　Δi——X 向的每次切深量,用不带符号的半径量表示(μm);
　Δk——刀具完成一次径向切削后,在 Z 方向的偏移量(无符号)(μm);
　Δd——刀具在槽底的 Z 向退刀量,无要求时可省略。

【例 17-1】 加工图 17-10 所示的 20mm 宽槽,刀具宽度为 5mm,工件材料为 45 钢。

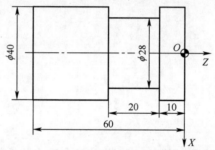

图 17-10　径向切槽复合循环指令编程实例

参考程序:
O1701
N10 T0101　　　　　　　　　　　　选择 1 号刀,建立刀补
N20 M03 S700　　　　　　　　　　 启动主轴
N30 G00 X45 Z5　　　　　　　　　 快进至进刀点
N40 X45 Z-15　　　　　　　　　　 快进至径向切槽复合循环起点
N50 G75 R2　　　　　　　　　　　 径向切槽复合循环
N60 G75 X28 Z-30 P3000 Q4000 F0.1
N70 G00 X100　　　　　　　　　　 X 向退刀
N80 Z100 M05　　　　　　　　　　 Z 向退刀,停主轴
N90 T0100　　　　　　　　　　　　取消 1 号刀刀补
N100 M30　　　　　　　　　　　　 程序结束

17.3　任务实施

17.3.1　加工工艺的确定

1. 分析零件图样

该零件为一轴类零件,主要包括圆柱、端面和外沟槽等的加工。其中圆柱面和外沟槽

的加工要求较高,所有表面的粗糙度为 $Ra3.2\mu m$。

2. 工艺分析

1)加工方案的确定

根据零件的加工要求,各表面的加工方案确定为粗车→精车。

2)确定装夹方案:

工件是棒料,为回转体,采用三爪自定心卡盘装夹。

3)确定加工工序

加工工艺见表17-1。

表17-1 数控加工工序卡

数控加工工序卡片			产品名称	零件名称	材料	零件图号
					45钢	
工序号	程序编号	夹具名称	夹具编号	使用设备		车间
工步号	工步内容		刀具号	主轴转速 /(r/min)	进给速度 /(mm/r)	背吃刀量 /mm	备注
装夹:夹住棒料一头,留出长度大约78mm,车端面(手动操作),对刀,调用程序							
1	粗、精车 ϕ40 外圆		T0101	600	0.2	0.7	粗车
				1000	0.1	0.3	精车
2	切槽		T0202	500	0.1	4	粗车
				800	0.08	0.2	精车
3	切断		T0303	600	0.1	4	
4	掉头,平端面,达到图样要求						

4)进给路线的确定(略)

3. 刀具及切削参数的确定

刀具及切削参数的确定见表17-2。

表17-2 数控加工刀具卡

数控加工刀具卡片	工序号	程序编号	产品名称	零件名称	材料	零件图号
					45钢	
序号	刀具号	刀具名称及规格	刀尖半径/mm		加工表面	备注
1	T0101	95°右偏外圆刀	0.8		外圆、端面	硬质合金
2	T0202	切槽刀($B=5$)			切槽	硬质合金
3	T0303	切断刀($B=4$)			切断	硬质合金

17.3.2 参考程序编制

1. 工件坐标系的建立

以工件右端面与轴线的交点为编程原点建立工件坐标系。

2. 基点坐标计算(略)
3. 参考程序

参考程序见表17-3。

表17-3 参考程序

主 程 序	
程 序	说 明
O1702	主程序名
N10	T0101	选择1号刀,建立刀补
N20	M03 S600	启动主轴
N30	G00 X45 Z5	快进至进刀点
N40	X42 Z1	快进至ϕ40外圆车削循环起点
N50	G90 X40.6 Z-73 F0.2	粗车ϕ40外圆
N60	M03 S1000	主轴变速(精车转速)
N70	G90 X40 Z-69 F0.1	精车ϕ40外圆
N80	G00 X100 Z100 M05	返回换刀点,停主轴
N90	T0100	取消1号刀刀补
N100	T0202	选择2号刀,建立刀补(左刀尖为刀位点)
N110	M03 S500	启动主轴
N120	G00 X45 Z5	快进至进刀点
N130	X42 Z-2	快进至径向切槽复合循环起点
N140	M98 P21712	2次调用子程序O1712加工两个外沟槽
N150	G00 X100 Z100 M05	返回换刀点,停主轴
N160	T0200	取消2号刀刀补
N170	T0303	选择3号刀,建立刀补(左刀尖为刀位点)
N180	M03 S600	启动主轴
N190	G00 X45 Z5	快进至进刀点
N200	Z-72.4	快进至切断起点,总长留0.4余量
N210	G01 X40.2 F0.5	径向接近工件
N220	X0 F0.1	切断工件
N230	G00 X100	X向快速退刀
N240	Z100 M05	X向快速退刀,返回换刀点,停主轴
N250	T0300	取消3号刀刀补
N260	M30	程序结束
子程序	
O1712	子程序名
N10	G00 W-13.2	
N20	G75 R2	粗加工外沟槽,留0.2mm精车余量
N30	G75 X28.2 W-14.6 P3000 Q4000 F0.1	
N40	G00 W0.2 S800	快进至精车Z向起点,主轴变速(精车转速)

(续)

子程序		
N50	G01 X28 F0.08	精车槽右侧
N60	W-15	精车槽底
N70	X42	精车槽左侧
N80	M99	子程序结束

思考题与习题

17-1 加工图 17-11 所示的 20mm 宽槽,刀具宽度为 5mm,工件材料为 45 钢。

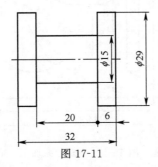

图 17-11

17-2 加工图 17-12 所示零件,毛坯为 φ32mm 棒料,材料为 45 钢。

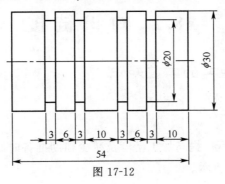

图 17-12

项目 18　外成形面加工

18.1　任务描述

加工图 18-1 所示零件,毛坯为 φ42mm 的棒料,材料为 45 钢。

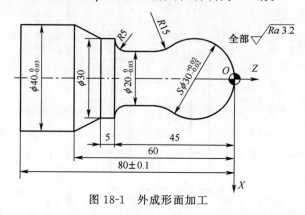

图 18-1　外成形面加工

18.2　知识链接

18.2.1　外成形面加工的工艺知识

1. 刀具的选择

1)可转位车刀

为了充分利用数控设备、提高加工精度及减少辅助准备时间,数控车床上广泛使用机夹可转位车刀,如图 18-2 所示。

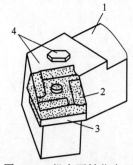

图 18-2　机夹可转位车刀
1—刀杆;2—刀片;3—刀垫;4—夹紧元件。

(1)刀片形状。可转位车刀常用的刀片如图18-3所示。刀片的形状主要与被加工工件表面形状、切削方法、刀具寿命和有效刃数等有关。一般外圆和端面车削常用T型、S型、C型、W型刀片；成形加工常用D型、V型、R型刀片。

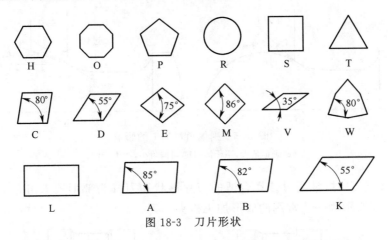

图18-3 刀片形状

(2)刀杆头部形式。可转位车刀常见的刀杆头部形式和主偏角如图18-4所示。有直角台阶的工件，可选主偏角大于或等于90°的刀杆；外圆粗车可选主偏角45°～90°的刀杆，精车可选主偏角45°～75°的刀杆；中间切入、成形加工可选主偏角大于或等于45°～107.5°的刀杆。

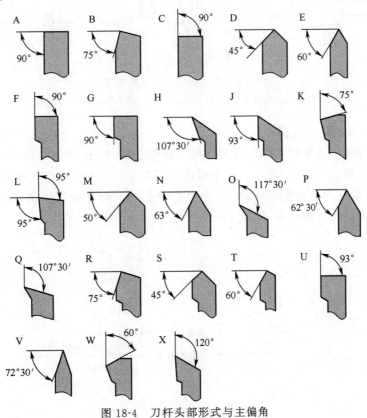

图18-4 刀杆头部形式与主偏角

2) 成形加工刀具的选择

在加工球面时要选择副偏角合适的刀具,以免刀具的副切削刃与工件产生干涉,如图18-5 所示。

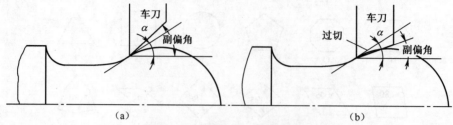

图 18-5 副偏角对加工的影响
(a)副偏角大,不干涉;(b)副偏角小,产生干涉。

采用机夹车刀时,常通过选择合适的刀片形状和刀杆头部形式来组合形成所需要的刀具。图 18-6 所示为一些常用的成形加工机夹车刀。

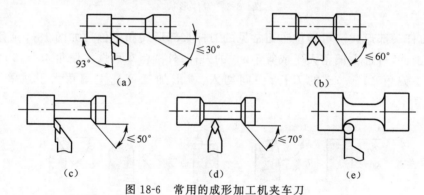

图 18-6 常用的成形加工机夹车刀
(a)D-J 形式;(b)D-V 形式;(c)V-J 形式;(d)V-V 形式;(e)R-A 形式。

2. 成形面加工的常见误差

数控车编程时,通常都将车刀刀尖作为一点来考虑,如图 18-7(a)所示;但实际上刀尖处是一段圆弧,如图 18-7(b)所示。当用按理想刀尖点编出的程序进行端面、外径、内径等与轴线平行或垂直的表面加工时,是不会产生误差的。但在进行倒角、锥面及圆弧切削时,则会产生少切或过切现象,如图 18-8 所示。

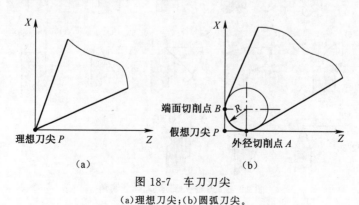

图 18-7 车刀刀尖
(a)理想刀尖;(b)圆弧刀尖。

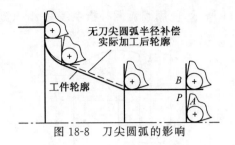

图 18-8 刀尖圆弧的影响

18.2.2 编程指令

1. 圆弧插补指令 G02、G03

指令格式：

$$\begin{Bmatrix}G02\\G03\end{Bmatrix} X(U)\_Z(W)\_ \begin{Bmatrix}I\_K\_\\R\_\end{Bmatrix} F\_;$$

式中 G02——顺时针圆弧插补，如图 18-9 所示；

G03——逆时针圆弧插补，如图 18-9 所示；

X、Z——绝对编程，圆弧终点在工件坐标系中的坐标；

U、W——增量编程，圆弧终点相对于圆弧起点的位移量；

I、K——圆心相对于圆弧起点的偏移值（等于圆心的坐标减去圆弧起点的坐标，如图 18-10 所示），在绝对编程和增量编程时都是以增量方式指定；特别注意，在直径、半径编程时 I 都是半径值；

R——圆弧半径，当圆弧圆心角小于 180°时 R 为正值，否则 R 为负值。当 R 等于 180 时，R 可取正也可取负；

F——被编程的两个轴的合成进给速度。

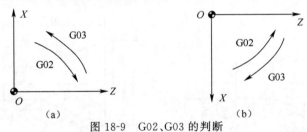

图 18-9 G02、G03 的判断
(a)后置刀架；(b)前置刀架。

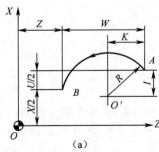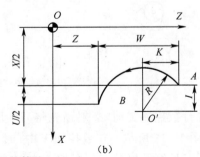

图 18-10 I、K 的算法
(a)后置刀架；(b)前置刀架。

【例 18-1】 如图 18-11 所示,使用圆弧插补指令编写 A 点到 B 点程序。

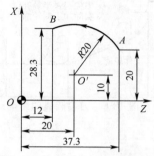

图 18-11 R 及 I、K 编程举例

(1) R 编程方式

绝对编程:G03 X56.6 Z12 R20 F0.2;

增量编程:G03 U16.6 W-25.3 R20 F0.2。

(2) I、K 编程方式

绝对编程:G03 X56.6 Z12 I-10 K-17.3 F0.2;

增量编程:G03 U16.6 W-25.3 I-10 K-17.3 F0.2。

2. 刀尖圆弧半径补偿指令 G41、G42、G40

1) 刀尖圆弧半径补偿功能

由于实际刀具的刀尖处存在圆弧,加工中起实际切削作用的是刀刃上的圆弧切点,这样在加工过程中可能产生过切或欠切现象,如图 18-12(a)所示。刀尖圆弧半径补偿就是用来补偿由于刀具圆弧半径引起的加工形状误差的。在编程过程中,不用计算圆弧半径值,只需按零件的轮廓进行编程,执行刀尖圆弧半径补偿后,刀尖圆弧始终与工件轮廓保持相切的关系,从而消除了刀尖圆弧对工件形状的影响,如图 18-12(b)所示。

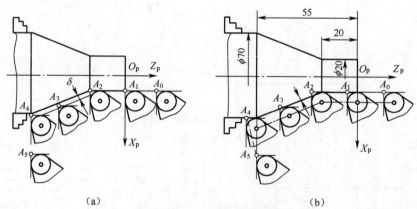

(a)　　　　　　　　　　　(b)

图 18-12 刀尖圆弧半径补偿

(a)无刀尖圆弧半径补偿;(b)有刀尖圆弧半径补偿。

在进行数控加工前,必须预先将刀尖圆弧半径值和刀尖方位号存放在刀具补偿寄存器中,如图 18-13 所示。在数控加工中,通过程序中的指令来指定刀具补偿号,刀具补偿号一般与刀具编号相对应。在加工中,如果没有更换刀具,则该刀具号的补偿量一直有效。

```
工具补正/形状              O          N
番号      X          Z        R      T
01      -205.000   -507.200  0.400   3
02      -180.500   -520.500  0.800   2
03       0.000      0.000    0.000   0
04       0.000      0.000    0.000   0
05       0.000      0.000    0.000   0
06       0.000      0.000    0.000   0
07       0.000      0.000    0.000   0
08       0.000      0.000    0.000   0
现在位置(相对坐标)
        U   0.000        W   0.000
>                            S 0    T
        REF ****  ***  ***
[摩耗]    [形状]   [SETTING[坐标系]  [(操作)]
```

图 18-13 刀尖圆弧半径与刀尖方位号的输入

2)刀尖圆弧半径补偿指令

(1)刀尖圆弧半径补偿指令格式。

①建立刀尖圆弧半径补偿指令格式。

指令格式：

$$\begin{Bmatrix} G17 \\ G18 \\ G19 \end{Bmatrix} \begin{Bmatrix} G41 \\ G42 \end{Bmatrix} \begin{Bmatrix} G00 \\ G01 \end{Bmatrix} X\_Z\_;$$

式中　G17～G19——坐标平面选择指令；

　　　G41——左刀补,如图 18-14 所示；

　　　G42——右刀补,如图 18-14 所示；

　　　X、Y、Z——建立刀具半径补偿时目标点坐标。

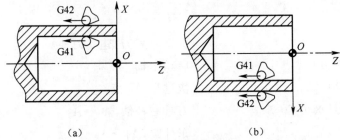

图 18-14 刀尖圆弧半径补偿的偏置方向判断

(a)后置刀架；(b)前置刀架。

②取消刀尖圆弧半径补偿指令格式。

指令格式：

$$\begin{Bmatrix} G17 \\ G18 \\ G19 \end{Bmatrix} G40 \begin{Bmatrix} G00 \\ G01 \end{Bmatrix} X\_Z$$

式中　G17～G19——坐标平面选择指令；

　　　G40——取消刀尖圆弧半径补偿功能。

(2)使用刀尖圆弧半径补偿的注意事项。

①刀具半径补偿的建立与取消只能用 G01、G00 来实现,不得用 G02 和 G03。

②建立和取消刀具半径补偿时,刀具必须在所补偿的平面内移动,且移动距离应大于刀具补偿值。

③G41/G42 不带参数,其补偿号由 T 指令指定。刀尖圆弧半径补偿号与刀具偏置补偿号对应,如图 18-13 所示。

④在设置刀尖圆弧自动补偿值时,还要设置刀尖方位号。刀尖方位号定义了刀具刀位点与刀尖圆弧中心的位置关系,如图 18-15 所示。

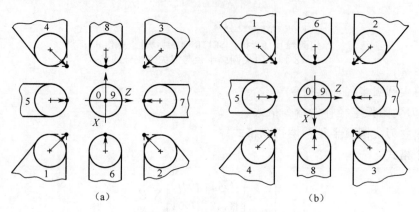

图 18-15 刀尖方位号
(a)后置刀架;(b)前置刀架。

【例 18-2】 加工图 18-12 所示零件,编写其精加工程序。为保证圆锥面的加工精度,试采用刀尖圆弧半径补偿指令编写程序。

参考程序:

程序	说明
O1801	
N10 T0101	选择 1 号刀,建立刀补
N20 M03 S700	启动主轴
N30 G00 X20 Z5	快进至 A_0 点
N40 G42 G01 X20 Z0	刀具右补偿,$A_0 \rightarrow A_1$
N50 Z-20	车外圆,$A_1 \rightarrow A_2$
N60 X70 Z-55	车圆锥面,$A_2 \rightarrow A_4$
N70 G40 X80 Z-55	取消刀尖圆弧半径补偿,X 向退刀,$A_4 \rightarrow A_5$
N80 G00 X100 Z100 M05	快速退刀,停主轴
N90 T0100	取消 1 号刀刀补
N100 M30	程序结束

3. 复合循环指令

当零件外圆、内径或端面的加工余量较大时,需要多次进刀,为了减少程序段的数量,缩短编程时间,减少程序所占的内存,可采用循环编程。在加工外成形面时,常用的复合固定循环包括:外圆粗车循环 G71、精车循环 G70、端面粗车循环 G72、固定形状粗车循环 G73。

1) 外圆粗车循环指令 G71

(1)指令格式。

指令格式:G71 U (Δd) R (e);
G71 P(ns) Q (nf) U (Δu) W (Δw) F_;

式中　Δd——切深,半径量;

　　　e——退刀量;

　　　ns——精加工轮廓程序段中开始程序段的段号;

　　　nf——精加工轮廓程序段中结束程序段的段号;

　　　Δu——径向(X)精加工余量,直径量;

　　　Δw——轴向(Z)精加工余量;

　　　F——粗加工循环中的进给速度。

外圆粗车循环指令 G71 适用于外圆柱面需多次走刀才能完成的粗加工,图 18-16 所示为其加工轨迹。在程序中给出 $A \rightarrow A' \rightarrow B$ 的精加工零件形状,留出精加工余量 Δu、Δw,给出切深 Δd,则系统自动计算出每层的切削终点坐标,完成粗加工循环。

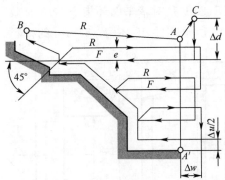

图 18-16　外圆粗车循环 G71 加工轨迹

(2)指令形式。在 FANUC 0i 系统中,G71 循环指令有两种类型:Ⅰ型和Ⅱ型。

①Ⅰ型指令。Ⅰ型指令中要求零件轮廓外形必须是单调递增或递减的形式,否则会产生凹形轮廓不是分层切削而是在半精加工时一次性切削的情况。如图 18-17 所示,当加工图示凹圆弧 AB 段时,因其不满足单调递增或递减的要求,故阴影部分的加工余量在粗车循环时,没有分层切削而在半精加工时一次性切除。

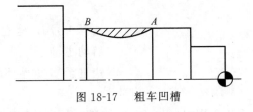

图 18-17　粗车凹槽

②Ⅱ型指令。Ⅱ型指令中允许零件轮廓外形的 X 轴不必单调递增或递减,但 Z 轴必须是单调递增或递减。现代数控车床一般具有Ⅱ型指令功能。

(3)指令说明。

①ns~nf 程序段中的 F、S、T 只是对精车循环有效,而粗车循环的 F、S、T 功能需要

在 G71 程序段前和程序段中指定才有效。

②精加工余量 Δu、Δw 有正负之分,当余量方向与坐标轴正向一致时为正;否则为负。

③在顺序号为"ns"的程序段中必须有 G00 或 G01 指令,且不可有 Z 轴方向移动指令。

④在 G71 循环中不允许调用子程序。

2)精车循环指令 G70

指令格式:G70 P(ns) Q(nf) F_;

式中　ns——精加工轮廓程序段中开始程序段的段号;

　　　nf——精加工轮廓程序段中结束程序段的段号;

　　　F——精加工循环中的进给速度。

指令说明:

(1)必须在 G71、G72 或 G73 指令后,才可使用 G70 指令。

(2)G70 精加工循环结束后,刀具快速返回循环始点。

(3)在 G70 被使用的顺序号 ns～nf 间程序段中,不能调用子程序。

(4)ns～nf 程序段中的 F、S、T 是对精车循环指令 G70 有效。

【例 18-3】　加工图 18-18 所示零件,毛坯为 φ52mm 的棒料,材料为 45 钢。

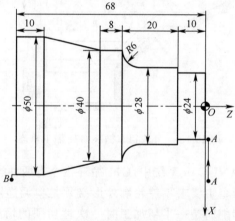

图 18-18　外圆粗车循环指令 G71 编程实例

参考程序:

O1802

N10 T0101　　　　　　　　　　　　选择 1 号刀,建立刀补

N20 M03 S500　　　　　　　　　　 启动主轴

N30 G00 X53 Z1　　　　　　　　　 快进至 G71 循环起点

N40 G71 U2 R1

N50 G71 P60 Q140 U0.6 W0.1 F0.2　G71 循环粗加工外轮廓

N60 G42 G00 X24 Z1　　　　　　　 刀具右补偿,$A→A'$,径向进刀

N70 G01 Z-10　　　　　　　　　　 车 φ24 外圆

N80 X28　　　　　　　　　　　　　车台阶

N90 Z-24　　　　　　　　　　　　 车 φ28 外圆

N100 G02 X40 Z-30 R6	车 R6 圆弧
N110 G01 Z-38	车 φ40 外圆
N120 X50 Z-58	车圆锥
N130 Z-69	车 φ50 外圆
N140 X53	→B,径向退刀
N150 G70 P60 Q140 F0.1 S1000	G70 循环精加工外轮廓
N160 G40 G00 X100 Z100	取消刀尖圆弧半径补偿,快速退刀
N170 M05	停主轴
N180 T0100	取消 1 号刀刀补
N190 M30	程序结束

3)端面粗车循环指令 G72

指令格式:G72 W (Δd) R (e);
　　　　　G72 P (ns) Q (nf) U (Δu) W (Δw) F_;

指令说明:

(1)指令中各项的意义与 G71 相同,使用方式如同 G71。

(2)G72 指令不能用于加工端面有内凹的形体。

(3)在顺序号为"ns"的程序段中必须有 G00 或 G01 指令,且不可有 X 轴方向移动指令。

端面粗车循环指令适用于 Z 向余量较小,而 X 向加工余量大的圆柱棒料毛坯的粗加工,图 18-19 所示为其加工轨迹。在程序中给出 A→A′→B 的精加工零件形状,留出精加工余量 Δu、Δw,给出切深 Δd,则系统自动计算出每层的切削终点坐标,完成粗加工循环。

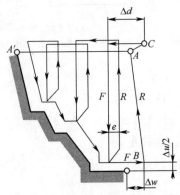

图 18-19 端面粗车循环 G72 加工轨迹

【例 18-4】 加工图 18-20 所示零件,毛坯为 φ60mm 的棒料,材料为 45 钢。

参考程序:

O1803	
N10 T0101	选择 1 号刀,建立刀补
N20 M03 S500	启动主轴
N30 G00 X61 Z1	快进至 G72 循环起点
N40 G72 W2 R1	
N50 G72 P60 Q110 U0.6 W0.2 F0.2	G72 循环粗加工外轮廓

N60 G00 X61 Z-22	$A \to A'$,轴向进刀
N70 G01 X28	车台阶
N80 Z-15	车 $\phi 28$ 外圆
N90 X14 Z-10	车圆锥
N100 Z-7	车 $\phi 14$ 外圆
N110 X6 Z1	$\to B$,车倒角
N120 G70 P60 Q110 F0.1 S1000	G70 循环精加工外轮廓
N130 G00 X100 Z100	快速退刀
N140 M05	停主轴
N150 T0100	取消1号刀刀补
N160 M30	程序结束

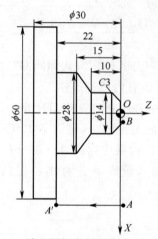

图 18-20　端面圆粗车循环指令 G72 编程实例

4）固定形状粗车循环指令 G73

指令格式：G73 U (Δi) W (Δk) R(d)；
　　　　　G73 P (ns) Q (nf) U (Δu) W (Δw) F_；

式中　Δi——X 轴向总退刀量，半径量；

　　　Δk——Z 轴向总退刀量；

　　　d——重复加工次数；

　　　ns——精加工轮廓程序段中开始程序段的段号；

　　　nf——精加工轮廓程序段中结束程序段的段号；

　　　Δu——径向（X）精加工余量，直径量；

　　　Δw——轴向（Z）精加工余量；

　　　F——粗加工循环中的进给速度。

G73 指令适用于毛坯轮廓形状与零件轮廓形状基本接近的铸、锻毛坯。如图 18-21 所示，执行 G73 功能时，每一刀的切削路线的轨迹形状是相同的，只是位置不同。每走完一刀，就把切削轨迹向工件吃刀方向移动一个位置，这样就可以将铸、锻件待加工表面，分层均匀地切削余量。

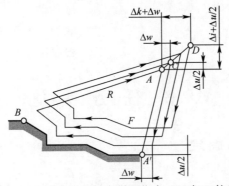

图 18-21 固定形状粗车循环指令 G73 加工轨迹

【例 18-5】 加工图 18-22 所示零件(ϕ48 外圆已加工),毛坯为锻件,单边余量 2mm,材料为 45 钢。

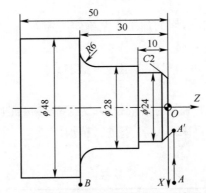

图 18-22 固定形状粗车循环指令 G73 编程实例

参考程序:

程序	说明
O1804	
N10 T0101	选择 1 号刀,建立刀补
N20 M03 S500	启动主轴
N30 G00 X50 Z2	快进至 G73 循环起点
N40 G73 U2 W2 R2	
N50 G73 P60 Q110 U0.6 W0.1 F0.2	G73 循环粗加工外轮廓
N60 G00 X16 Z2	$A \rightarrow A'$
N70 G01 X24 Z-2	车倒角
N80 Z-10	车 ϕ24 外圆
N90 X28	车台阶
N100 Z-24	车 ϕ28 外圆
N100 G02 X40 Z-30 R6	车 R6 圆弧
N110 G01 X50	$\rightarrow B$,车台阶
N120 G70 P60 Q110 F0.1 S1000	G70 循环精加工外轮廓
N130 G00 X100 Z100	快速退刀

N140 M05	停主轴
N150 T0100	取消1号刀刀补
N160 M30	程序结束

18.3 任务实施

18.3.1 加工工艺的确定

1. 分析零件图样

该零件为一轴类零件,主要加工面包括圆柱面、圆锥面、圆弧、球面、端面等。其中圆柱面和球面的尺寸精度为8级,所有表面的粗糙度为 $Ra3.2\mu m$。

2. 工艺分析

1)加工方案的确定

根据零件的加工要求,各表面的加工方案确定为粗车→精车。

2)确定装夹方案

工件是棒料,为回转体,可用三爪自定心卡盘装夹。

3)确定加工工序

零件毛坯为棒料,所需要加工的余量较多,为了能够保证加工的精度,在加工时,先采用G71循环来进行粗加工,再采用G70来进行精加工。

加工工艺见表18-1。

表18-1 数控加工工序卡

数控加工工序卡片			产品名称	零件名称	材料	零件图号
					45钢	
工序号	程序编号	夹具名称	夹具编号	使用设备		车间
工步号	工步内容		刀具号	主轴转速 /(r/min)	进给速度 /(mm/r)	背吃刀量 /mm	备注
装夹:夹住棒料一头,留出长度大约88mm,车端面(手动操作),对刀,调用程序							
1	粗车外轮廓		T0101	600	0.2	1.5	
2	精车外轮廓		T0202		0.1	0.5	
3	切断		T0303	600	0.1	4	
4	掉头,平端面,达到图样要求						

4)进给路线的确定

精车外轮廓的走刀路线如图18-23所示,粗车外轮廓走刀路线略。

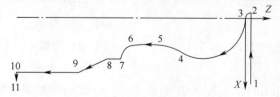

图18-23 精车外轮廓的走刀路线

图 18-23 中各点坐标见表 18-2。

表 18-2 外轮廓加工基点坐标

1	(43,1)	2	(-2,1)	3	(0,0)
4	(25,-23.292)	5	(20,-31.583)	6	(20,-40)
7	(30,-45)	8	(30,-50)	9	(40,-60)
10	(40,-85)	11	(43,-85)		

3. 刀具及切削参数的确定

刀具及切削参数的确定见表 18-3。

表 18-3 数控加工刀具卡

数控加工刀具卡片		工序号	程序编号	产品名称	零件名称	材料	零件图号
						45钢	
序号	刀具号	刀具名称及规格		刀尖半径/mm		加工表面	备注
1	T0101	93°右偏外圆刀(35°菱形刀片)		0.8		外轮廓	硬质合金
2	T0202	93°右偏外圆刀(35°菱形刀片)		0.4		外轮廓	硬质合金
3	T0303	切断刀(B=4)				切槽	硬质合金

18.3.2 参考程序编制

1. 工件坐标系的建立

以工件右端面与轴线的交点为编程原点建立工件坐标系。

2. 基点坐标计算(略)

3. 参考程序

参考程序见表 18-4。

表 18-4 参考程序

程 序		说 明
	O1805	程序名
N10	T0101	选择1号刀,建立刀补
N20	M03 S800	启动主轴
N30	G00 X45 Z5	快进至进刀点
N40	X43 Z1	快进至G71循环起点
N50	G71 U1.5 R1	G71循环粗加工外轮廓
N60	G71 P70 Q160 U1 W0 F0.2	
N70	G42 G00 X-2 Z1	1→2,建立刀尖圆弧半径补偿
N80	G02 X0 Z0 R1	2→3,圆弧切入
N90	G03 X25 Z-23.292 R15	3→4
N100	G02 X20 Z-31.583 R15	4→5
N110	G01 Z-40	5→6
N120	G02 X30 Z-45 R5	6→7

(续)

程　　序		说　　明
N130	G01 X30 Z-50	7→8
N140	X40 Z-60	8→9
N150	Z-85	9→10
N160	X43 Z-85	10→11，X 向退刀
N170	G00 X100 Z100 M05	返回换刀点，停主轴
N180	T0100	取消 1 号刀刀补
N190	T0202	选择 2 号刀，建立刀补
N200	G50 S3000	主轴限速（最高转速 3000r/min）
N210	M03 G96 S120	启动主轴、恒线速度控制
N220	G00 X45 Z5	快进至进刀点
N230	X43 Z1	快进至 G70 循环起点
N240	G70 P70 Q160 F0.1	G70 循环精加工外轮廓
N250	G40 G00 X100	取消刀尖圆弧半径补偿，X 向快速退刀
N260	Z100 M05	返回换刀点，停主轴
N270	T0200	取消 2 号刀刀补
N280	T0303	选择 3 号刀，建立刀补（左刀尖为刀位点）
N290	G97 M03 S600	取消恒线速，启动主轴
N300	G00 X45 Z5	快进至进刀点
N310	Z-84.4	快进至切断起点，总长留 0.4 余量
N320	G01 X40.2 F0.5	径向接近工件
N330	X0 F0.1	切断工件
N340	G00 X100	X 向快速退刀
N350	Z100 M05	Z 向快速退刀，返回换刀点，停主轴
N360	T0300	取消 3 号刀刀补
N370	M30	程序结束

思考题与习题

18-1　刀尖圆弧半径补偿对加工精度有何影响？刀尖圆弧半径补偿偏置方向如何判断？

18-2　G71、G72、G73 分别适合加工什么形状的零件？

18-3　加工图 18-24 所示零件，毛坯为 $\phi 38mm$ 的棒料，材料为 45 钢。

18-4　加工图 18-25 所示零件，毛坯为 $\phi 26mm$ 的棒料，材料为 45 钢。

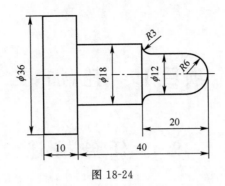

图 18-24

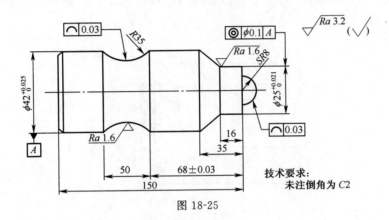

技术要求:
未注倒角为 C2

图 18-25

项目19 孔加工

19.1 任务描述

加工图19-1所示零件,毛坯为φ52mm棒料,材料为45钢,无热处理和硬度要求,编制数控加工程序。

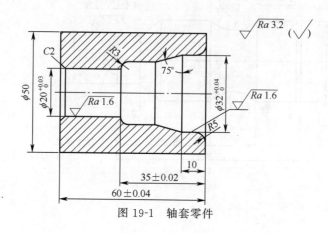

图19-1 轴套零件

19.2 知识链接

19.2.1 孔加工的工艺知识

1. 孔加工方法

根据孔的工艺要求,加工孔的方法较多。在数控车床上常用的方法有钻孔、扩孔、铰孔、镗孔等。

1)钻孔

如图19-2所示,用钻头在工件实体部位加工孔称为钻孔。钻孔属粗加工,可达到的尺寸公差等级为IT13~IT11,表面粗糙度为$Ra25\sim6.3\mu m$。

2)扩孔

如图19-3所示,扩孔是用扩孔钻对已钻出的孔做进一步加工,以扩大孔径并提高精度和降低表面粗糙度。由于扩孔时的加工余量较少和扩孔刀上导向块的作用,扩孔后的锥形误差较小,孔径圆柱度和直线性都比较好。扩孔可达到的尺寸公差等级为IT11~IT10,表面粗糙度为$Ra12.5\sim6.3\mu m$,属于孔的半精加工方法,常作为铰削前的预加工,也可作为精度不高的孔的终加工。

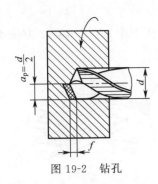
图 19-2 钻孔

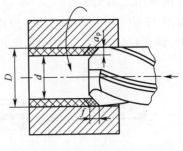
图 19-3 扩孔

3) 铰孔

如图 19-4 所示,铰孔是在半精加工(扩孔或半精镗)的基础上对孔进行的一种精加工方法。铰孔的尺寸公差等级可达 IT9~IT6,表面粗糙度可达 $Ra3.2\sim0.2\mu m$。

图 19-4 铰孔

4) 镗孔

如图 19-5 所示,镗孔用来扩孔及用于孔的粗、精加工。镗孔能修正钻孔、扩孔等加工方法造成的孔轴线歪斜等缺陷,是在半精加工(扩孔或半精镗)的基础上对孔进行的一种精加工方法。镗孔加工精度一般可达 IT8~IT6,表面粗糙度可达 $Ra6.3\sim0.8\mu m$。

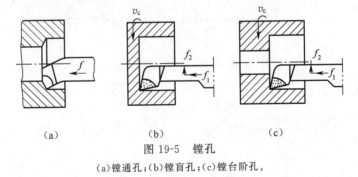
(a) (b) (c)
图 19-5 镗孔
(a)镗通孔;(b)镗盲孔;(c)镗台阶孔。

2. 钻头的装夹方法

在车床上安装麻花钻的方法一般有四种。

1) 用钻夹头安装

直柄麻花钻可用钻夹头装夹,再插入车床尾座套筒内使用。

2) 用钻套安装

锥柄麻花钻可直接插入尾座套筒内或通过变径套过渡使用。

3) 用开缝套夹安装

这种方法利用开缝套夹将钻头(直柄钻头)安装在刀架上(图 19-6(a)),不使用车床尾座安装,可应用自动进给。

4) 用专用工具安装

如图 19-6(b)所示,锥柄钻头可以插在专用工具锥孔 1 中,专用工具 2 方块部分夹在刀架中,调整好高低后,就可用自动进给钻孔。

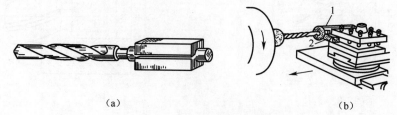

图 19-6 钻头在刀架上的安装
(a)用开缝套夹;(b)用专用工具。

3. 孔加工的切削参数

孔加工的切削参数参考表 6-2~表 6-5。

19.2.2 编程指令

1. G01 指令加工内孔

【例 19-1】 如图 19-7 所示零件,用 G01 指令加工 $\phi 30\text{mm}$ 孔(零件上已有 $\phi 29\text{mm}$ 底孔)。

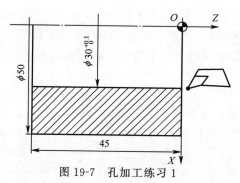

图 19-7 孔加工练习 1

参考程序:

O1901

N10 T0101	选择 1 号刀,建立刀补
N20 M03 S700	启动主轴
N30 G00 X55 Z5	快进至进刀点
N40 X30 Z2	快进至镗孔起点
N50 G01 Z-46 F0.1	G01 指令镗孔
N60 G00 X28 F1	X 向退刀,离开 $\phi 30$ 孔
N70 G00 Z100	Z 向退刀
N80 X100 M05	X 向退刀,停主轴
N90 T0100	取消 1 号刀刀补
N100 M30	程序结束

2. G90 指令加工内孔

【例 19-2】 如图 19-7 所示零件,用 G90 指令加工 φ30mm 孔(零件上已有 φ29mm 底孔)。

参考程序:

O1902
N10 T0101   选择 1 号刀,建立刀补
N20 M03 S700   启动主轴
N30 G00 X55 Z5   快进至进刀点
N40 X26 Z2   快进至 G90 循环起点
N50 G90 X30 Z-46 F0.1   G90 指令镗孔
N60 G00 Z100   Z 向退刀
N70 X100 M05   X 向退刀,停主轴
N80 T0100   取消 1 号刀刀补
N90 M30   程序结束

注意:用 G01、G90 指令加工内孔与加工外圆有相似之处。但是由于加工内孔时受刀具和孔径的限制,不方便观察切削过程;此外,加工内孔时,在进、退刀方式上与加工外圆正好相反,所以在编程时要注意进刀与退刀的距离和方向,防止刀具与零件相碰撞。

3. G71 循环加工内孔

【例 19-3】 如图 19-8 所示零件,用 G71 指令加工阶梯孔(零件上已有 φ28mm 底孔)。

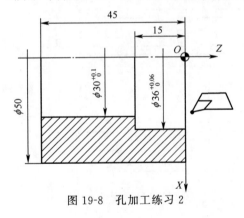

图 19-8 孔加工练习 2

参考程序:

O1903
N10 T0101   选择 1 号刀,建立刀补
N20 M03 S600   启动主轴
N30 G00 X55 Z5   快进至进刀点
N40 X27 Z1   快进至 G71 循环起点
N50 G71 U1 R1
N60 G71 P70 Q110 U-0.6 W0.1 F0.2   G71 循环指令粗加工内表面
N70 G00 X36 Z1
N80 G01 Z-15
N90 X30

N100 Z-46
N110 G01 X27 F1
N120 G70 P70 Q110 F0.1   G70 循环指令精加工内表面
N130 G00 Z100   Z 向退刀
N140 X100 M05   X 向退刀，停主轴
N150 T0100   取消 1 号刀刀补
N160 M30   程序结束

注意：用 G71 指令加工内孔的指令格式同外圆车削，但应注意精加工余量 U 地址后的数值为负值。

4. 深孔钻削循环指令 G74

端面切槽复合循环指令 G74，可以实现 Z 轴方向深槽的断屑加工。其刀具轨迹如图 19-9 所示，刀具从循环起点 A 点开始，沿轴向进刀 Δk，并到达 C 点，然后退刀 e（断屑）到 D 点，再按循环递进切削至轴向终点的 Z 坐标处，然后快速退刀至轴向起刀点，完成一次切削循环；接着沿径向偏移 Δi 至 F 点，进行第二次切削循环；依次循环直至刀具切削至循环终点坐标处（B 点），轴向退刀至起刀点（G 点），再径向退刀至起刀点（A 点），完成整个切槽循环动作。

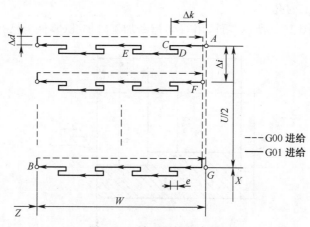

图 19-9　端面切槽复合循环

指令格式：G74 R (e)
　　　　　G74 X(U)_Z(W)_P (Δi) Q (Δk) R(Δd) F_ ;

式中　e——退刀量；
　　X、Z——绝对编程，切削终点的坐标值；
　　U、W——增量编程，切削终点相对循环起点的坐标值；
　　Δi——刀具完成一次轴向切削后，在 X 方向的偏移量，半径值（μm）；
　　Δk——每次循环 Z 向切削量（μm）；
　　Δd——刀具在槽底的 X 向退刀量（μm），无要求时可省略。

上述指令中省略 X(U) 和 P(Δi)，则只沿 Z 方向进行加工，该指令变为深孔钻削循环指令。

【例 19-4】　如图 19-10 所示零件，用 G74 指令加工 $\phi 16$ 孔。

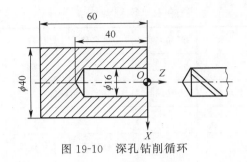

图 19-10 深孔钻削循环

参考程序:
```
O1904
N10 T0101                 选择1号刀,建立刀补
N20 M03 S400              启动主轴
N30 G00 X45 Z5            快进至进刀点
N40 X0 Z2                 快进至深孔钻削循环起点
N50 G74 R4                径向切槽复合循环
N60 G74 Z-40 Q6000 F0.1
N70 G00 Z100              Z向退刀
N80 X100 M05              X向退刀,停主轴
N90 T0100                 取消1号刀刀补
N100 M30                  程序结束
```

19.3 任务实施

19.3.1 加工工艺的确定

1. 分析零件图样

如图19-1所示,该零件为一轴套类零件,其内表面由三处直孔、一处锥孔、两处圆弧组成。其中内孔 $\phi32$、$\phi20$ 和长度尺寸35、60有较高尺寸精度要求,内孔 $\phi32$、$\phi20$ 的表面粗糙度为 $Ra1.6\mu m$,其余表面的粗糙度要求为 $Ra3.2\mu m$。

2. 工艺分析

1) 加工方案的确定

根据零件的加工要求,各表面的加工方案确定为粗车→精车。

2) 确定装夹方案

此零件需经二次装夹才能完成加工。第一次采用三爪自定心卡盘装夹 $\phi52mm$ 棒料,完成 $\phi50$ 外圆、除 $\phi20$ 内孔外的内表面的加工。第二次以 $\phi50$ 外圆为定位基准,采用软爪装夹完成 $\phi20$ 内孔及倒角的加工。

3) 确定加工工序

加工工艺见表19-1。

表 19-1　数控加工工序卡

数控加工工序卡片			产品名称	零件名称	材料	零件图号
					45 钢	
工序号	程序编号	夹具名称	夹具编号	使用设备		车　间
工步号	工步内容		刀具号	主轴转速 /(r/min)	进给速度 /(mm/r)	背吃刀量 /mm	备注
装夹:夹住棒料一头,留出长度大约 70mm,车端面(手动操作),对刀,调用程序							
1	手工操作钻中心孔		T0404	1000			
2	手工操作钻 φ19 孔		T0505	350		9.5	深 62mm
3	粗车 φ50 外圆		T0101	500	0.2	0.7	
4	精车 φ50 外圆		T0101	800	0.1	0.3	
5	粗镗内表面		T0202	600	0.2	1	
6	精镗内表面		T0202	1000	0.1	0.3	
7	切断		T0303	600	0.1	4	
装夹 2:掉头,平端面,保证总长							
1	粗镗内表面		T0202	600	0.2	1	
2	精镗内表面		T0202	1000	0.1	0.3	

4)进给路线的确定

精镗右边内表面的走刀路线如图 19-11 所示,其余表面加工走刀路线略。

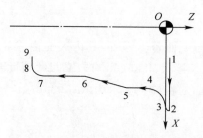

图 19-11　精镗右边内表面的走刀路线

图 19-11 中各点坐标见表 19-2。

表 19-2　右边内表面加工基点坐标

1	(18,1)	2	(44,1)	3	(42,0)
4	(32,−5)	5	(32,−10)	6	(26,−21.196)
7	(26,−32)	8	(20,−35)	9	(18,−35)

3. 刀具及切削参数的确定

刀具及切削参数的确定见表19-3。

表 19-3 数控加工刀具卡

数控加工刀具卡片		工序号		程序编号		产品名称		零件名称		材料 45钢		零件图号	
序号	刀具号	刀具名称及规格			刀尖半径/mm				加工表面			备注	
1	T0101	95°右偏外圆刀			0.8				外圆、端面			硬质合金	
2	T0202	镗刀			0.4				内表面			硬质合金	
3	T0303	切断刀($B=4$)							切断			硬质合金	
4	T0404	$\phi5$ 中心钻							钻中心孔			高速钢	
5	T0505	$\phi19$ 钻头							钻 $\phi19$ 底孔			高速钢	

19.3.2 参考程序编制

1. 加工右端

1)工件坐标系的建立

以工件右端面与轴线的交点为编程原点建立工件坐标系。

2)基点坐标计算(略)

3)参考程序

参考程序见表19-4。

表 19-4 右端加工参考程序

程 序		说 明
O1905		程序名
N10	T0101	选择1号刀,建立刀补
N20	M03 S500	启动主轴
N30	G00 X60 Z5	快进至进刀点
N40	X54 Z1	快进至G90循环起点
N50	G90 X50.6 Z-65 F0.2	粗车 $\phi50$ 外圆
N60	M03 S800	主轴变速(精车转速)
N70	G90 X50 Z-65 F0.1	精车 $\phi50$ 外圆
N80	G00 X100 Z100 M05	返回换刀点,停主轴
N90	T0100	取消1号刀刀补
N100	T0202	选择2号刀,建立刀补
N110	M03 S600	启动主轴

(续)

程　　序		说　　明
N120	G00 X60 Z5	快进至进刀点
N130	X18 Z1	快进至 G71 复合循环起点
N140	G71 U1 R1	G71 循环粗加工内表面
N150	G71 P160 Q230 U-0.6 W0.1 F0.2	
N160	G41 G00 X44 Z1	1→2,建立刀尖圆弧半径补偿
N170	G03 X42 Z0 R1	2→3,圆弧切入
N180	G02 X32 Z-5 R5	3→4
N190	G01 Z-10	4→5
N200	X26 Z-21.196	5→6
N210	Z-32	6→7
N220	G02 X20 Z-35 R3	7→8
N230	G01 X18	8→9
N240	G70 P160 Q230 F0.1 S1000	G70 循环精加工内表面,主轴变速
N250	G00 Z100	Z 向快速退刀
N260	G40 G00 X100 M05	取消刀尖圆弧半径补偿,X 向快速退刀,停主轴
N270	T0200	取消 2 号刀刀补
N280	T0303	选择 3 号刀,建立刀补(左刀尖为刀位点)
N290	M03 S600	启动主轴
N300	G00 X55 Z5	快进至进刀点
N310	Z-64.4	快进至切断起点,总长留 0.4 余量
N320	G01 X50.2 F0.5	径向接近工件
N330	X18 F0.1	切断工件
N340	G00 X100	X 向快速退刀
N350	Z100 M05	Z 向快速退刀,返回换刀点,停主轴
N360	T0300	取消 3 号刀刀补
N370	M30	程序结束

2. 加工左端

1)工件坐标系的建立

以工件左端面与轴线的交点为编程原点建立工件坐标系。

2)基点坐标计算(略)

3)参考程序

参考程序见表 19-5。

表 19-5 左端加工参考程序

程　　序		说　　明
	O1906	程序名
N10	T0202	选择 2 号刀,建立刀补
N20	M03 S600	启动主轴
N30	G00 X60 Z5	快进至进刀点
N40	X18 Z1	快进至 G71 复合循环起点
N50	G71 U1 R1	G71 循环粗加工内表面
N60	G71 P70 Q90 U-0.6 W0.1 F0.2	
N70	G00 X26 Z1	径向进刀
N80	G01 X20 Z-2	车倒角
N90	Z-26	镗 φ20 孔
N100	G70 P70 Q90 F0.1 S1000	G70 循环精加工内表面,主轴变速
N110	G00 Z100	Z 向快速退刀
N120	X100 M05	X 向快速退刀,停主轴
N130	T0200	取消 2 号刀刀补
N140	M30	程序结束

思考题与习题

19-1 加工图 19-12 所示零件,毛坯尺寸为 φ68mm,材料为 45 钢,无热处理和硬度要求,试编制数控加工程序。

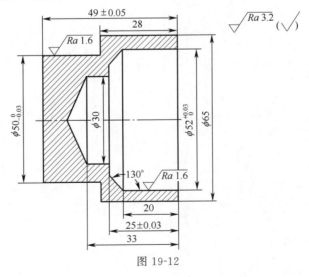

图 19-12

19-2 加工图 19-13 所示零件,毛坯为 $\phi48\text{mm}\times50\text{mm}$ 棒料,材料为 45 钢,无热处理和硬度要求,试编制数控加工程序。

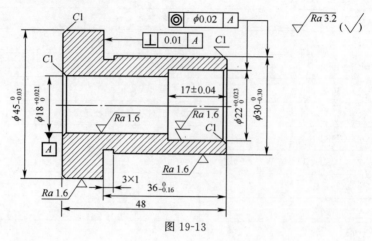

图 19-13

项目 20 螺 纹 加 工

20.1 任 务 描 述

加工图 20-1 所示零件,毛坯为 φ52mm 棒料,材料为 45 钢,编制数控加工程序。

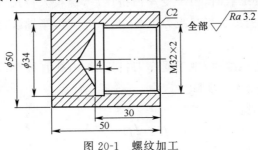

图 20-1 螺纹加工

20.2 知 识 链 接

20.2.1 螺纹加工的工艺知识

1. 普通螺纹主要参数的计算

普通螺纹的主要参数有大径、中径、小径、螺距、牙型角、牙型高度等,如图 20-2 所示,它们也是车削螺纹时必须控制的部分。普通螺纹主要参数的计算公式见表 20-1。

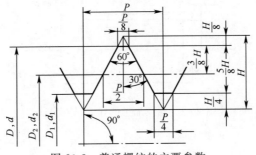

图 20-2 普通螺纹的主要参数

表 20-1 普通螺纹主要参数的计算公式

基 本 参 数	外螺纹	内螺纹	计 算 公 式
牙型角	α		$\alpha=60°$
螺纹大径(公称直径)	d	D	$d=D$

211

(续)

基 本 参 数	外螺纹	内螺纹	计 算 公 式
螺纹中径	d_2	D_2	$d_2 = D_2 = d - 0.6495P$
螺纹小径	D_1	D_1	$D_1 = D_1 = d - 1.0825P$
牙型高度		h_1	$h_1 = 0.5413P$

注：P 为螺距

2. 螺纹加工尺寸的确定

1) 车螺纹前直径尺寸的确定

(1) 外螺纹。加工外螺纹时，由于受车刀挤压后，螺纹大径尺寸膨胀，因此，车螺纹前的外圆直径应比螺纹大径小。当螺距为 1.5～3.5mm 时，车螺纹前的外圆直径应比螺纹大径小 0.2～0.4mm。

(2) 内螺纹。加工内螺纹时，由于受车刀挤压后，内孔直径会缩小，所以，车削内螺纹前的孔径比内螺纹小径略大。实际生产中，可按下式计算：

加工塑性金属材料时：

$$D_{底} \approx D - P$$

加工脆性金属材料时：

$$D_{底} \approx D - 1.05P$$

2) 螺纹轴向起点和终点尺寸的确定

由于车螺纹起始时有一个加速过程，结束前有一个减速过程，在这段距离中，螺距不可能保持均匀。因此车螺纹时，两端必须设置足够的升速进刀段（空刀导入量）δ_1 和减速退刀段（空刀导出量）δ_2，如图 20-3 所示。

δ_1、δ_2 一般按下式选取：

$$\delta_1 \geqslant 1 \times 导程;\ \delta_2 \geqslant 0.75 \times 导程$$

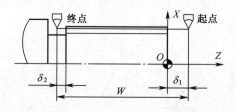

图 20-3 螺纹加工的导入、导出量

3. 螺纹加工方法

1) 螺纹加工方法

影响螺纹加工方法的因素有是加工外螺纹还是内螺纹、主轴旋向和螺纹旋向、刀具进给方向等。常用螺纹加工方法如图 20-4 所示。

图 20-4 中：Ⓛ 和 Ⓡ ——螺纹旋向；

Ⓛ 和 Ⓡ ——左手刀和右手刀。

2)进刀方式

常见的螺纹加工进刀方式如图 20-5 所示。

(1)径向进刀方式。径向进刀方式,如图 20-5(a)所示,由于刀片两侧刃同时切削,切削力较大,排屑困难,因此主要适用于加工螺距较小的螺纹。

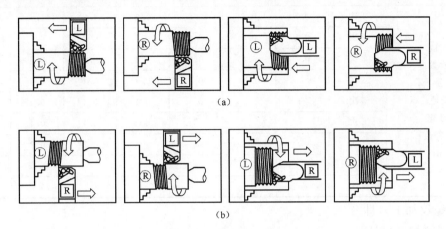

图 20-4 螺纹加工方法

(a)刀具进给方向朝卡盘方向——标准螺旋;(b)刀具进给方向远离卡盘方向——反向螺旋。

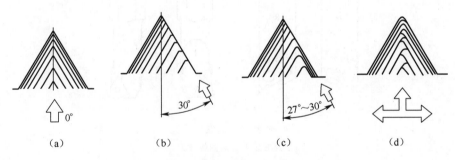

图 20-5 螺纹加工进刀方式

(a)径向进刀;(b)侧向进刀;(c)改良侧向进刀;(d)左右交替进刀。

(2)侧向进刀方式。侧向进刀方式如图 20-5(b)所示,由于是单刃切削,切削力较小,易于排屑,因此主要适用于加工螺距较大的螺纹。但加工时,刀片可能有拖曳或摩擦的现象而使刃口崩刃,另外切屑的单向排出,会破环另一侧牙面的表面质量。

(3)改良侧向进刀方式。改良侧向进刀方式如图 20-5(c)所示,该种进刀方式集中了前两种进刀方式的优点,既减小了切削力,又避免了牙面表面质量的下降。

(4)左右交替进刀方式。左右交替进刀方式如图 20-5(d)所示,由于刀片两侧刃平均使用,提高了刀片寿命。该种进刀方式一般用于螺距大于 3mm 的螺纹和梯形螺纹的加工。

3)螺纹切削的进刀次数和背吃刀量

螺纹车削加工为成型车削,切削进给量较大,而刀具强度较差,因此,一般要求分数次进给加工。常用的螺纹切削进刀次数和背吃刀量见表 20-2。

表 20-2　常用螺纹切削的进刀次数与背吃刀量

公 制 螺 纹							
螺距/mm	1.0	1.5	2	2.5	3	3.5	4
牙深(半径值)/mm	0.649	0.974	1.299	1.624	1.949	2.273	2.598
切削次数及背吃刀量（直径值）/mm	1次	0.7	0.8	0.9	1.0	1.2	1.5	1.5
	2次	0.4	0.6	0.6	0.7	0.7	0.7	0.8
	3次	0.2	0.4	0.6	0.6	0.6	0.6	0.6
	4次		0.16	0.4	0.4	0.4	0.6	0.6
	5次			0.1	0.4	0.4	0.4	0.4
	6次				0.15	0.4	0.4	0.4
	7次					0.2	0.2	0.4
	8次						0.15	0.3
	9次							0.2

4. 螺纹加工刀具

1) 螺纹加工刀具

普通螺纹加工常用刀具如图 20-6 所示。

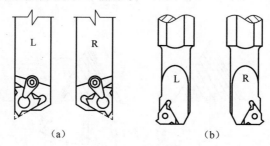

图 20-6　螺纹刀
(a)外螺纹刀；(b)内螺纹刀。

2) 螺纹刀片

机夹螺纹车刀常用刀片形式如图 20-7 所示。图 20-7(a)为全牙型螺纹刀片，其尺寸是按照螺纹标准制定的，同一刀片只能加工一种螺距的螺纹；但最后一刀能加工出准确的螺纹牙形，不需要再去毛刺。图 20-7(b)为无牙顶螺纹刀片，同一刀片能加工规定范围内的不同螺距的螺纹，对非标准螺纹的加工有较大的柔性。

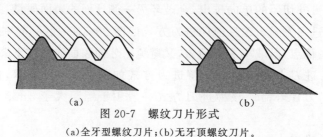

图 20-7　螺纹刀片形式
(a)全牙型螺纹刀片；(b)无牙顶螺纹刀片。

3) 螺纹车刀的安装

螺纹车刀的刀尖角度直接决定了螺纹的成型和螺纹的精度。安装螺纹车刀时，车刀的刀尖角平分线应与工件轴线垂直,装刀时可用对刀样板调整,如图20-8(a)所示。如果把车刀装歪,会使车出的螺纹两牙型半角不相等,产生图20-8(b)所示的歪斜牙型(俗称"倒牙")。

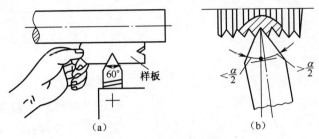

图 20-8 螺纹刀的安装
(a)用对刀板装刀;(b)车刀装歪造成牙型歪斜。

20.2.2 编程指令

1. 基本螺纹切削指令 G32

指令格式:G32 X(U)_Z(W)_F_;

式中 X、Z——螺纹终点的绝对坐标;
    U、W——螺纹终点相对起点的增量坐标;
    F——螺纹导程。

指令说明:

(1)车螺纹期间的进给速度倍率、主轴速度倍率无效(固定100%)。
(2)车螺纹期间不要使用恒线速度控制,而要使用G97。
(3)必须设置足够的升速进刀段和减速退刀段,避免因车刀升降速而影响螺距的稳定。
(4)因受机床结构及数控系统的影响,车螺纹时主轴的转速有一定的限制。
(5)加工圆锥螺纹时,在 X 方向和 Z 方向有不同导程,程序中的导程 F 的取值以两者中较大的为准。

【例 20-1】 如图 20-9 所示零件,用 G32 指令加工圆柱螺纹,螺纹导程为 1.5mm。

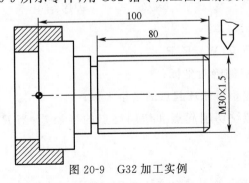

图 20-9 G32 加工实例

1)有关数据确定

查表 20-2,牙深 0.974mm(半径值),共进刀 4 次,每次吃刀量(直径值)分别为 0.8mm、0.6mm、0.4mm、0.16mm。

2)参考程序

以工件左端面与轴线的交点为程序原点建立工件坐标系,取 $\delta_1=1.5\mathrm{mm}$,$\delta_2=1\mathrm{mm}$。
参考程序如下:

O2001	
N10 T0303	选择3号刀,建立刀补
N20 M03 S800	启动主轴
N30 G00 X40 Z110	快进至进刀点
N40 X32 Z101.5	快进至螺纹加工起点
N50 G00 X29.2	第一次进刀,切深0.8mm
N60 G32 Z19 F1.5	切削螺纹
N70 G00 X32	X向退刀
N80 Z101.5	Z向退刀
N90 G00 X28.6	第二次进刀,切深0.6mm
N100 G32 Z19 F1.5	切削螺纹
N110 G00 X32	X向退刀
N120 Z101.5	Z向退刀
N130 G00 X28.2	第三次进刀,切深0.4mm
N140 G32 Z19 F1.5	切削螺纹
N150 G00 X32	X向退刀
N160 Z101.5	Z向退刀
N170 G00 X28.04	第四次进刀,切深0.16mm
N180 G32 Z19 F1.5	切削螺纹
N190 G00 X100	X向退刀
N200 Z100 M05	Z向退刀,停主轴
N210 T0300	取消3号刀刀补
N220 M30	程序结束

2. 螺纹固定循环指令 G92

指令格式:G92 X(U)_ Z(W)_ R_ F_;

式中　X、Z——螺纹终点的绝对坐标;

　　U、W——螺纹终点相对循环起点的增量坐标;

　　R——为圆锥螺纹切削起点和切削终点的半径差;当 $R=0$,为圆柱螺纹,可省略;

　　F——螺纹导程。

G92 螺纹固定循环指令的刀具轨迹如图 20-10 所示。在加工时,只需一条指令,刀具便可加工完成四个轨迹的工作环节,这样大大优化了程序编制。

【例 20-2】 如图 20-9 所示零件,用 G92 指令加工圆柱螺纹,螺纹导程为 1.5mm。

参考程序:

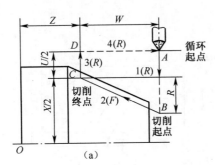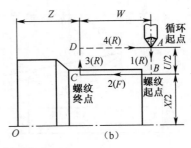

图 20-10 螺纹固定循环指令 G92
(a)圆锥螺纹加工；(b)圆柱螺纹加工。

O2002	
N10 T0303	选择 3 号刀，建立刀补
N20 M03 S800	启动主轴
N30 G00 X40 Z110	快进至进刀点
N40 X32 Z101.5	快进至螺纹加工起点
N50 G92 X29.2 Z19 F1.5	第一次螺纹切削循环,切深 0.8mm
N60 G92 X28.6 Z19 F1.5	第二次螺纹切削循环,切深 0.6mm
N70 G92 X28.2 Z19 F1.5	第三次螺纹切削循环,切深 0.4mm
N80 G92 X28.04 Z19 F1.5	第四次螺纹切削循环,切深 0.16mm
N90 G00 X100 Z100 M05	快速退刀,停主轴
N100 T0300	取消 3 号刀刀补
N110 M30	程序结束

3. 螺纹复合循环指令 G76

指令格式：G76P (m)(r)(α)Q (Δd_{min})R (d)；
　　　　　G76X(U)_Z(W)R (i)P (k)Q (Δd)F_

式中　m——精车重复次数,01～99,用两位数表示,该参数为模态量；

　　　r——斜向退刀量(螺纹尾端倒角值),该参数为模态量；

　　　$α$——刀尖角度,可从 80°、60°、55°、30°、29°、0°六个角度中选择,用两位整数来表示,该参数为模态量；

　Δd_{min}——最小车削深度,半径值(μm),该参数为模态量；

　　　d——精车余量,半径值(μm),该参数为模态量；

　$X、Z$——螺纹终点的绝对坐标；

　$U、W$——螺纹终点相对循环起点的增量坐标；

　　　i——螺纹锥度值,半径值；当 $i=0$,为圆柱螺纹,可省略；

　　　k——螺纹高度,用半径编程指定(μm)；

　　Δd——第一次车削深度,半径值(μm)；

　　　F——螺纹导程。

螺纹复合循环指令 G76 的刀具轨迹和进刀方式如图 20-11 所示。

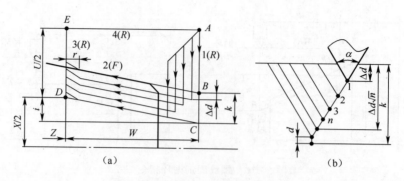

图 20-11 螺纹复合循环指令 G76
(a)刀具轨迹；(b)进刀方式。

【例 20-3】 加工图 20-12 所示的圆柱螺纹。螺纹高度为 3.68mm，螺距为 6mm，第一次车削深度 1.8mm，精车余量 0.2mm，最小车削深度 0.1mm。

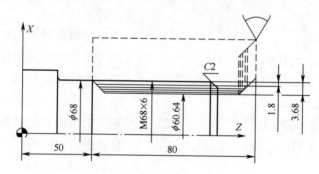

图 20-12 G76 加工实例

参考程序：
O2003
……
N100 G76 P011060 Q100 R200
N110 G76 X60.64 Z50 R0 P3680 Q1800 F6
……

20.3 任务实施

20.3.1 加工工艺的确定

1. 分析零件图样

如图 20-1 所示，该零件由外圆柱面、内沟槽、倒角及内螺纹构成，所有表面的粗糙度为 $Ra3.2\mu m$。

2. 工艺分析

1) 加工方案的确定

根据零件的加工要求，各表面的加工方案确定为粗车→精车。

2)确定装夹方案

工件是棒料,为回转体,采用三爪自定心卡盘装夹。

3)确定加工工序

加工工艺见表20-3。

表20-3 数控加工工序卡

数控加工工序卡片			产品名称	零件名称	材料	零件图号
					45钢	
工序	程序编号	夹具名称	夹具编号	使用设备		车间
工步号	工步内容		刀具号	主轴转速/(r/min)	进给速度/(mm/r)	背吃刀量/mm	备注
装夹1:夹住棒料一头,留出长度大约60mm,车端面(手动操作),对刀,调用程序
1	手工操作钻中心孔		T0606	1000			
2	手工操作钻φ28孔		T0707	250		14	深30mm
3	粗车φ50外圆		T0101	500	0.2	0.7	
4	精车φ50外圆		T0101	800	0.1	0.3	
5	镗孔		T0202	600	0.15	1	
6	车内沟槽		T0303	250	0.08	4	
7	车内螺纹		T0404	600			
8	切断		T0505	600	0.1	4	
装夹2:掉头,平端面,保证总长

4)进给路线的确定

3. 刀具及切削参数的确定

刀具及切削参数的确定见表20-4。

表20-4 数控加工刀具卡

数控加工刀具卡片		工序号	程序编号	产品名称	零件名称	材料	零件图号
						45钢	
序号	刀具号	刀具名称及规格		刀尖半径/mm		加工表面	备注
1	T0101	95°右偏外圆刀		0.8		外圆、端面	硬质合金
2	T0202	镗刀		0.8		内表面	硬质合金
3	T0303	内切槽刀(B=4)		0.4		内沟槽	高速钢
4	T0404	内螺纹刀				内螺纹	硬质合金
5	T0505	切断刀(B=4)				切断	硬质合金
6	T0606	φ5中心钻				钻中心孔	高速钢
7	T0707	φ28钻头				钻φ28底孔	高速钢

20.3.2 参考程序编制

1. 工件坐标系的建立

以工件右端面与轴线的交点为编程原点建立工件坐标系。

2. 基点坐标计算（略）

3. 参考程序

参考程序见表 20-5。

表 20-5 右端加工参考程序

程 序		说 明
	O2004	程序名
N10	T0101	选择 1 号刀，建立刀补
N20	M03 S500	启动主轴
N30	G00 X60 Z5	快进至进刀点
N40	X54 Z1	快进至 G90 循环起点
N50	G90 X50.6 Z-55 F0.2	粗车 φ50 外圆
N60	M03 S800	主轴变速（精车转速）
N70	G90 X50 Z-55 F0.1	精车 φ50 外圆
N80	G00 X100 Z100 M05	返回换刀点，停主轴
N90	T0100	取消 1 号刀刀补
N100	T0202	选择 2 号刀，建立刀补
N110	M03 S600	启动主轴
N120	G00 X55 Z5	快进至进刀点
N130	X27 Z1	快进至 G71 复合循环起点
N140	G71 U1 R1	G71 循环粗加工内表面
N150	G71 P160 Q180 U-0.6 W0.1 F0.15	
N160	G00 X36 Z1	径向进刀
N170	G01 X30 Z-2	车倒角
N180	Z-27	车 φ30 螺纹底孔
N190	G70 P160 Q180	G70 循环精加工内表面
N200	G00 Z100	Z 向快速退刀
N210	G00 X100 M05	X 向快速退刀，停主轴
N220	T0200	取消 2 号刀刀补
N230	T0303	选择 3 号刀，建立刀补，(左刀尖为刀位点)
N240	M03 S250	启动主轴
N250	G00 X55 Z5	快进至进刀点
N260	X28 Z2	接近工件
N270	Z-28	轴向进刀
N280	Z-30 F0.1	切槽起点

(续)

	程 序	说 明
N290	X34 F0.08	车内沟槽
N300	X28 F1	X 向退刀
N310	G00 Z100	Z 向快速退刀
N320	X100 M05	X 向快速退刀,停主轴
N330	T0300	取消 3 号刀刀补
N340	T0404	选择 4 号刀,建立刀补
N350	M03 S600	启动主轴
N360	G00 X55 Z5	快进至进刀点
N370	X28 Z2	快进至 G92 循环起点
N380	G92 X30.7 Z-27.5 F2	切螺纹循环,第一刀
N390	X31.1	切螺纹循环,第二刀
N400	X31.5	切螺纹循环,第三刀
N410	X31.9	切螺纹循环,第四刀
N420	X32	切螺纹循环,第五刀
N430	G00 Z100	Z 向快速退刀
N440	X100 M05	X 向快速退刀,停主轴
N450	T0400	取消 4 号刀刀补
N460	T0505	选择 5 号刀,建立刀补(左刀尖为刀位点)
N470	M03 S600	启动主轴
N480	G00 X55 Z5	快进至进刀点
N490	Z-54.4	快进至切断起点,总长留 0.4 余量
N500	G01 X50.2 F0.5	径向接近工件
N510	X0 F0.1	切断工件
N520	G00 X100	X 向快速退刀
N530	Z100 M05	X 向快速退刀,返回换刀点,停主轴
N540	T0500	取消 5 号刀刀补
N550	M30	程序结束
注:如果采用四方刀架,由于刀位不够,加工过程中需要拆卸更换刀具		

思考题与习题

20-1 加工图 20-13 所示零件,毛坯尺寸为 ϕ42mm 棒料,材料为 45 钢,试编制数控加工程序。

20-2 加工图 20-14 所示零件，毛坯尺寸为 φ35mm 棒料，材料为 45 钢，试编制数控加工程序。

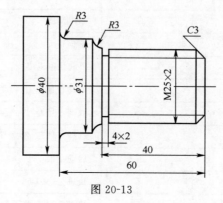

图 20-13

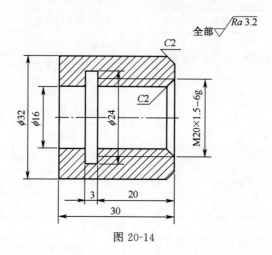

图 20-14

项目 21 宏程序车削加工

21.1 任务描述

加工图 21-1 所示的零件,单件生产,毛坯为 $\phi32$mm 棒料,材料为 45 钢。

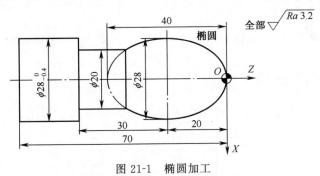

图 21-1 椭圆加工

21.2 知 识 链 接

21.2.1 非圆曲线的加工方法

1. 非圆曲线的常用拟合方法

加工非圆曲线时,常用拟合方法有等间距法、等插补法和三点定圆法等。其中,等间距法在手工编程中使用最多。如图 21-2 所示,在一个坐标轴方向或角度方向,将拟合轮廓的总增量进行等分后,对设定节点进行的坐标值计算方法称为等间距法。

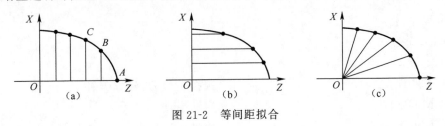

图 21-2 等间距拟合

2. 进刀控制

1)粗加工进刀控制

粗加工时,依次以轮廓上各节点的 X、Z 坐标作为 X 向、Z 向的进刀控制点。如图 21-3 所示,先计算出椭圆上点 1 的坐标,径向进刀至 X_1,纵向切削至 Z_1;再计算出椭圆上点 2 的坐标,径向进刀至 X_2,纵向切削至 Z_2;依次计算出椭圆上点 3、4、…的坐标,控制刀具完成椭圆的粗加工。

2)精加工进刀控制

精加工时,依次计算出轮廓上各节点作为进刀控制点,在相邻两点之间用直线或圆弧插补完成轮廓的加工。如图 21-4 所示,依次计算出轮廓上各节点 1、2、…的坐标,在相邻两点之间用直线插补完成椭圆的精加工。为了提高加工的精度,可以减小相邻点的间距,增加节点的数目。

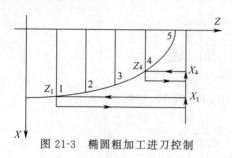

图 21-3 椭圆粗加工进刀控制

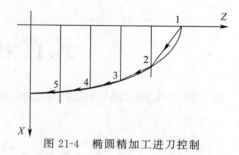

图 21-4 椭圆精加工进刀控制

21.2.2 宏程序的使用

【例 21-1】 加工图 21-5 所示的槽,试用宏程序编写其加工程序。

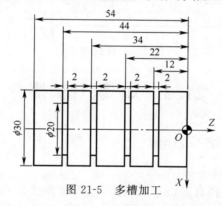

图 21-5 多槽加工

以工件右端面与轴线的交点为编程原点建立工件坐标系,选用 2mm 宽的切槽刀,左刀尖作为刀位点。

参考程序:
(1)主程序。

O2101	
N10 T0101	选择 1 号刀,建立刀补
N20 M03 S400	启动主轴
N30 G00 X35 Z5	快进至进刀点
N40 G00 X32 Z-12	快进至第一个槽的起点(从右往左数)
N50 G66 P2111 U12 F0.1	宏调用子程序 O2111 切槽
N60 G00 Z-22	快进至第二个槽的起点,宏调用子程序切槽
N70 G00 Z-34	快进至第三个槽的起点,宏调用子程序切槽
N80 G00 Z-44	快进至第四个槽的起点,宏调用子程序切槽
N90 G67	宏程序模态调用取消

N100 G00 X100 Z100 M05　　　　　　　快速退刀,返回换刀点,停主轴
N110 T0100　　　　　　　　　　　　　取消1号刀刀补
N120 M30　　　　　　　　　　　　　　程序结束

自变量赋值说明:♯21＝U,切槽深度,增量值;♯9＝F,切槽的进给量。

(2)子程序。

O2111

N10 G75 R2
N20 G75 U[-♯21] P2000 F♯9　　　　　径向切槽复合循环
N30 M99　　　　　　　　　　　　　　子程序结束

【例 21-2】 试用宏程序编写图 21-6 所示零件右端椭圆的精加工程序。

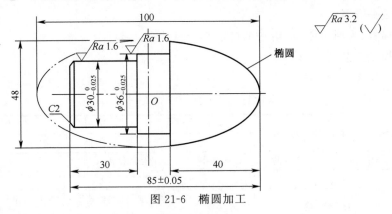

图 21-6 椭圆加工

选择椭圆中心为编程原点建立工件坐标系。

参考程序:

O2102

N10 T0202　　　　　　　　　　　　　选择2号刀,建立刀补
N20 M03 S800　　　　　　　　　　　主轴正转
N30 G00 X55 Z55　　　　　　　　　　设置进刀点
N40 G42 G00 X-2 Z51　　　　　　　　建立刀具半径补偿,到精加工起点
N50 G02 X0 Z50 R1 F0.1　　　　　　　圆弧切入
N60 ♯2＝50　　　　　　　　　　　　定义变量♯2为Z坐标
N70 WHILE [♯2 GT 10] DO1　　　　　宏程序精加工椭圆
N80 ♯2＝♯2-0.1　　　　　　　　　　步长为0.1mm
N90 ♯1＝2*[24/50]*SQRT[50*50-♯2*♯2]　计算变量♯1(X坐标,直径值)
N100 G01 X♯1 Z♯2　　　　　　　　　椭圆右端精加工
N110 END1
N120 G01 Z8　　　　　　　　　　　　Z向切出
N130 G40 G00 X100　　　　　　　　　取消刀具半径补偿,X向退刀
N140 Z100 M05　　　　　　　　　　　返回换刀点,停主轴
N150 T0200　　　　　　　　　　　　　取消2号刀刀补
N160 M30　　　　　　　　　　　　　　程序结束

21.3 任务实施

21.3.1 加工工艺的确定

1. 分析零件图样

根据图样,该零件主要由椭圆面、圆柱面、台阶等组成。由于椭圆为非圆曲线,采用宏程序编制。

2. 工艺分析

1)加工方案的确定

根据表面粗糙度 $Ra3.2\mu m$ 要求,确定各表面的加工方案为粗车→精车。

2)确定装夹方案

工件是棒料,为回转体,采用三爪自定心卡盘装夹。

3)确定加工工艺

加工工艺见表 21-1。

表 21-1 数控加工工序卡

数控加工工序卡片			产品名称	零件名称	材料	零件图号
					45钢	
工序号	程序编号	夹具名称	夹具编号	使用设备		车间
工步号	工步内容		刀具号	主轴转速 /(r/min)	进给速度 /(mm/r)	背吃刀量 /mm	备注
装夹:夹住棒料一头,留出长度大约 75mm,车端面(手动操作),对刀,调用程序							
1	粗车 φ28 外圆		T0101	800	0.2	1.7	
2	粗加工椭圆右端		T0101	800	0.2		
3	切椭圆左端槽		T0202	600	0.1	4	
4	粗加工椭圆左端		T0303	800	0.2		
5	精加工外轮廓		T0404		0.1	0.3	
6	切断		T0202	600	0.1	4	
7	掉头,平端面,达到图样要求						

4)进给路线的确定

精车外轮廓的走刀路线如图 21-7 所示,粗加工走刀路线略。

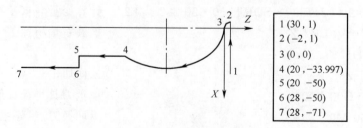

图 21-7 精车外轮廓的走刀路线

3. 刀具及切削参数的确定

刀具及切削参数的确定见表21-2。

表21-2 数控加工刀具卡

数控加工刀具卡片		工序号	程序编号	产品名称	零件名称	材料	零件图号
						45钢	
序号	刀具号	刀具名称及规格			刀尖半径/mm	加工表面	备注
1	T0101	95°右偏外圆刀(80°菱形刀片)			0.8 1	端面、外圆、椭圆右端	硬质合金
2	T0202	切断刀(B=4)				切槽、切断	硬质合金
3	T0303	93°左偏外圆刀(35°菱形刀片)			0.8	椭圆左端	硬质合金
4	T0404	93°右偏外圆刀(35°菱形刀片)			0.4	外轮廓	硬质合金

21.3.2 参考程序编制

1. 工件坐标系的建立

以工件右端面与轴线的交点为编程原点建立工件坐标系。

2. 基点坐标计算(略)

3. 参考程序

参考程序见表21-3。

表21-3 参考程序

程 序		说 明
	O2103	程序名
N10	T0101	选择1号刀,建立刀补
N20	M03 S800	启动主轴
N30	G00 X40 Z5	快速至进刀点
N40	X34 Z1	快进至φ28外圆车削循环起点
N50	G90 X28.6 Z-75 F0.2	粗车φ28外圆
N60	#1=28	定义变量#1初值,X坐标(直径量)
N70	WHILE [#1 GT 0] DO1	
N80	#1=#1-2	
N90	#2=[20/28]*SQRT[28*28-#1*#1]	
N100	G00 X[#1+0.6]	宏程序粗加工椭圆右端
N110	G01 Z[#2-20] F0.2	
N120	G01 U1	
N130	G00 Z1	
N140	END1	
N150	G00 X100 Z100 M05	返回换刀点,停主轴
N160	T0100	取消1号刀刀补
N170	T0202	选择2号刀,建立刀补(左刀尖为刀位点)
N180	M03 S600	启动主轴
N190	G00 X40 Z5	快进至进刀点
N200	X30 Z-39	快进至径向切槽复合循环起点

(续)

程 序		说 明
N210	G75 R2	切椭圆左端槽
N220	G75 X20.6 Z-49.8 P3000 Q3500 F0.1	
N230	G00 X100 Z100 M05	返回换刀点,停主轴
N240	T0200	取消2号刀刀补
N250	T0303	选择3号刀(左偏刀),建立刀补
N260	M03 S800	启动主轴
N270	G00 X40 Z5	快进至进刀点
N280	X30 Z-36	快进至加工椭圆左端起点
N290	#1=28	定义变量#1初值,X坐标(直径量)
N300	WHILE[#1 GT 20] DO2	宏程序粗加工椭圆左端
N310	#1=#1-2	
N320	#2=-[20/28]*SQRT[28*28-#1*#1]-20	
N330	G00 X[#1+0.6]	
N340	G01 Z-[#2+20] F0.2	
N350	G01 U1	
N360	G00 Z-36	
N370	END2	
N380	G00 X100	X向快速退刀
N390	Z100 M05	X向快速退刀,返回换刀点,停主轴
N400	T0300	取消3号刀刀补
N410	T0404	选择4号刀,建立刀补
N420	G50 S3000	主轴限速(最高转速3000r/min)
N430	M03 G96 S120	启动主轴、恒线速度控制
N440	G00 X30 Z1	快进至点1(图21-7)
N450	G42 X-2 Z1	1→2,建立刀具半径补偿
N460	G02 X0 Z0 R1	2→3,圆弧切入
N470	#2=20	定义变量#2初值,Z变量
N480	WHILE[#2 GT -13.997] DO3	精加工椭圆
N490	#2=#2-0.05	
N500	IF[#2 LE -13.997] GOTO 540	
N510	#1=28/20*SQRT[20*20-#2*#2]	
N520	G01 X[#1] Z[#2-20] F0.1	
N530	END3	
N540	G01 X20 Z-33.997	→4
N550	Z-50	4→5
N560	X28	5→6
N570	Z-71	6→7
N580	G00 X100	X向快速退刀
N590	G40 Z100 M05	取消刀具半径补偿,返回换刀点,停主轴

(续)

程　序		说　明
N600	T0400	取消4号刀刀补
N610	T0202	选择2号刀,建立刀补(左刀尖为刀位点)
N620	G97 M03 S600	取消恒线速,启动主轴
N630	G00 X35 Z5	快进至进刀点
N640	Z-74.4	快进至切断起点,总长留0.4余量
N650	G01 X28.2 F0.5	径向接近工件
N660	X0 F0.1	切断工件
N670	G00 X100	X向快速退刀
N680	Z100 M05	Z向快速退刀,返回换刀点,停主轴
N690	T0200	取消2号刀刀补
N700	M30	程序结束

思考题与习题

完成图21-8所示零件的加工。按单件生产安排其数控车削工艺,编写出加工程序。毛坯为 $\phi44mm \times 56mm$ 棒料,材料为45钢。

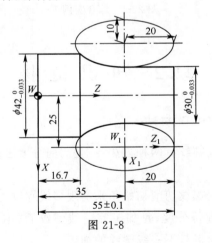

图 21-8

项目 22　数控车削加工综合实例 1

22.1　任务描述

曲面轴如图 22-1 所示,按单件生产安排其数控加工工艺,编写出加工程序。毛坯为 $\phi44\text{mm}\times124\text{mm}$ 棒料,材料为 45 钢。

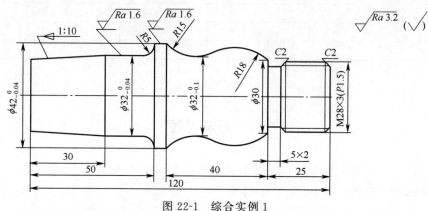

图 22-1　综合实例 1

22.2　知识链接

22.2.1　多线螺纹的加工方法

在数控车床上加工多线螺纹有两种方法:一是周向分度法;二是轴向分度法。

1. 周向分度法

周向分度法是通过改变螺纹切削初始角来实现多线螺纹的加工。具体方法是根据螺纹的线数将零件圆周方向进行分度,每加工完一线螺纹后,主轴的圆周方向旋转一定角度,而起刀点轴向位置不变,进行下一线螺纹的加工。

2. 轴向分度法

轴向分度法是通过改变螺纹切削起点来实现多线螺纹的加工。具体方法是根据螺纹的线数将导程在轴向进行分度,每加工完一线螺纹后,螺纹切削起点在轴向移动一个螺距,进行下一线螺纹的加工。由于螺纹切削起点位置发生变化,而切削终点不变,所以,在编程时每线螺纹走刀长度相应增加或减少一个螺距,以保证各线螺纹终点的一致。如图 22-2 所示,设螺距为 P,A 为第一线螺纹的起点,加工完第一线螺纹后,将螺纹切削起点左移一个螺距至 B 点,加工第二线螺纹。

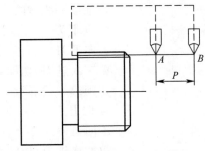

图 22-2 轴向分度法加工多线螺纹

22.2.2 多线螺纹加工的编程

1. 周向分度法编程

指令格式：G32 X(U)_Z(W)_F_Q_；

式中　X、Z——螺纹切削终点绝对坐标；

U、W——螺纹终点相对循环起点的增量坐标；

F——螺纹导程；

Q——螺纹起始角，该值为不带小数点的非模态值，即起始角的增量为 0.001°。如起始角为 180°，则 Q180000。单线螺纹可以不指定，此时该值为 0。

【例 22-1】 采用周向分度法编写图 22-3 所示零件螺纹的加工程序，其余表面均已加工。

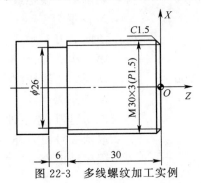

图 22-3 多线螺纹加工实例

参考程序：

O2201
N10 T0303　　　　　　　　　　　选择 3 号刀，建立刀补
N20 M03 S800　　　　　　　　　 启动主轴
N30 G00 X40 Z5　　　　　　　　 快进至进刀点
N40 X32 Z2　　　　　　　　　　 快进至螺纹加工起点
N50 G00 X29.2　　　　　　　　　第一次进刀，切深 0.8mm
N60 G32 Z-32 F3　　　　　　　　切削第一线螺纹
N70 G00 X32　　　　　　　　　　X 向退刀
N80 Z2　　　　　　　　　　　　 Z 向退刀
N90 G00 X28.6　　　　　　　　　第二次进刀，切深 0.6mm

N100 G32 Z-32 F3	切削第一线螺纹
N110 G00 X32	X向退刀
N120 Z2	Z向退刀
N130 G00 X28.2	第三次进刀,切深0.4mm
N140 G32 Z-32 F3	切削第一线螺纹
N150 G00 X32	X向退刀
N160 Z2	Z向退刀
N170 G00 X28.04	第四次进刀,切深0.16mm
N180 G32 Z-32 F3	切削第一线螺纹
N190 G00 X32	X向退刀
N200 Z2	Z向退刀
N210 G00 X29.2	第一次进刀,切深0.8mm
N220 G32 Z-32 F3 Q180000	切削第二线螺纹
N230 G00 X32	X向退刀
N240 Z2	Z向退刀
N250 G00 X28.6	第二次进刀,切深0.6mm
N260 G32 Z-32 F3 Q180000	切削第二线螺纹
N270 G00 X32	X向退刀
N280 Z2	Z向退刀
N290 G00 X28.2	第三次进刀,切深0.4mm
N300 G32 Z-32 F3 Q180000	切削第二线螺纹
N310 G00 X32	X向退刀
N320 Z2	Z向退刀
N330 G00 X28.04	第四次进刀,切深0.16mm
N340 G32 Z-32 F3 Q180000	切削第二线螺纹
N350 G00 X100	X向退刀
N360 Z100 M05	Z向退刀,停主轴
N370 T0300	取消3号刀刀补
N380 M30	程序结束

2. 轴向分度法编程

轴向分度法加工多线螺纹可以采用G32、G92、G76指令编程。

【例22-2】 采用轴向分度法编写图22-3所示零件螺纹的加工程序,其余表面均已加工。

参考程序:

O2202

N10 T0303	选择3号刀,建立刀补
N20 M03 S800	启动主轴
N30 G00 X40 Z5	快进至进刀点
N40 X35 Z2	快进至螺纹加工起点
N50 G92 X29.2 Z-33 F3	第一线螺纹第1刀
N60 X28.6	第一线螺纹第2刀
N70 X28.2	第一线螺纹第3刀

N80 X28.04	第一线螺纹第4刀
N90 G00 Z3.5	Z向偏移一个螺距
N100 G92 X29.2 Z-33 F3	第二线螺纹第1刀
N110 X28.6	第二线螺纹第2刀
N120 X28.2	第二线螺纹第3刀
N130 X28.04	第二线螺纹第4刀
N140 G00 X100 Z100 M05	快速退刀,停主轴
N150 T0300	取消3号刀刀补
N160 M30	程序结束

22.3 任务实施

22.3.1 加工工艺的确定

1. 分析零件图样

该零件形状比较复杂,包括外圆柱面、外圆锥面、凹圆弧、外沟槽、外螺纹等的加工。零件重要的径向加工部位有:$\phi 32_{-0.04}^{0}$、$\phi 42_{-0.04}^{0}$ 圆柱,其表面粗糙度为 $Ra1.6\mu m$;$R15$ 与 $R18$ 相切。其他表面的要求不高,表面粗糙度为 $Ra3.2\mu m$。

2. 工艺分析

1)加工方案的确定

根据零件的加工要求,各表面的加工方案确定为粗车→精车。

2)装夹方案的确定

此零件需经二次装夹才能完成加工。第一次采用三爪自定心卡盘装夹棒料右端,完成 $\phi 42$、$\phi 32$ 外圆及圆锥面的加工。第二次采用一夹一顶的装夹方式,用三爪自定心卡盘夹 $\phi 32$ 外圆(包铜皮或用软爪,避免夹伤),完成右端各个部分的加工,注意找正。

3)加工工艺的确定

加工工艺见表22-1。

表22-1 数控加工工序卡

数控加工工序卡片			产品名称	零件名称	材料	零件图号
					45钢	
工序号	程序编号	夹具名称	夹具编号	使用设备		车间
工步号	工步内容		刀具号	主轴转速 /(r/min)	进给速度 /(mm/r)	背吃刀量 /mm	备注
装夹1:夹住棒料一头,留出长度大约65mm,车端面(手动操作)保证总长122mm,对刀,调用程序							
1	粗车外轮廓		T0101	600	0.2	1.5	
2	精车外轮廓		T0202		0.1	0.3	
装夹2:掉头、平端面(保证总长120mm)、钻中心孔							
1	粗车外轮廓		T0101	600	0.2	1.5	

(续)

数控加工工序卡片		产品名称	零件名称	材 料	零件图号
				45钢	
2	精车外轮廓	T0202		0.1	0.5
3	车螺纹	T0404	800		

注：1. 螺纹退刀槽采用93°右偏外圆刀(35°菱形刀片)切出。
2. 加工右端时，采用了顶尖，注意进刀和换刀时刀具不要与顶尖发生干涉。

4) 进给路线的确定

(1) 左端加工进给路线。左端精加工走刀路线如图22-4所示，粗加工走刀路线略。

图22-4中各点坐标见表22-2。

表22-2 左端精加工基点坐标

1	(45,1)	2	(28.9,1)	3	(32,-31)
4	(32,-46)	5	(42,-51)	6	(42,-58)

(2) 右端加工进给路线。右端精加工走刀路线如图22-5所示，粗加工走刀路线略。

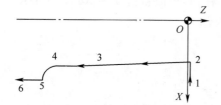

图22-4 左端精加工走刀路线

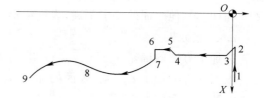

图22-5 右端精加工走刀路线

图22-5中各点坐标见表22-3。

表22-3 右端精加工基点坐标

1	(45,1)	2	(22,1)	3	(27.8,-1.9)
4	(27.8,-18.1)	5	(24,-20)	6	(24,-25)
7	(30,-25)	8	(35.838,-46.481)	9	(43.564,-65.653)

3. 刀具及切削参数的确定

刀具及切削参数的确定见表22-4。

表22-4 数控加工刀具卡

数控加工刀具卡片		工序号	程序编号	产品名称	零件名称	材 料	零件图号
						45钢	
序号	刀具号	刀具名称及规格			刀尖半径/mm	加工表面	备注
1	T0101	93°右偏外圆刀(35°菱形刀片)			0.8	外轮廓	硬质合金
2	T0202	93°右偏外圆刀(35°菱形刀片)			0.4	外轮廓	硬质合金
3	T0303	螺纹刀				车螺纹	硬质合金

22.3.2 参考程序编制

1. 加工左端

1)工件坐标系的建立

以工件左端面与轴线的交点为编程原点建立工件坐标系。

2)基点坐标计算(略)

3)参考程序

参考程序见表 22-5。

表 22-5 左端加工参考程序

程　　序		说　　明
	O2203	程序名
N10	T0101	选择1号刀,建立刀补
N20	M03 S600	启动主轴
N30	G00 X50 Z5	快进至进刀点
N40	X45 Z1	快进至 G71 复合循环起点 1(图 22-4)
N50	G71 U1.5 R1	G71 循环粗加工外轮廓
N60	G71 P70 Q110 U0.6 W0.1 F0.2	
N70	G42 G00 X28.9 Z1	1→2,建立刀尖圆弧半径补偿(图 22-4)
N80	G01 X32 Z-31	2→3
N90	Z-46	3→4
N100	G02 X42 Z-51 R5	4→5
N110	G01 Z-58	5→6
N120	G00 X100	X 向快速退刀
N130	Z100 M05	Z 向快速退刀,停主轴
N140	T0100	取消1号刀刀补
N150	T0202	选择2号刀,建立刀补
N160	G50 S3000	主轴限速(最高转速 3000r/min)
N170	M03 G96 S120	启动主轴,恒线速度控制
N180	G00 X50 Z5	快进至进刀点
N190	X45 Z1	快进至 G70 循环起点
N200	G70 P70 Q110 F0.1	G70 循环精加工外轮廓
N210	G00 X100	X 向快速退刀
N220	G40 Z100	取消刀尖圆弧半径补偿,Z 向快速退刀
N230	M05	停主轴
N240	G97	取消恒线速
N250	T0200	取消2号刀刀补
N260	M30	程序结束

2. 加工右端

1)工件坐标系的建立

以工件右端面与轴线的交点为编程原点建立工件坐标系。

2)基点坐标计算(略)

3)参考程序

参考程序见表22-6。

表22-6 右端加工参考程序

程 序		说 明
	O2204	程序名
N10	T0101	选择1号刀,建立刀补
N20	M03 S600	启动主轴
N30	G00 X50 Z5	快进至进刀点
N40	X45 Z1	快进至G71复合循环起点1(图22-5)
N50	G71 U1.5 R1	G71循环粗加工外轮廓
N60	G71 P70 Q140 U1 W0 F0.2	
N70	G42 G00 X22 Z1	1→2,建立刀尖圆弧半径补偿(图22-5)
N80	G01 X27.8 Z-1.9	2→3
N90	Z-18.1	3→4
N100	X24 Z-20	4→5
N110	Z-25	5→6
N120	X30	6→7
N130	G03 X35.838 Z-46.481 R18	7→8
N140	G02 X43.564 Z-65.653 R15	8→9(延长R15圆弧,切向切出)
N150	G00 X200	X向快速退刀
N160	Z20 M05	Z向快速退刀,停主轴
N170	T0100	取消1号刀刀补
N180	T0202	选择2号刀,建立刀补
N190	G50 S3000	主轴限速(最高转速3000r/min)
N200	M03 G96 S120	启动主轴、恒线速度控制
N210	G00 X50 Z5	快进至进刀点
N220	X45 Z1	快进至G70循环起点
N230	G70 P70 Q140 F0.1	G70循环精加工外轮廓
N240	G00 X200	X向快速退刀
N250	G40 Z20	取消刀尖圆弧半径补偿,Z向快速退刀
N260	M05	停主轴
N270	G97	取消恒线速
N280	T0200	取消2号刀刀补
N290	T0303	选择3号刀,建立刀补
N300	M03 S800	启动主轴
N310	G00 X50 Z5	快进至进刀点
N320	X32 Z2	快进至G92循环起点
N330	G92 X27.2 Z-22 F3	第一线螺纹第1刀
N340	X26.6	第一线螺纹第2刀
N350	X26.2	第一线螺纹第3刀
N360	X26.04	第一线螺纹第4刀
N370	G00 Z3.5	Z向偏移一个螺距
N380	G92 X27.2 Z-22 F3	第二线螺纹第1刀

(续)

程　　序		说　　明
N390	X26.6	第二线螺纹第 2 刀
N400	X26.2	第二线螺纹第 3 刀
N410	X26.04	第二线螺纹第 4 刀
N420	G00 X200	X 向快速退刀
N430	Z20 M05	Z 向快速退刀,停主轴
N440	T0300	取消 3 号刀刀补
N450	M30	程序结束

思考题与习题

22-1　加工图 22-6 所示零件,毛坯为 $\phi 42\text{mm} \times 78\text{mm}$ 棒料,材料为 45 钢,无热处理和硬度要求,试编制数控加工程序。

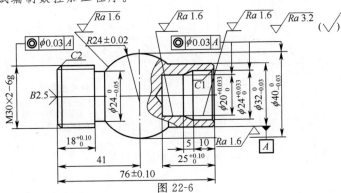

图 22-6

22-2　加工图 22-7 所示零件,毛坯为 $\phi 45\text{mm} \times 62\text{mm}$ 棒料,材料为 45 钢,无热处理和硬度要求,试编制数控加工程序。

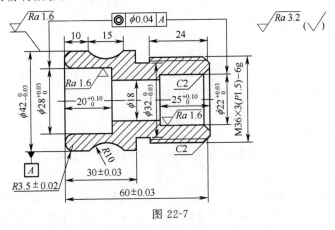

图 22-7

项目 23 数控车削加工综合实例 2

23.1 任务描述

锥孔螺母套零件如图 23-1 所示,按中批生产安排其数控加工工艺,编写出加工程序。毛坯为 φ72mm 棒料。

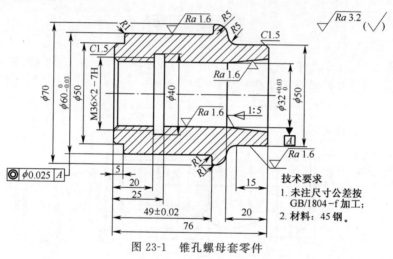

图 23-1 锥孔螺母套零件

23.2 任务实施

23.2.1 加工工艺的确定

1. 分析零件图样

该零件表面由内外圆柱面、圆锥孔、圆弧、内沟槽、内螺纹等表面组成。其中多个径向尺寸和轴向尺寸有较高的尺寸精度、表面质量和位置公差要求。

2. 工艺分析

1)加工方案的确定

根据零件的加工要求,各表面的加工方案确定为粗车→精车。

2)装夹方案的确定

加工内孔时以外圆定位,用三爪自定心卡盘装夹。加工外轮廓时,为了保证同轴度要求和便于装夹,以工件左端面和 φ32 孔轴线作为定位基准,为此需要设计一心轴装置(图 23-2 中双点画线部分),用三爪卡盘夹持心轴左端,心轴右端留有中心孔并用顶尖顶紧以提高工艺系统的刚性。

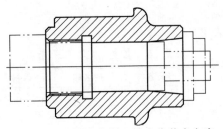

图 23-2 外轮廓车削心轴定位装夹方案

3) 加工工艺的确定

(1) 加工路线的确定。加工路线见表 23-1。

表 23-1 数控加工工艺路线单

数控加工工艺路线单			产品名称	零件名称	材料	零件图号
					45钢	
工序号	工种	工序内容	夹具		使用设备	工时
10	普车	下料：φ71mm×78mm 棒料	三爪卡盘			
20	钳工	钻孔：φ30mm	三爪卡盘			
30	数车	加工左端内表面	三爪卡盘			
40	数车	加工右端内表面	三爪卡盘			
50	数车	加工外表面	心轴装置			
60	检验	按图样检查				

(2) 工序 30。

① 工序卡。工序卡见表 23-2。

表 23-2 数控加工工序卡

数控加工工序卡片			产品名称	零件名称	材料	零件图号
					45钢	
工序号	程序编号	夹具名称	夹具编号	使用设备		车间
30	O2301	三爪卡盘				
工步号	工步内容		刀具号	主轴转速 /(r/min)	进给速度 /(mm/r)	背吃刀量 /mm	备注
装夹：夹住棒料一头，留出长度大约 30mm，车端面（手动操作）保证总长 77mm，对刀，调用程序							
1	镗孔		T0101	600	0.15	1	
2	车内沟槽		T0202	250	0.08	4	
3	车内螺纹		T0303	600			

② 进给路线的确定（略）。

③ 刀具及切削参数的确定。刀具及切削参数的确定见表 23-3。

表 23-3 数控加工刀具卡

数控加工刀具卡片	工序号	程序编号	产品名称	零件名称	材料	零件图号
	30	O2301			45钢	
序号	刀具号	刀具名称及规格		刀尖半径/mm	加工表面	备注
1	T0101	镗刀		0.8	内表面	硬质合金
2	T0202	内切槽刀（B=5）		0.4	内沟槽	高速钢
3	T0303	内螺纹刀			内螺纹	硬质合金

(3)工序40。

①工序卡。工序卡见表23-4。

表23-4 数控加工工序卡

数控加工工序卡片			产品名称	零件名称	材料	零件图号
					45钢	
工序号	程序编号	夹具名称	夹具编号	使用设备		车间
40	O2302	三爪卡盘				
工步号	工步内容		刀具号	主轴转速 /(r/min)	进给速度 /(mm/r)	背吃刀量 /mm	备注
装夹:夹住棒料一头,留出长度大约40mm,车端面(手动操作)保证总长76mm,对刀,调用程序							
1	粗镗内表面		T0101	600	0.2	1	
2	精镗内表面		T0202		0.1	0.3	

②进给路线的确定(略)。

③刀具及切削参数的确定。刀具及切削参数的确定见表23-5。

表23-5 数控加工刀具卡

数控加工刀具卡片	工序号	程序编号	产品名称	零件名称	材料	零件图号
	40	O2302			45钢	
序号	刀具号	刀具名称及规格		刀尖半径/mm	加工表面	备注
1	T0101	粗镗刀		0.8	内表面	硬质合金
2	T0202	精镗刀		0.4	内表面	硬质合金

(4)工序50。

①工序卡。工序卡见表23-6。

表23-6 数控加工工序卡

数控加工工序卡片			产品名称	零件名称	材料	零件图号
					45钢	
工序号	程序编号	夹具名称	夹具编号	使用设备		车间
50	O2303	心轴装置				
工步号	工步内容		刀具号	主轴转速 /(r/min)	进给速度 /(mm/r)	背吃刀量 /mm	备注
装夹:采用心轴装夹工件,对刀,调用程序							
1	粗车右端外轮廓		T0101	400	0.2	1	
2	粗车左端外轮廓		T0202	400	0.2	1	
3	精车右端外轮廓		T0303	600	0.1	0.3	
4	精车左端外轮廓		T0404	600	0.1	0.3	

②进给路线的确定。精加工外轮廓的走刀路线如图23-3所示,粗加工外轮廓的走刀路线略。

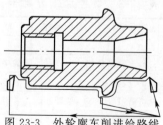

图23-3 外轮廓车削进给路线

③刀具及切削参数的确定。刀具及切削参数的确定见表23-7。

表23-7 数控加工刀具卡

数控加工刀具卡片	工序号	程序编号	产品名称	零件名称	材料	零件图号
	50	O2303			45钢	
序号	刀具号	刀具名称及规格	刀尖半径/mm		加工表面	备注
1	T0101	95°右偏外圆刀(80°菱形刀片)	0.8		右端外轮廓	硬质合金
2	T0202	95°左偏外圆刀(80°菱形刀片)	0.8		外轮廓	硬质合金
3	T0303	95°右偏外圆刀(80°菱形刀片)	0.4		右端外轮廓	硬质合金
4	T0404	95°左偏外圆刀(80°菱形刀片)	0.4		左端外轮廓	硬质合金

23.2.2 参考程序编制

1. 工序30

1)工件坐标系的建立

以工件左端面与轴线的交点为编程原点建立工件坐标系。

2)基点坐标计算(略)

3)参考程序

参考程序见表23-8。

表23-8 工序30参考程序

程 序		说 明
	O2301	程序名
N10	T0101	选择1号刀,建立刀补
N20	M03 S600	启动主轴
N30	G00 X80 Z5	快进至进刀点
N40	X29 Z1	快进至G71复合循环起点
N50	G71 U1 R1	G71循环粗加工内表面
N60	G71 P70 Q90 U-0.6 W0.1 F0.15	
N70	G00 X40 Z1	径向进刀
N80	G01 X34 Z-2	车倒角
N90	Z-22	车ϕ34螺纹底孔
N100	G70 P70 Q90	G70循环精加工内表面
N110	G00 Z100	Z向快速退刀
N120	G00 X100 M05	X向快速退刀,停主轴
N130	T0100	取消1号刀刀补
N140	T0202	选择2号刀(左刀尖为刀位点),建立刀补
N150	M03 S250	启动主轴
N160	G00 X80 Z5	快进至进刀点
N170	X29 Z2	接近工件
N180	Z-25	切槽起点
N190	X40 F0.08	车内沟槽
N200	X33 F1	X向退刀
N210	G00 Z100	Z向快速退刀

(续)

程　序		说　明
	O2301	程序名
N220	X100 M05	X 向快速退刀,停主轴
N230	T0200	取消 2 号刀刀补
N240	T0303	选择 3 号刀,建立刀补
N250	M03 S600	启动主轴
N260	G00 X80 Z5	快进至进刀点
N270	X30 Z2	快进至 G92 循环起点
N280	G92 X34.5 Z-22 F2	切螺纹循环,第一刀
N290	X35.1	切螺纹循环,第二刀
N300	X35.5	切螺纹循环,第三刀
N310	X35.9	切螺纹循环,第四刀
N320	X36	切螺纹循环,第五刀
N330	G00 Z100	Z 向快速退刀
N340	X100 M05	X 向快速退刀,停主轴
N350	T0300	取消 3 号刀刀补
N360	M30	程序结束

2. 工序 40

1)工件坐标系的建立

以工件右端面与轴线的交点为编程原点建立工件坐标系。

2)基点坐标计算(略)

3)参考程序

参考程序见表 23-9。

表 23-9　工序 40 参考程序

程　序		说　明
	O2302	程序名
N10	T0202	选择 2 号刀,建立刀补
N20	M03 S600	启动主轴
N30	G00 X80 Z5	快进至进刀点
N40	X29 Z1	快进至 G71 复合循环起点
N50	G71 U1 R1	G71 循环粗加工内表面
N60	G71 P70 Q90 U-0.6 W0.1 F0.2	
N70	G41 G00 X36.2 Z1	径向进刀,建立刀尖圆弧半径补偿
N80	G01 X32 Z-20	车内锥面
N90	Z-52	车 $\phi32$ 孔
N100	G00 Z100	Z 向快速退刀
N110	G00 X100 M05	X 向快速退刀,停主轴
N120	T0100	取消 1 号刀刀补
N130	T0202	选择 2 号刀,建立刀补
N140	G50 S3000	主轴限速(最高转速 3000r/min)
N150	M03 G96 S120	启动主轴、恒线速度控制

(续)

	程　　序	说　　明
	O2301	程序名
N160	G00 X80 Z5	快进至进刀点
N170	X29 Z1	快进至 G70 循环起点
N180	G70 P70 Q90 F0.1	G70 循环精加工内表面
N190	G00 Z100	Z 向快速退刀
N200	G40 G00 X100	取消刀尖圆弧半径补偿，X 向快速退刀
N210	M05	停主轴
N220	G97	取消恒线速
N230	T0200	取消 2 号刀刀补
N240	M30	程序结束

3. 工序 50

1) 工件坐标系的建立

以工件右端面与轴线的交点为编程原点建立工件坐标系。

2) 基点坐标计算（略）

3) 参考程序

参考程序见表 23-10。

表 23-10　工序 50 参考程序

	程　　序	说　　明
	O2303	程序名
N10	T0101	选择 1 号刀，建立刀补
N20	M03 S400	启动主轴
N30	G00 X80 Z5	快进至进刀点
N40	X72 Z1	快进至 G71 复合循环起点
N50	G71 U1.5 R1	G71 循环粗加工右端外轮廓
N60	G71 P70 Q130 U0.6 W0.1 F0.2	
N70	G00 X45 Z1	X 向进刀
N80	G01 X50 Z-1.5	车倒角
N90	Z-15	车 $\phi 50$ 外圆
N100	G02 X60 Z-20 R5	倒 R5 圆角
N110	G03 X70 Z-25 R5	倒 R5 圆角
N120	G01 Z-28	车 $\phi 70$ 外圆
N130	X72	X 向退刀
N140	G00 X200	X 向快速退刀
N150	Z20 M05	Z 向快速退刀，停主轴
N160	T0100	取消 1 号刀刀补
N170	T0202	选择 2 号刀，建立刀补
N180	M03 S400	启动主轴

243

(续)

程 序		说 明
	O2303	程序名
N190	G00 X80 Z5	快进至进刀点
N200	G00 Z-77	Z 向进刀
N210	X72 Z-77	快进至 G71 复合循环起点
N220	G71 U1.5 R1	G71 循环粗加工左端外轮廓
N230	G71 P240 Q330 U0.6 W-0.1 F0.2	
N240	G00 X45 Z-77	X 向进刀
N250	G01 X50 Z-74.5	车倒角
N260	Z-71	车 φ50 外圆
N270	X58	车台阶
N280	G02 X60 Z-70 R1	倒 R1 圆角
N290	G01 Z-28	车 φ60 外圆
N300	G03 X62 Z-27 R1	倒 R1 圆角
N310	X68	车台阶
N320	G02 X70 Z-26 R1	倒 R1 圆角
N330	G01 Z-24	车 φ70 外圆
N340	G00 X200	X 向快速退刀
N350	Z20 M05	Z 向快速退刀,停主轴
N360	T0200	取消 2 号刀刀补
N370	T0303	选择 3 号刀,建立刀补
N380	M03 S600	启动主轴
N390	G00 X80 Z5	快进至进刀点
N400	X72 Z1	快进至 G70 复合循环起点
N410	G70 P70 Q130 F0.1	G70 循环精加工右端外轮廓
N420	G00 X200	X 向快速退刀
N430	Z20 M05	Z 向快速退刀,停主轴
N440	T0300	取消 3 号刀刀补
N450	T0404	选择 4 号刀,建立刀补
N460	M03 S600	启动主轴
N470	G00 X80 Z5	快进至进刀点
N480	G00 Z-77	Z 向进刀
N490	X72 Z-77	快进至 G70 循环起点
N500	G70 P240 Q330 F0.1	G70 循环精加工左端外轮廓
N510	G00 X200	X 向快速退刀
N520	Z20 M05	Z 向快速退刀,停主轴
N530	T0400	取消 4 号刀刀补
N540	M30	程序结束

思考题与习题

轴套类零件如图 23-4 所示,毛坯为 φ72mm 棒料,按中批生产安排其数控加工工艺,编写出加工程序。

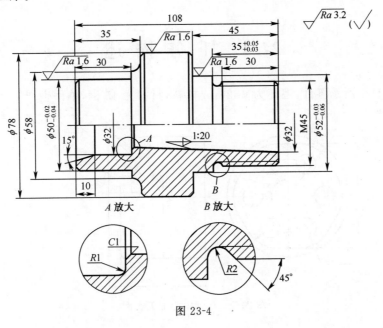

图 23-4

项目 24 车削中心编程与加工

24.1 任务描述

加工图 24-1 所示零件,毛坯为 φ52mm 棒料,材料为 45 钢,单件生产。

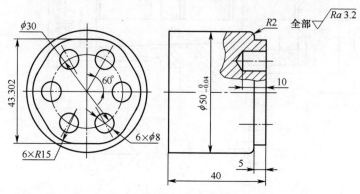

图 24-1 车削中心加工实例

24.2 知识链接

24.2.1 车削中心简介

1. 车削中心概念

车削中心是一种以车削加工模式为主、添加铣削动力刀头后又可进行铣削加工模式的车铣合一的切削加工机床类型。

2. 车削中心特点

(1)有一套自动换刀装置,可实现多工序连续加工,在一台加工中心上实现原来多台数控机床才能实现的加工功能。

(2)具有附加动力刀架和主轴分度机构,除车削外还可以在零件内外表面和端面上铣平面、凸轮、各种键槽、螺旋槽或钻、铰、攻丝等加工。

3. 车削中心工艺范围

车削中心比数控车床工艺范围宽,工件一次安装,几乎能完成所有表面的加工。在车削中心上对工件的加工一般分为三种情况:

(1)主轴分度定位后固定,对工件进行钻、铣、攻螺纹等加工。

(2)主轴运动作为一个控制轴(C 轴),C 轴运动和 X、Z 轴运动合成为进给运动,即三坐标联动,铣刀在工件表面上铣削各种形状的沟槽、凸台、平面等。

(3)利用Y轴功能,X、Y轴协调运动,控制刀具沿工件径向方向移动,相当于铣削加工。

4. 车削中心的C轴功能

机床主轴旋转除作为车削的主运动外,还可作分度运动,即定向停车和圆周进给,并在数控装置的伺服控制下,实现C轴与Z轴联动,或C轴与X轴联动,以进行圆柱面上或端面上任意部位的钻削、铣削、攻螺纹及平面或曲面铣削加工。图24-2所示为车削中心C轴功能示意图。

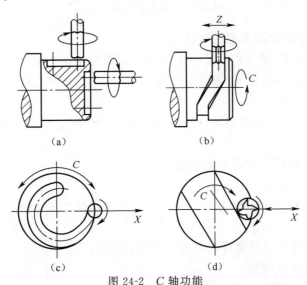

图 24-2　C 轴功能

(a)C轴定向时,在圆柱面或端面上铣槽;(b)C轴、Z轴进给插补,在圆柱面上铣螺旋槽;
(c)C轴、X轴进给插补,在端面上铣螺旋槽;(d)C轴、X轴进给插补,铣直线和平面。

24.2.2　车削中心编程指令

1. 极坐标插补功能

极坐标插补功能是将轮廓控制由直角坐标系中编程的指令转换成一个直线轴运动(刀具的运动)和一个回转轴的运动(工件的回转)。这种方法适用于在与Z轴垂直的切削平面上进行切削加工。

1)指令格式

指令格式:G12.1;启动极坐标插补方式(使极坐标插补功能有效)

　　…　}指令直角坐标系中的直线和圆弧插补,直角坐标系由直线轴和回转轴组成
　　…

　　　G13.1;极坐标插补方式取消

注:可用G112和G113指令分别替代G12.1和G13.1。

2)极坐标插补平面

G12.1启动极坐标插补方式,并选择一个极坐标插补平面,极坐标插补在该平面上完成。极坐标插补平面通常如图24-3所示,X轴为直线轴(直径量),C轴为旋转轴(半径量)。在编程中,X轴增量值用U地址表示,C轴增量值用H地址表示。

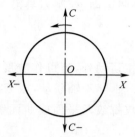

图 24-3 极坐标插补平面

3)极坐标插补的移动距离和进给速度

对极坐标插补方式,程序指令是在极坐标平面用直角坐标指令的。回转轴的轴地址作为平面中的第二轴(虚拟轴)的地址。当指令 G12.1 后,极坐标插补的刀具位置从角度 0°开始。

虚拟轴与直线轴坐标单位相同,即 mm;进给速度的单位是 mm/min。

4)使用时注意事项

(1)可以在极坐标插补方式下使用的 G 代码有:G01、G02、G03、G04、G40、G41、G42、G65、G66、G67、G98、G99。

(2)在极坐标插补方式下使用 G02、G03 时,圆弧半径用 R 指令;当指定圆弧的圆心时,用 I、J 指令。

(3)F 指令的进给速度是零件和刀具间的相对速度。

(4)极坐标插补单独使用。

(5)在机床上电复位时,为极坐标插补方式取消模式。

【例 24-1】 在车削中心上,将圆棒料铣削成如图 24-4 所示的正方形,铣削深度为 5mm(走刀路线如图 24-4 所示)。

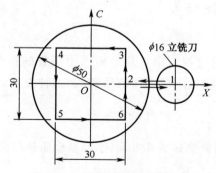

图 24-4 极坐标插补铣正方形

参考程序(以工件右端面与轴线的交点为程序原点建立工件坐标系):

O2401	程序号
N10 T0101	选择 1 号刀,建立刀补
N20 M70	C 轴功能有效
N30 G28 C0	C 轴回零
N40 M93 S300	动力头正转

N50 G98 G00 X70 Z5	快速定位至 1 点
N60 G12.1	极坐标插补开始
N70 G42 G01 X30 C0 F100	建立刀具半径补偿,1 点→2 点
N80 G01 C15	2 点→3 点
N90 X-30	3 点→4 点
N100 C-15	4 点→5 点
N110 X30	5 点→6 点
N120 C0	6 点→2 点
N130 G40 X70	取消刀具半径补偿,2 点→1 点
N140 G00 Z50	Z 向退刀
N150 G13.1	取消极坐标插补
N160 M95	停止动力头
N170 M12	动力头回零
N180 M71	取消 C 轴功能
N190 T0100	取消 1 号刀刀补

2. 孔加工固定循环指令

1) 常用孔加工固定循环指令

在车削中心上常用孔加工固定循环指令,见表 24-1。

表 24-1 孔加工固定循环指令

G 代码	钻孔轴	切入动作	孔底动作	回退动作(正向)	应用
G80					取消固定循环
G83	Z	切削进给/断续	暂停	快速进给	端面钻孔循环
G84	Z	切削进给	暂停→主轴反转	切削进给	端面攻螺纹循环
G85	Z	切削进给	暂停	切削进给	端面镗孔循环
G87	X	切削进给/断续	暂停	快速进给	径向钻孔循环
G88	X	切削进给	暂停→主轴反转	切削进给	径向攻螺纹循环
G89	X	切削进给	暂停	切削进给	径向镗孔循环

2) 孔加工固定循环动作

如图 24-5 所示,固定循环通常由六个动作顺序组成:

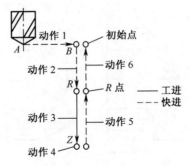

图 24-5 固定循环动作

动作1(AB段):XY平面快速定位;

动作2(BR段):Z向快速进给到R点;

动作3(RZ段):Z轴切削进给,进行孔加工;

动作4(Z点):孔底部的动作;

动作5(ZR段):Z轴退刀;

动作6(RB段):Z轴快速回到起始位置。

3)端面钻孔循环指令G83

指令格式:G83 X_C_Z_R_Q_P_F_

式中　X、C——孔位数据;

　　　Z——孔底数据,R点到孔底的距离;

　　　R——R点数据,初始平面到R点的距离;

　　　Q——每次切削进给的深度(μm);

　　　P——孔底暂停时间;

　　　F——进给速度(mm/min)。

4)径向钻孔循环指令G87

指令格式:G87 Z_C_X_R_Q_P_F_

式中　Z、C——孔位数据;

　　　X——孔底数据,R点到孔底的距离;

　　　R——R点数据,初始平面到R点的距离;

　　　Q——每次切削进给的深度(μm);

　　　P——孔底暂停时间;

　　　F——进给速度(mm/min)。

5)钻孔循环的注意事项

(1)指定固定循环之前,必须用辅助功能(M指令)使主轴旋转。

(2)在每个固定循环中,R(初始平面到R点的距离)总是半径量。Z或X(R点到孔底的距离)是作为直径量还是半径量,取决于数控机床的设置。

(3)可用01组G代码取消固定循环,当01组G代码如G00、G01、G02、G03等与固定循环指令出现在同一程序段时,按后出现的指令执行。

【例24-2】　在车削中心上,加工图24-6所示四个轴向均匀分布的孔。

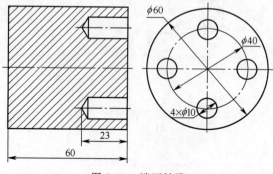

图24-6　端面钻孔

参考程序(以工件右端面与轴线的交点为程序原点建立工件坐标系):

O2402	程序名
N10 T0101	选择1号刀,建立刀补
N20 M70	C轴功能有效
N30 G28 C0	C轴回零
N40 M93 S500	动力头正转
N50 G98 G00X100 Z15	快速定位至钻孔初始平面
N60 G83 X40 C0 Z-26 R-12 Q5000 F50	钻第一个孔,R平面距离初始平面为12mm
N70 C90 Q5000	主轴旋转90°,钻第二个孔
N80 C180 Q5000	主轴再旋转90°,钻第三个孔
N90 C270 Q5000	主轴再旋转90°,钻第四个孔
N100 G80 G00 Z50	取消钻孔循环
N110 M95	停止动力头
N120 M12	动力头回零
N130 M71	取消C轴功能
N140 T0100	取消1号刀刀补
N150 M30	程序结束

24.3 任务实施

24.3.1 加工工艺的确定

1. 分析零件图样

如图24-1所示,该零件为一轴类零件,包括回转体外轮廓、端面六方、端面孔的加工。结合零件形状,采用车削中心加工该零件。

2. 工艺分析

1)加工方案的确定

根据零件表面粗糙度$Ra3.2\mu m$的加工要求,确定各表面的加工方案如下:

回转体外轮廓:粗车→精车;

端面六方:粗铣→精铣;

端面孔:钻→扩。

2)确定装夹方案

工件是棒料,为回转体,可用三爪自定心卡盘装夹。

3)确定加工工序

加工工艺见表24-2。

4)进给路线的确定

铣端面六方的走刀路线如图24-7所示,其余表面加工走刀路线略。

表 24-2 数控加工工序卡

数控加工工序卡片		产品名称	零件名称	材料	零件图号
				45钢	
工序号	程序编号	夹具名称	夹具编号	使用设备	车间
工步号	工步内容		刀具号	主轴转速/(r/min)	进给速度/(mm/r)	背吃刀量/mm	备注

工步号	工步内容	刀具号	主轴转速/(r/min)	进给速度/(mm/r)	背吃刀量/mm	备注
装夹1:夹住棒料一头,留出长度大约70mm,车端面(手动操作),对刀,调用程序						
1	粗车回转体外轮廓	T0101	500	0.2	0.7	
2	精车回转体外轮廓	T0101	800	0.1	0.3	
3	粗铣端面六方	T0202	400	0.15	5	
4	精铣端面六方	T0202	400	0.1	5	
5	钻孔	T0303	500	0.15	3.8	
6	扩孔	T0404	600	0.1	0.2	
7	切断	T0505	600	0.1	4	
装夹2:掉头,平端面,保证总长						

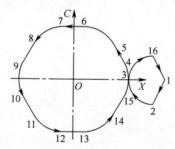

图 24-7 铣端面六方的走刀路线

图 24-7 中各点坐标见表 24-3。

表 24-3 铣端面六方的基点坐标

1	(75.258,0)	2	(65.258,−10)	3	(45.358,0)
4	(41.34,7.5)	5	(33.66,14.151)	6	(7.68,21.651)
7	(−7.68,21.651)	8	(−33.66,14.151)	9	(−41.34,7.5)
10	(−41.34,−7.5)	11	(−33.66,−14.151)	12	(−7.68,−21.651)
13	(7.68,−21.651)	14	(33.66,−14.151)	15	(41.34,−7.5)
16	(65.258,10)				

3. 刀具及切削参数的确定

刀具及切削参数的确定见表 24-4。

表 24-4 数控加工刀具卡

数控加工刀具卡片	工序号	程序编号	产品名称	零件名称	材料	零件图号
					45钢	
序号	刀具号	刀具名称及规格	刀尖半径/mm		加工表面	备注
1	T0101	95°右偏外圆刀	0.8		回转体外轮廓	硬质合金
2	T0202	φ16 立铣刀(3齿)	0.4		端面六方	高速钢
3	T0303	φ7.6 钻头			钻 φ7.6 底孔	高速钢
4	T0404	φ8 钻头			扩 φ8 孔	高速钢
5	T0505	切断刀(B=4)			切断	硬质合金

24.3.2 参考程序编制

1. 工件坐标系的建立

以工件右端面与轴线的交点为编程原点建立工件坐标系。

2. 基点坐标计算（略）

3. 参考程序

参考程序见表 24-5。

表 24-5 参考程序

主 程 序		
程 序		说 明
	O2403	主程序名
N10	T0101	选择1号刀,建立刀补
N20	M03 S500	启动主轴
N30	G00 X60 Z5	快进至进刀点
N40	X53 Z1	快进至G71复合循环起点
N50	G71 U1 R1	G71循环粗加工回转体外轮廓
N60	G71 P70 Q120 U0.6 W0.1 F0.2	
N70	G00 X45 Z1	径向进刀
N80	G01 Z-5	车 φ45 外圆
N90	X46	车台阶
N100	G03 X50 Z-7 R2	车 R2 圆弧
N110	G01 Z-45	车 φ50 外圆
N120	X53	径向退刀
N130	G70 P70 Q120 F0.1 S800	G70循环精加工回转体外轮廓,主轴变速
N140	G00 X100	X 向快速退刀
N150	G00 Z100 M05	Z 向快速退刀,停主轴
N160	T0100	取消1号刀刀补
N170	M98 P2413	调子程序 O2413 粗铣端面六方
N180	M00	测量,修改3号刀半径补偿值,修调进给倍率

(续)

主 程 序		
	程　序	说　明
N190	M98 P2413	调子程序 O2413 精铣端面六方
N200	T0303	选择3号刀(φ7.6钻头),建立刀补
N210	M70	C轴功能有效
N220	G28 C0	C轴回零
N230	M93 S600	动力头正转
N240	G98 G00 X80 Z10	快速定位至钻孔初始平面
N250	G83 X30 C0 Z-16 R-7 Q5000 F70	钻出6个φ7.6的孔
N260	C60 Q5000	
N270	C120 Q5000	
N280	C180 Q5000	
N290	C240 Q5000	
N300	C300 Q5000	
N310	G80 G00 Z50	取消钻孔循环
N320	M95	停止动力头
N330	M12	动力头回零
N340	M71	取消C轴功能
N350	T0300	取消3号刀刀补
N360	T0404	选择4号刀(φ8钻头),建立刀补
N370	M70	C轴功能有效
N380	G28 C0	C轴回零
N390	M93 S800	动力头正转
N400	G98 G00 X80 Z10	快速定位至钻孔初始平面
N410	G83 X30 C0 Z-16 R-7 Q5000 F60	扩出6个φ8的孔
N420	C60 Q5000	
N430	C120 Q5000	
N440	C180 Q5000	
N450	C240 Q5000	
N460	C300 Q5000	
N470	G80 G00 Z50	取消钻孔循环
N480	M95	停止动力头
N490	M12	动力头回零
N500	M71	取消C轴功能
N510	T0400	取消4号刀刀补
N520	T0505	选择5号刀,建立刀补(左刀尖为刀位点)
N530	M03 S600	启动主轴
N540	G00 X55 Z5	快进至进刀点

(续)

子 程 序		
程 序		说 明
N550	Z-44.4	快进至切断起点,总长留0.4余量
N560	G01 X50.2 F0.5	径向接近工件
N570	X0 F0.1	切断工件
N580	G00 X100	X向快速退刀
N590	Z100 M05	Z向快速退刀,返回换刀点,停主轴
N600	T0500	取消3号刀刀补
N610	M30	程序结束
N10	O2413	子程序名
N20	T0202	选择2号刀,建立刀补(铣刀端面中心为刀位点)
N30	M70	C轴功能有效
N40	G28 C0	快进至进刀点
N50	M93 S400	动力头正转
N60	G98 G00 X80 Z5	快速定位至进刀点
N70	G12.1	极坐标插补开始
N80	G00 X75.258 C0	到1点(图24-7)
N90	G42 G00 X65.258 C-10	1点→2点,建立刀具半径补偿
N100	G02 X45.258 C0 R10 F60	2点→3点
N110	G03 X41.34 C7.5 R15	3点→4点
N120	G01 X33.66 C14.151	4点→5点
N130	G03 X7.58 C21.651 R15	5点→6点
N140	G01 X-7.68 C21.651	6点→7点
N150	G03 X-33.66 C14.151 R15	7点→8点
N160	G01 X-41.34 C7.5	8点→9点
N170	G03 X-41.34 C-7.5 R15	9点→10点
N180	G01 X-33.66 C-14.151	10点→11点
N190	G03 X-7.68 C-21.651 R15	11点→12点
N200	G01 X7.68 C-21.651	12点→13点
N210	G03 X33.66 C-14.151 R15	13点→14点
N220	G01 X41.34 C-7.5	14点→15点
N230	G03 X45.258 C0 R15	15点→3点
N240	G02 X65.258 C10 R10	3点→16点
N250	G40 G00 X75.258 C0	16点→1点,取消刀具半径补偿
N260	Z50	Z向退刀
N270	G13.1	取消极坐标插补
N280	M95	停止动力头
N290	M12	动力头回零
N300	M71	取消C轴功能
N310	T0700	取消3号刀刀补
N320	M99	子程序结束

思考题与习题

24-1 在车削中心上,加工图 24-8 所示四个轴向均匀分布的孔。

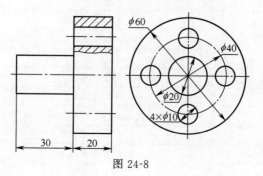

图 24-8

24-2 完成图 24-9 所示零件的加工。按单件生产安排其数控车削工艺,编写出加工程序。毛坯为 $\phi70mm$ 棒料,材料为 45 钢。

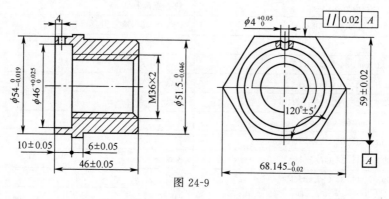

图 24-9

模块五

数控电火花与线切割加工工艺与编程

项目 25　数控线切割加工
项目 26　数控电火花加工

项目 25　数控线切割加工

25.1　任务描述

图 25-1 所示为要加工的落料零件,编写加工该零件的凹模线切割加工程序。已知该模具要求单边配合间隙 $\delta_配=0.01\text{mm}$、所用钼丝半径 $r_丝=0.065\text{mm}$、单边放电间隙 $\delta_电=0.01\text{mm}$。

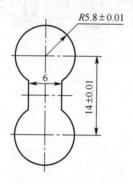

图 25-1　凹模加工

25.2　知 识 链 接

25.2.1　数控线切割加工简介

1. 线切割加工原理

数控线切割加工又称为数控电火花线切割加工,它是利用电极间歇脉冲放电产生局部瞬间高温,对金属材料进行蚀除的一种加工方法。在加工过程中,电极丝相对于工件的运动轨迹由数控系统进行程序控制,它不受加工材料软硬的限制,不仅能加工出形状复杂的型面、小孔,还能加工低刚度的工件。

如图 25-2 所示,电极丝穿过工件上预先钻好的小孔(穿丝孔),经导轮由走丝机构带动进行轴向走丝运动。工件通过绝缘板安装在工作台上,由数控装置按加工程序指令控制沿 X、Y 两个坐标方向移动而合成所需的直线、圆弧等平面轨迹。在移动的同时,线电极和工件间不断地产生放电腐蚀现象,工作液通过喷嘴注入,将电蚀产物带走,最后在金属工件上留下细丝切割形成的细缝轨迹线,从而达到了使一部分金属与另一部分金属分离的加工要求。

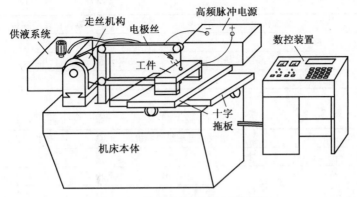

图 25-2 快走丝线切割工作原理

2. 线切割机床的分类

1)快走丝线切割机床

快走丝线切割机床也叫高速走丝切割机床,是我国独创的数控机床,在模具制造业中发挥着重要的作用。由于高速走丝有利于改善排屑条件,适合大厚度和大电流高速切割,加工性能价格比优异。高速走丝线切割机的电极丝通常采用 $\phi0.10\sim\phi0.28$mm 的钼丝,其他电极丝还有钨钼丝等,其走丝速度一般为 $7\sim 13$m/s,运丝电动机的额定转速通常是不变的。

随着技术的发展和加工的需要,快走丝数控线切割机床的工艺水平日趋提升,锥度切削范围超过 60°,最大切割速度达 180mm^2/min,加工精度控制在 $\pm 10\mu$m 范围内,加工零件的表面粗糙度达 $Ra1.6\mu$m。

2)慢走丝线切割机床

一般把走丝速度低于 15m/min(0.25m/s)的线切割加工称为慢走丝线切割加工,也称低走丝线切割加工。实现这种加工的机床就是慢走丝线切割机床,慢走丝线切割机床的电极丝作单向运动,常用的电极丝有 $\phi0.02\sim\phi0.36$mm 的黄铜或渗锌铜丝、合金丝等,有多种规格的电极丝以备灵活选用。

国内的慢走丝线切割机床目前主要是进口设备,大多数为瑞士和日本公司的产品,这些慢走丝线切割机床在生产中承担着精密模具、凹凸模具及一些精密零件的加工任务。其最佳加工精度可稳定达到 $\pm 2\mu$m,在特定的条件下甚至可以加工出 $\pm 1\mu$m 精度的模具。

慢走丝线切割机床由于电极丝移动平稳,易获得较高加工精度和较低的表面粗糙度,适合于精密模具和高精度零件加工。

数控快、慢走丝线切割机床在机床方面和加工工艺水平方面的主要区别见表 25-1 和表 25-2。

表 25-1 数控快、慢走丝线切割机床的主要区别

比 较 项 目	数控快走丝线切割机床	数控慢走丝线切割机床
走丝速度/(m/s)	常用值 8~12	常用值 0.03~0.2
电极丝工作状态	往复供丝,反复使用	单向运行,一次性使用
电极丝材料	钼、钨钼合金	黄铜、铜、以铜为主体的合金或镀覆材料、钼丝
电极丝直径/mm	常用值 0.12~0.20	常用值 0.10~0.25

(续)

比 较 项 目	数控快走丝线切割机床	数控慢走丝线切割机床
单面放电间隙/mm	0.01~0.03	0.003~0.12
工作液	线切割乳化液或水基工作液	去离子水,有的场合用电火花加工专用油
机床价格	便宜	昂贵

表 25-2 数控快、慢走丝线切割机床加工工艺水平比较

比 较 项 目	数控快走丝线切割机床	数控慢走丝线切割机床
最高切割速度/(mm²/min)	180	400
加工精度/mm	±0.01	±0.005
表面粗糙度 Ra/μm	1.6~3.2	0.1~1.6

3. 数控线切割加工的特点与应用

1) 数控线切割加工的特点

在线电极(金属电极丝)切割方式下,只要有效地控制电极丝相对于工件的运动轨迹和速度,就能切割出一定形状和尺寸的工件。这种加工方法具有下列优点。

(1) 工具电极简单,与电火花成形加工相比,它不需制造特定形状的电极,省去了成形电极的设计和制造,缩短了生产准备时间,加工周期短。

(2) 结合数控技术,可以加工出形状复杂的零件;加上锥度功能,可得到上下异形的工件。

(3) 由于采用的是电蚀加工原理,故易于对诸如淬火钢、硬质合金以及非金属结构陶瓷等难切削材料进行加工。

(4) 线切割加工是用电极丝作为工具电极与工件之间产生火花放电对工件进行切割加工,由于电极丝的直径比较小,在加工过程中总的材料蚀除量比较小,所以使用电火花线切割加工比较节省材料,特别在加工贵重材料时,能有效地节约贵重的材料,提高材料的利用率。

(5) 线切割在加工过程中的工作液一般为水基液或去离子水,因此不必担心发生火灾,可以实现安全无人加工。

(6) 现在线切割机床一般都是依靠微型计算机来控制电极丝的轨迹和间隙补偿功能,所以在加工凸模时,它们的配合间隙可任意调节。

(7) 可方便地直接对电参数进行检测、利用,以实现对加工过程的自动化控制。

2) 数控线切割加工的应用

线切割加工的生产应用,为新产品的研制、精密零件及模具制造开辟了一条新的工艺途径,具体应用有以下三个方面:

(1) 模具制造。适用于各种形状的冲裁模。一次编程后通过调整不同的间隙补偿量,就可以切割出凸模、凹模、凸模固定板、凹模固定板、卸料板等。模具的配合间隙、加工精度通常都能达到要求。此外,线切割还可以加工粉末冶金模、电机转子模、弯曲模、塑压模等各种类型的模具。

(2) 电火花成形加工用的电极。一般穿孔加工的电极以及带锥度型腔加工的电极,若采用银钨、铜钨合金之类的材料,用线切割加工特别经济,同时也可加工微细、形状复杂的

电极。

(3)新产品研制及难加工零件。在研制新产品时,用线切割在坯料上直接切割出零件,由于不需另行制造模具,可大大缩短制造周期,降低成本。加工薄件时可多片叠加在一起加工。在零件制造方面,可用于加工品种多、数量少的零件,还可以加工特殊难加工材料的零件,如凸轮、样板、成形刀具、异型槽、窄缝等。

25.2.2 加工条件选用

1. 加工条件

加工前要合理进行工艺处理。

1)分析零件图

首先,认真地对零件的结构工艺性与技术要求进行分析,明确加工内容与加工要求。其次,分析哪些表面可作为工艺基准,确定定位方法。

2)工件材料的选择与热处理

数控线切割加工是大面积去除金属的切断加工,如果工件材料选择不当,热处理不合适,会使材料内部产生很大的内应力,在加工过程中导致工件变形,从而破坏了零件的加工精度,甚至会在切割过程中使材料出现裂纹。因此,进行数控线切割加工的工件,应选择锻造性能好、淬透性好、内部组织均匀、热处理变形小的材料,并采用合适的热处理方法(锻打、淬火、回火、消磁、除氧化皮),以达到加工后变形小、精度高的目的。

3)工艺基准的选择

(1)分析选择主要定位基准面,以保证工件能正确、可靠地装夹在机床的夹具上,并尽量采用基准重合与基准统一的原则。

(2)应尽量选择工艺基准作为电极丝的定位基准,确保电极丝相对于工件有正确的位置。

4)合理地选择切割起点和路线的走向

(1)一般情况下,应将切割起点安排在靠近夹持端,然后转向远离夹具的方向进行加工,最后转向零件夹具的方向,可减少由于材料割断后残余应力的重新分布引起的变形,如图 25-3 所示。

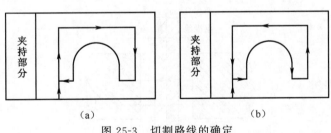

图 25-3 切割路线的确定
(a)错误方案;(b)正确方案。

(2)尽量避免从工件外侧端面开始向内切割,以防材料变形;而应在工件上预制穿丝孔,再从穿丝孔开始加工,如图 25-4 所示。

(3)在一块毛坯上切出两个或两个以上的零件时,不应一次连续切割出来,而应从不同穿丝孔开始加工,如图 25-5 所示。

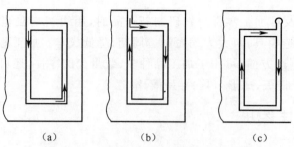

图 25-4　切割起始点和切害路线的确定
(a)错误方案；(b)可用方案但也存在变形；(c)最好方案。

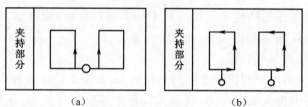

图 25-5　在一毛坯上切割两个或两个以上零件的加工路线
(a)错误方案；(b)正确方案。

(4)不能沿工件端面加工,避免放电时电极丝单向受电火花冲击力,使电极丝运行不稳定。而加工路线距端面距离应大于 5mm,以保证工件的结构强度,减小变形,确保尺寸和表面精度。

(5)切割孔槽类工件时,可采用多次切割法以减小变形,保证精度。

(6)加工大型工件时,应沿加工轨迹设置多个穿丝孔以便发生断丝时能就近及时重新穿丝,切入断丝点。

5)间隙补偿量的确定

线切割加工是用电极丝作为工具电极来加工的,因为电极丝有一定的半径 $r_{丝}$,加工时又有放电间隙 $\delta_{电}$,使电极丝中心运动轨迹与工件的理论轮廓之间保持一定的距离 f（图 25-6),这个距离称为间隙补偿量。

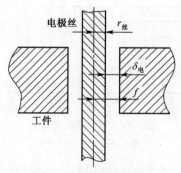

图 25-6　间隙补偿量 f

线切割加工加工冲压模的凸凹模时,应综合考虑电极丝半径 $r_{丝}$、放电间隙 $\delta_{电}$,以及凸凹模之间的单边配合间隙,以确定合理的间隙补偿量。如加工落料模时,以落料的凹模为基准,凹模的间隙补偿量 $f_凹=r_丝+\delta_电$;凹模的间隙补偿量 $f_凸=r_丝+\delta_电+\delta_配$。

2. 电参数的选择

1)脉冲宽度 t_i

脉冲宽度 t_i 增大时,单个脉冲能量增多,切削速度提高,表面粗糙度数值变大,放电间隙增大,加工精度有所下降。对于快走丝线切割机床,一般精加工时,脉冲宽度可在 $20\mu s$ 内选择,半精加工时,可在 $20\sim60\mu s$ 内选择,切割厚度大的工件时取较大的脉宽。

2)脉冲间隔 t_o

脉冲间隔 t_o 增大,单个脉冲能量降低,切割速度降低,零件表面质量有所提高。一般对于难加工、厚度大、排屑不利的零件,脉冲间隔应选大些,为脉宽的 $5\sim8$ 倍比较适宜;对于加工性能好、厚度不大的零件,脉冲间隔可选脉宽的 $3\sim5$ 倍。

3)开路电压 u_o

开路电压增大时,放电间隙增大,排屑容易,提高了切割速度和加工稳定性;但易造成电极丝振动,工件表面粗糙度变差,加工精度有所降低。通常精加工时取的开路电压比粗加工低,切割厚度大的工件时取较高的开路电压,一般 $u_o=20\sim150V$。

4)放电峰值电流 i_p

放电峰值电流 i_p 是决定单脉冲能量的主要因素之一。i_p 增大,单个脉冲能量增多,切割速度迅速提高,表面粗糙度数值增大,电极丝损耗比加大甚至容易断丝,加工精度有所下降。粗加工及切割厚件时应取较大的放电峰值电流,精加工时取较小的放电峰值电流。

5)极性

线切割加工因脉冲较窄,所以都用正极性加工,即工件接电源的正极,否则切割速度会变低而电极丝损耗增大。

6)进给速度

进给速度的调节,对切割速度、加工速度和表面质量的影响很大。因此,调节预置进给速度应紧密跟踪工件蚀除速度,以保持加工间隙恒定在最佳值上。这样可使有效放电状态的比例加大,而开路和短路的比例减少,使切割速度达到给定加工条件下的最大值,相应的加工精度和表面质量也好。如果预置进给速度调得太快,超过工件可能的蚀除速度,会出现频繁的短路现象,切割速度反而低,表面质量也差,上下端面切缝呈焦黄色,甚至可能断丝;反之,进给速度调得太慢,大大落后于工件的蚀除速度,极间将偏于开路,有时会时而开路,时而短路,上下端面切缝呈焦黄色。这两种情况都大大影响工艺指标。因此,应按电压表、电流表调节进给旋钮,使指针稳定不动。此时,进给速度均匀、平稳,是线切割加工速度和表面质量均好的最佳状态。

3. 电极丝

1)电极丝的选择与安装

电极丝应具有良好的导电性和抗电蚀性,抗拉强度高、材质均匀。常用电极丝有钼丝、钨丝、黄铜丝和包芯丝等。

按照加工工件的厚度、几何形状复杂程度及机床走丝系统的要求,确定电极丝的直径大小。电极丝的直径应根据切缝宽窄、工件厚度和拐角尺寸大小来选择。若加工带尖角、窄缝的小型模具宜选用较细的电极丝;若加工大厚度工件或大电流切割时应选较粗的电极丝。

钨丝抗拉强度高,直径为 0.03～0.1mm,一般用于各种窄缝的精加工,但价格贵。

黄铜丝适合于慢速加工,加工表面粗糙度和平直度较好,蚀屑附着少,但抗拉强度差,损耗大,直径为 0.1～0.3mm,一般用于慢速单向走丝加工。

钼丝抗拉强度高,适于快速走丝加工,所以我国快速走丝机床大都选用钼丝作电极丝,直径为 0.08～0.2mm。

电极丝装绕前应当注意检查导轮与保持器,装绕时注意电极丝是否张紧和路线是否正确。

2)穿丝与电极丝位置的调整

零件位置调整好后按正确的方向穿入电极丝,电极丝通过零件的穿丝孔时,应处于穿丝孔的中心,不可与孔壁接触,以免短路。

线切割加工之前,应将电极丝调整到切割的起始坐标位置上,其调整方法有以下几种:

(1)目测法。对于加工要求较低的工件,直接利用目测进行观察。利用穿丝孔划出十字基准线,根据两者的偏离情况移动工作台,当电极丝中心分别与纵、横方向基准线重合时,工作台纵、横方向上的读数就确定了电极丝中心的位置。

(2)火花法。移动工作台使工件的基准面逐渐靠近电极丝,在出现火花的瞬时,记下工作台的相应坐标值,再根据放电间隙推算电极丝中心的坐标。

(3)自动找中心。就是让电极丝在工件穿丝孔的中心自动定位。

4. 工作液

在线切割加工中,工作液为脉冲放电的介质,对加工工艺指标的影响很大。同时,工作液通过循环过滤装置连续向加工区供给,对电极丝和工件进行冷却,并及时将加工区的电腐蚀产物排除,以保持脉冲放电过程能稳定而顺利的进行。

低速走丝线切割机床大多采用去离子水工作液,只有在特殊精加工时才采用绝缘性能较高的煤油。

高速走丝线切割机床大都使用专用乳化液。乳化液品种很多,各有特点,有的适合精加工,有的适合大厚度切割,有的适于高速切削。因此,必须按照线切割加工的要求正确选用。

25.2.3 数控线切割编程基础

1. 3B 格式程序

我国早期数控线切割机床使用的是 3B 格式编程,3B 格式不能实现电极丝半径和放电间隙自动补偿,其程序的格式见表 25-3。

表 25-3 3B 程序格式

B	X	B	Y	B	J	G	Z
分隔符号	X坐标值	分隔符号	Y坐标值	分隔符号	计数长度	计数方向	加工指令

说明:

(1)B——分隔符号,用它来区分、隔离 X、Y、J 数值,B 后数值如为 0,则此 0 可不写,但分隔符号 B 不能省略。

(2) X，Y——直线的终点或圆弧起点的坐标值，编程时均取绝对值，单位为 μm。

当加工与 X、Y 轴不重合的斜线时，取加工的起点为切割坐标系的原点，X、Y 值为终点坐标值，允许将 X、Y 值按相同比例放大和缩小。

当加工圆弧时，坐标原点取在圆心，X、Y 为圆弧起点坐标值。

(3) J——计数长度，计数长度是指被加工图形在计数方向上的投影长度（绝对值）的总和，单位为 μm。有些数控线切割机床规定应写满六位数，如计数长度为 $7234\mu m$ 应写为 $007234\mu m$，有些数控线切割机床编程不必用 0 填满六位数，如计数长度为 $7234\mu m$。

(4) G——计数方向，可按 X 轴方向、Y 轴方向计数，分为 G_X、G_Y 两种。它确定在加工直线或圆弧时按哪一坐标轴方向取计数长度值。对于直线，其终点的坐标值在哪一坐标轴方向上的数值大，就取该坐标轴方向为计数方向，即 $|X|>|Y|$ 时取 G_X，$|X|<|Y|$ 时取 G_Y，当 $|X|=|Y|$ 时，第一、三象限直线取 G_Y，第二、四象限直线取 G_X，如图 25-7(a) 所示。

圆弧的规定与直线相反，圆弧终点坐标中绝对值较小的轴向为计数方向。即 $|X|>|Y|$ 时取 G_Y，$|X|<|Y|$ 取 G_X，当 $|X|=|Y|$ 时取 G_X 或 G_Y 都可以，如图 25-7(b) 所示。

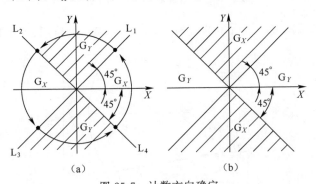

图 25-7 计数方向确定
(a)直线计数方向的确定；(b)圆弧计数方向的确定。

【例 25-1】 加工图 25-8 所示的斜线 OA，其终点坐标为 A，试确定 G 和 J。

因为 $X=49610, Y=80000$，且 $|X|<|Y|$。所以计数方向 G 取 G_Y，斜线在 Y 轴上的投影长度 $J=80000$。

【例 25-2】 加工图 25-9 所示的圆弧，加工起点 A 在第二象限，其终点坐标 B 在第四象限，试确定 G 和 J。

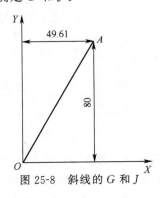

图 25-8 斜线的 G 和 J

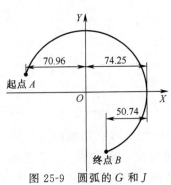

图 25-9 圆弧的 G 和 J

因为圆弧的终点靠近 Y 轴,所以计数方向取 G_X。计数长度为各象限中的圆弧在 X 轴上的投影长度的总和:
$$J=J_{X1}+J_{X2}+J_{X3}=70960+74250+50740=195950$$

(5)Z——加工指令。加工指令是用来确定加工轨迹的形状、起点和终点所在象限及加工方向的。分为直线 L 加工指令与圆弧 R 加工指令两大类。直线又按走向和终点所在象限而分为 $L_1 \sim L_4$ 四种;圆弧按第一步进入的象限及走向的顺、逆圆而分为 $SR_1 \sim SR_4$ 及 $NR_1 \sim NR_4$ 八种,如图 25-10 所示。

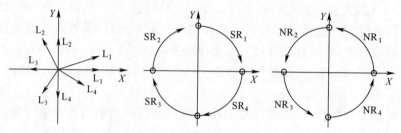

图 25-10 直线和圆弧的加工指令

【例 25-3】 加工图 25-11 所示的凸模,试采用 3B 格式编写其加工程序。

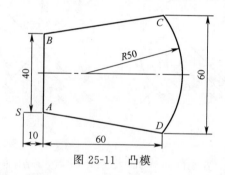

图 25-11 凸模

取 S 点为切割起点;加工路线为:$S \to A \to B \to C \to D \to A \to S$。
凸模加工程序见表 25-4。

表 25-4 凸模的加工程序单

序号	B	X	B	Y	B	J	G	Z	说明
1	B	10000	B	0	B	10000	GX	L_1	引入段 $S \to A$
2	B	0	B	40000	B	40000	GY	L_2	加工 $A \to B$
3	B	60000	B	10000	B	60000	GX	L_1	加工 $B \to C$
4	B	40000	B	30000	B	60000	GY	SR_1	加工 $C \to D$
5	B	60000	B	10000	B	60000	GX	L_2	加工 $D \to A$
6	B	10000	B	0	B	10000	GX	L_3	退出段 $A \to S$
7	DD								程序结束

2. ISO 标准 G 代码编程

线切割加工所采用的国际通用 ISO 格式程序和数控铣基本相同,且较之更为简单。由于线切割加工没有旋转主轴,因此没有 Z 轴移动指令,也没有主轴旋转的 S 指令及 M03、M04、M05 等工艺指令,也可分成主程序和子程序来编写。表 25-5 是数控线切割机床常用的 ISO 代码。

表 25-5　常用 G 代码与 M 代码

G 代码	组	意　义	G 代码	组	意　义	M 代码	意　义
*G00	01	快速点定位	*G40	07	刀补取消	M00	进给暂停
G01		直线插补	G41		左刀补	M01	条件暂停
G02		顺圆插补	G42		右刀补	M02	程序结束
G03		逆圆插补	*G50	08	丝倾斜取消	M30	程序结束并复位
G04	00	暂停延时	G51		丝倾斜左	M40	放电加工 OFF
G20	06	英制单位	G52		丝倾斜右	M80	放电加工 ON
*G21		公制单位	*G90	03	绝对坐标编程	M98	子程序调用
G28	00	回参考点	G91		增量坐标编程	M99	子程序结束并返回
G30	00	回加工原点	G92	00	工件坐标系指定		

注：带 * 的是上电时或复位时各模态 G 代码所处的状态（可以通过参数设置进行修改）

下面就一些常用的指令进行介绍。

1) 建立工件坐标系指令 G92

　　指令格式：G92 X_ Y_；

式中　X、Y——切割起点在工件坐标系中的坐标值。

【例 25-4】　G92 X10000 Y-5000；

表示相距电极丝现在位置（即切割起点）X 方向 −10mm，Y 方向 5mm 的位置建立起工件坐标系。

2) 快速定位指令 G00

在线切割机床不放电的情况下，使指定的某轴以最快速度移动到指定位置。

　　指令格式：G00 X_ Y_；

式中　X、Y——目标点的坐标。

3) 直线插补指令 G01

直线插补指令 G01 为加工一条直线的指令，其加工速度由电参数决定。

　　指令格式：G01 X_ Y_；

式中　X、Y——直线的终点坐标值。

4) 圆弧插补指令 G02、G03

G02 为顺时针圆弧插补指令，G03 为逆时针圆弧插补指令。

　　指令格式：G02/G03 X_ Y_ I_ J_；

式中　X、Y——圆弧终点的坐标；

　　　I、J——圆心相对于圆弧起点的偏移值（等于圆心的坐标减去圆弧起点的坐标）。

5) 间隙补偿指令 G40、G41、G42

G40 是取消间隙补偿指令，G41 是左偏间隙补偿指令，G42 是右偏间隙补偿指令。

　　指令格式：G41/G42 D_；　　　　设定间隙补偿和方向

　　　　　　　　⋮

　　　　　　　G40；　　　　　　　取消间隙补偿

267

式中 D——间隙补偿量地址符,其计算方法与前面的方法相同。

左右间隙补偿的判别方法是:左偏、右偏是沿加工方向看,电极丝在加工图形左边为左偏;电极丝在右边为右偏,如图 25-12 所示。

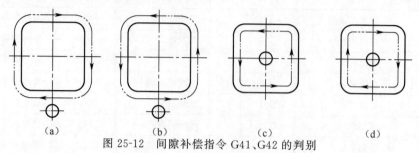

图 25-12 间隙补偿指令 G41、G42 的判别

(a)外轮廓加工-G41;(b)外轮廓加工-G42;(c)内轮廓加工-G41;(d)内轮廓加工-G42。

6)锥度加工指令 G50、G51、G52

在目前的一些数控线切割机床上,锥度加工都是通过装载在上导轮部位的 U、V 辅助轴工作台实现的。加工时,控制系统驱动 U、V 辅助轴工作台,使上导轮相对于 X、Y 坐标轴工作台移动,以获得所要求的锥度。用此方法可以解决凹模的漏料问题。

G50 是取消锥度指令,G51 是锥度左偏指令,G52 是锥度右偏指令,其指令格式为

G51(或 G52)A_;   设定锥度方向与角度

⋮

G50;   取消锥度加工

顺时针加工时,锥度左偏指令 G51 加工出来的工件为上大下小,锥度右偏指令 G52 加工出来的工件为上小下大;逆时针加工时,锥度左偏指令 G51 加工出来的工件为上小下大,锥度右偏指令 G52 加工出来的工件为上大下小。

锥度加工与上导轮中心到工作台面的距离 S、工件厚度 H、工作台面到下导轮中心的距离 W 有关。进行锥度加工编程之前,要求给出 W、H、S 值。

【例 25-5】 加工图 25-13 所示的凸模,采用 $\phi0.18$mm 的钼丝,放电间隙 $\delta_电$ 为 0.01mm,试采用 ISO 格式编写其加工程序。

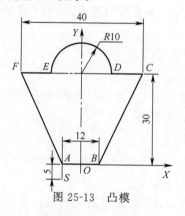

图 25-13 凸模

(1)取 O 点为坐标系原点,建立工件坐标系 XOY。

(2)加工路线为:$S \to A \to B \to C \to D \to E \to F \to A \to S$,切割起点为 S,SA 为程序引入段。

(3) 间隙补偿量 f:$f=0.18\div 2+0.01=0.1$mm。
(4) 加工程序清单见表 25-6。

表 25-6 凸模零件的加工程序单

程 序	说 明	程 序	说 明
A1	程序名	N70 G01 X10000 Y30000	加工 $C\to D$
N0 G92 X-6000 Y-5000	建立工件坐标系	N806 G03 X-10000 Y30000 I-10000 J0	加工 $D\to E$
N20 G90	绝对坐标值编程	N90 G01 X-20000 Y30000	加工 $E\to F$
N30 G42 D100	建立间隙右补偿,间隙补偿量为 0.1mm	N100 G01 X-6000 Y0	加工 $F\to A$
N40 G01 X-6000 Y0	引入线加工 $S\to A$	N110 G40	取消间隙补偿
N50 G01 X6000 Y0	加工 $A\to B$	N120 G01 X-6000 Y-5000	退出线加工 $A\to S$
N60 G01 X20000 Y30000	加工 $B\to C$	N130 M02	程序结束

25.3 任务实施

25.3.1 加工工艺的确定

1. 工艺分析

因该模具为落料模,冲下的零件尺寸由凹模决定,模具配合间隙在凸模上扣除,故凹模的间隙补偿量为

$$f_{凹}=r_{丝}+\delta_{电}=(0.065+0.01)\text{mm}=0.075\text{mm}=75\mu\text{m}$$

2. 确定工艺基准

选择底平面作为定位基准面,以零件中心位置为开始加工位置(穿丝孔)。

3. 走刀路线及坐标计算

1) 3B 格式编程走刀路线及坐标计算

将穿丝孔钻在 O 处,切割路线为:$O\to a\to b\to c\to d\to a\to O$。图 25-14 中点画线表示电极丝中心轨迹,此图对 X 轴上下对称,对 Y 轴左右对称。因此,只要计算一个 a 点,其余三个点均可由对称得到,通过计算可得到各点的坐标为:$O_1(0,7)$;$O_2(0,-7)$;$a(2.925,2.079)$;$b(-2.925,2.079)$;$c(-2.925,-2.079)$;$d(2.925,-2.079)$。

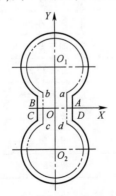

图 25-14 凹模加工电极丝走刀路线

2)ISO 格式编程走刀路线及坐标计算

将穿丝孔钻在 O 处,切割路线为:$O \to A \to B \to C \to D \to A \to O$。图 25-14 中点画线表示电极丝中心轨迹,此图对 X 轴上下对称,对 Y 轴左右对称。因此,只要计算一个 a 点,其余三个点均可由对称得到,通过计算可得到各点的坐标为:$O_1(0,7)$;$O_2(0,-7)$;$A(3, 2.036)$;$B(-3,2.036)$;$C(-3,-2.036)$;$D(3,-2.036)$。

25.3.2 参考程序编制

1. 3B 格式编程

3B 格式程序见表 25-7。

表 25-7 凹模加工程序单(3B 格式)

序号	B	X	B	Y	B	J	G	Z	说 明
1	B	2925	B	2079	B	2925	GY	L_1	引入段 $O \to a$
2	B	2925	B	4921	B	17050	GX	NR_4	加工 $a \to b$
3	B	0	B	4921	B	4158	GY	L_4	加工 $b \to c$
4	B	2925	B	4921	B	17050	GX	NR_2	加工 $c \to d$
5	B	0	B	4921	B	4158	GY	L_2	加工 $d \to a$
6	B	2925	B	2079	B	2925	GX	L_3	加工 $a \to O$
7	DD								加工程序结束

2. ISO 格式编程

ISO 格式程序见表 25-8。

表 25-8 凹模加工程序单(ISO 格式)

程 序	说 明
A1	程序号
N10 G92 X0 Y0	确定加工程序起点 O
N20 G90	绝对尺寸编程
N30 G41 D75	建立间隙左补偿,补偿量为 $75\mu m$
N40 G01 X3000 Y2036	引入段 $O \to A$
N50 G02 X-3000 Y2036 I-3000 J4964	加工 $A \to B$
N60 G01 X-3000 Y-2036	加工 $B \to C$
N70 G02 X3000 Y-2036 I3000 J-4964	加工 $C \to D$
N80 G01 X3000 Y2036	加工 $D \to A$
N90 G40	取消间隙补偿
N100 G01 X0 Y0	引出段 $A \to O$
N110 M02	程序结束

思考题与习题

25-1 简述数控线切割的工作原理。

25-2 用 3B 格式编程时,如何确定直线和圆弧的计数长度、计数方向和加工指令?

25-3 图 25-15 所示为要加工的落料零件,试用 3B 格式编写加工该零件的落料凹模加工程序。已知该模具要求单边配合间隙 $\delta_{配}=0.01$mm、所用钼丝半径 $r_{丝}=0.1$mm、单边放电间隙 $\delta_{电}=0.01$mm。

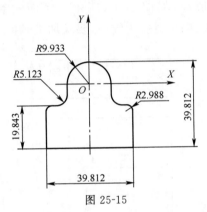

图 25-15

25-4 编制图 25-16 所示凸凹模的线切割加工程序。已知该模具要求单边配合间隙 $\delta_{配}=0.01$mm、所用钼丝半径 $r_{丝}=0.1$mm、单边放电间隙 $\delta_{电}=0.01$mm。

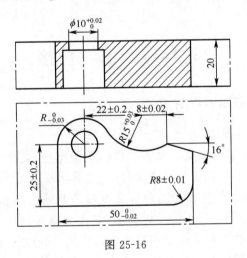

图 25-16

项目 26 数控电火花加工

26.1 任务描述

在工件上加工一个矩形腔,如图 26-1 所示。底面和侧面的表面粗糙度要求为 $Ra2.0\mu m$,工件材料为 45 钢,电极材料为纯铜,要求加工时损耗、效率兼顾。

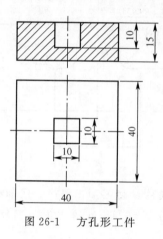

图 26-1 方孔形工件

26.2 知 识 链 接

26.2.1 数控电火花加工简介

1. 数控电火花加工原理

电火花加工的原理是基于工具电极和工件(正、负电极)之间脉冲性火花放电时的电腐蚀现象来蚀除多余的金属,以达到对零件的尺寸、形状及表面质量预定的加工要求。如图 26-2 所示,工具电极与工件分别与高频脉冲电源的两输出端相连接,主轴进给机构使工具电极与工件间经常保持一很小的放电间隙,且工具电极与工件间充满工作液。当脉冲电压加到两极之间,便在当时条件下相对某一间隙最小处或绝缘强度最低处击穿介质,在该局部产生火花放电,瞬时高温使电极和工件表面都蚀除掉一小部分金属,各自形成一个小凹坑。脉冲放电结束后,经过一段间隔时间(即脉冲间隔),使工作液恢复绝缘后,第二个脉冲电压又加到两极上,又会在当时极间距相对最近或绝缘强度最弱处击穿放电,又电蚀出一个小坑。这样随着相当高的频率连续不断地重复放电,工具电极不断地向工件进给,就可将工具电极的形状复制在工件上,加工出所需要的零件,整个加工表面将由无数个小凹坑组成。

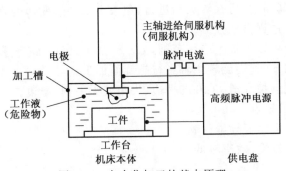

图 26-2　电火化加工的基本原理

2. 数控电火花成形机床的组成

数控电火花成形机床主要由机床主体部分、脉冲电源、自动进给调节系统、工作液净化及循环系统等几部分组成。图 26-3 所示为北京阿奇夏米尔 SE 系列数控电火花机床的外观及其各部分的构成。

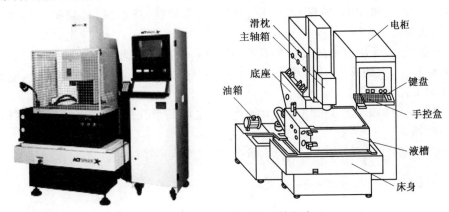

图 26-3　机床的外观图及其组成

3. 数控电火花加工的特点与应用

1）数控电火花加工的特点

电火花加工是一种直接利用电能和热能进行加工的新工艺,具有以下优点和缺点:

(1)电火花加工的优点。

①电火花加工是靠放电的电热作用实现的,其加工性主要取决于材料的热学性能,如熔点、比热容、热导率等。因此不受工件材质的硬度及韧性限制,只要导电就可以加工,如淬火钢、硬质合金钢、耐热合金钢等。

②其加工是非接触式加工,只是电能的作用,故加工中无明显的作用力。当然不能忽略在加工面积较大时,由冲油以及抬刀形成的液压力。

③可以加工特殊及复杂形状的零件。一是由于加工中无切削力,可以加工低刚度工件及微细加工,如各种小孔、深孔、窄缝零件(尺寸可以是几微米);二是由于可以简单地将工具电极的形状复制到工件上,因此特别适用于复杂表面形状工件的加工,如复杂型腔模具的加工;另外,数控电火花加工可以用简单形状的工具电极加工复杂形状的零件。

④工艺灵活性大。本身有"正极性加工"和"负极性加工"之分;可与其他工艺结合,形成复合加工,如与电解加工结合;可以改革工件结构,多种型腔可整体加工,提高零件的加

工精度,降低工人劳动强度;可在淬火后进行,免去了工件热变形的修正问题。

⑤便于实现加工过程自动控制。

⑥利用数控功能可显著扩大应用范围,如水平加工、锥度加工、多型腔加工,采用简单电极进行三维型面加工,利用旋转主轴进行螺旋面加工。

⑦加工表面微观形貌圆滑,工件的棱边、尖角处无毛刺、塌边。

(2)电火花加工的缺点。

①一般只能加工金属等导电材料。

②加工速度一般较慢,效率较低。

③存在电极损耗。

④电蚀产物在排除过程中与工具电极距离太小时会引起二次放电,形成加工斜度,影响加工精度。

⑤最小角部半径有限制。一般电火花加工能得到的最小角部半径等于加工间隙(通常为 0.02~0.03mm),若电极有损耗或采用平动加工、摇动加工,则角部半径还要增大。

2)数控电火花加工的应用

(1)加工模具,如冲模、锻模、塑料模、拉伸模、压铸模、挤压模、玻璃模、胶木模、陶土模、粉末冶金烧结模、花纹模等。

(2)航空、航天等部门中高温合金等难加工材料的加工。例如喷气发动机的涡轮叶片和一些环形件上,大约需要 100 万个冷却小孔,其材料为又硬又韧的耐热合金,电火花加工是合适的工艺方法。

(3)微细精密加工,通常可用于 0.01~1mm 之间的型孔加工,如化纤异型喷丝孔、发动机喷油嘴等。

(4)加工各种成形刀具、样板、工具、量具、螺纹等成形零件。

26.2.2 数控电火花加工工艺

1. 电火花加工的主要工艺指标

1)加工速度

加工速度是指在单位时间内,工件被蚀除的体积或质量,也称为加工生产率,一般用体积表示。若在时间 t 内,工件被蚀除的体积为 V,则加工速度 U_W 为

$$U_W = V/t$$

在规定的表面粗糙度、规定的相对电极损耗下的最大加工速度,是衡量电加工机床工艺性能的重要指标。一般情况下,生产厂家给出的加工速度是以最大加工电流,在最佳加工状态下所能达到的最高加工速度。因此,在实际加工时,由于被加工件尺寸与形状的千变万化,加工条件、排屑条件等与理想状态相差甚远,即使在粗加工时,加工速度也往往大大低于机床的最大加工速度指标。

影响加工速度的主要因素有脉冲宽度、脉冲间隔、峰值电流、排屑条件、加工面积、电极材料及加工极性等因素。

2)电极损耗

在电火花加工中,工具电极损耗直接影响加工精度,特别对于型腔加工,电极损耗这一工艺指标较加工速度更为重要。

电极损耗分为绝对损耗和相对损耗。

绝对损耗最常用的是体积损耗 V_e 和长度损耗 V_{eh} 两种方式,它们分别表示在单位时

间内,工具电极被蚀除的体积和长度,即

$$V_e = V/t$$
$$V_{eh} = H/t$$

相对损耗是工具电极绝对损耗与工件加工速度的百分比。通常采用长度相对损耗比较直观,测量也比较方便。

电火花加工中,工具电极的不同部位,其损耗的速度也不相同。一般尖角的损耗比钝角快,角的损耗比棱快,棱的损耗比端面快,而端面的损耗比侧面快,端面的侧缘损耗比端面的中心部位快。

对工具电极损耗的影响因素有脉冲宽度、脉冲间隔、峰值电流、加工极性、加工面积、冲油或抽油的大小、电极材料、工作液等。

3)表面粗糙度

表面粗糙度是指加工表面上的微观几何形状误差。对电加工表面来讲,即加工表面放电痕——坑穴的聚集。由于坑穴表面会形成一个加工硬化层,而且能存润滑油,其耐磨性比同样粗糙度的机加工表面要好,所以加工表面允许比要求的粗糙度值大些。而且在相同粗糙度的情况下,电加工表面比机加工表面亮度低。工件的电火花加工表面粗糙度直接影响其使用性能,如耐磨性、配合性质、接触刚度、疲劳强度和抗腐蚀性等。尤其对于高速、高洁、高压条件下工作的模具和零件,其表面粗糙度往往是决定其使用性能和使用寿命的关键。

影响表面粗糙度的主要因素有脉冲宽度、峰值电流、电极的材料及加工极性等。

4)表层变化

电火花加工过程中,在火花放电局部的瞬时高温高压下,煤油中分解的炭颗粒渗入工件表层,又在工作液的快速冷却下,材料的表面层发生了很大变化,可粗略地把它分为熔化凝固层和热影响层,如图26-4所示。另外,还会在熔化层(白层)内出现显微裂纹,当脉冲能力很大时,显微裂纹也会扩展到热影响层,而影响零件的耐磨性、耐疲劳性等。

图26-4 电火花加工的工件表面层放大图
1—熔化凝固层;2—热影响层;3—未受影响基体层。

5)加工精度

电火花加工精度主要包括尺寸精度和形状精度。尺寸精度是指电火花加工完成后各部位尺寸值的准确程度,如加工深度的尺寸精度。形状精度是指电火花加工完成部位的形状与加工要求形状的符合情况。

影响加工精度的主要因素有脉冲宽度、峰值电流、电压及加工的稳定性等。

2. 数控电火花加工的工艺方法

数控电火花加工工艺方法较多,主要有单电极直接成形工艺、多电极更换成形工艺、分解电极成形工艺、数控摇动成形工艺、数控多轴联动成形工艺等。选择时要根据工件成形的技术要求、复杂程度、工艺特点、机床类型及脉冲电源的技术规格、性能特点而定。

3. 电极材料的选择

在电火花加工中，工具电极是一项非常重要的因素，电极材料的性能将影响电极的电火花加工性能（材料去除率、工具损耗率、工件表面质量等），因此，正确选择电极材料对于电火花加工至关重要。电火花加工用工具电极材料应满足高熔点、低热胀系数、良好的导电导热性能和力学性能等基本要求，从而在使用过程中具有较低的损耗率和抵抗变形的能力。现在广泛使用的电极材料主要有以下几种。

(1) 纯铜：纯铜是目前在电加工领域应用最多的电极材料，其具有塑性好、电极成形容易（可机械加工成形、锻造成形、电铸成形、电火花线切割成形等）、加工稳定性好、加工表面质量高等优点，但其有熔点低(1083℃)、热膨胀系数较大等缺点。适合较高精度模具的电火花加工，如加工中、小型型腔，花纹图案，细微部位等。

(2) 石墨：石墨也是电火花加工中常用材料，其具有价格较便宜、密度小、良好的机械加工性能和导电性能好、熔点高(3700℃)、加工效率高、在大电流的情况下仍能保持电极的低损耗等优点；但在精加工中放电稳定性较差，容易过渡到电弧放电，只能选取损耗较大的加工条件来加工；加工微细面表面粗糙度略差，在加工中容易脱落、掉渣，不能用于镜面加工，而适合加工蚀除量较大的型腔，如大型的塑料模具、锻模、压铸模等。另外，其热变形小，特别适合加工精度要求高的深窄缝条。

(3) 钢：钢电极使用的情况较少，在冲模加工中，可以直接用冲头作电极加工冲模。但与纯铜及石墨电极相比，加工速度、电极消耗率等方面均较差。

(4) 铜钨、银钨合金：用铜钨(Cu-W)及银钨(Ag-W)合金电极加工钢料时，特性与铜电极倾向基本一致，但由于价格很高，所以大多只用于加工硬质合金类耐热性材料。除此之外还用于在电加工机床上修整电极，此时应用正极性。

4. 数控电火花加工电参数的确定

电火花加工的主要电参数为脉冲峰值电流、脉冲宽度和脉冲间隔三大电参数，这三大电参数决定了放电加工的能量，对加工生产率、表面粗糙度、放电间隙、电极损耗、表面变质层、加工稳定性等各方面的工艺效果有重要影响，见表26-1。

表26-1 三大电参数对工艺指标的影响

工艺指标 电参数	加工速度	电极损耗	表面粗糙度	放电间隙	综合影响评价
脉冲峰值电流↑	↑非常显著	↑显著	↑非常显著	↑非常显著	非常显著
脉冲宽度↑	↑显著	↓非常显著	↑显著	↑显著	显著
脉冲间隔↑	↓显著	↑不是很显著	↓不是很显著	↓不是很显著	不是很显著

数控电火花机床一般都有用于各种加工的成套电参数，并将一组电参数用一个条件号来表示，因此选用电参数时可以直接调用条件号。下面以北京阿奇夏米尔 SE 系列数控电火花机床为例讲解条件号和工艺留量的确定方法。

1) 确定第一个加工条件

可根据投影面积的大小和工艺组合，由加工参数表 26-2、表 26-3 和表 26-4 来选择第一个加工条件。查表时要区分工艺要求是低损耗，还是标准，还是高效率的要求分别查表 26-2、表 26-3 和表 26-4。

表 26-2 铜打钢——最小损耗参数表

条件号	面积/cm²	安全间隙/mm	放电间隙/mm	加工速度/(mm³/min)	损耗/%	侧面Ra/μm	底面Ra/μm	极性	电容	高压管	管数	脉冲间隙	脉冲宽度	模式	损耗类型	伺服基准	伺服速度	极限值 损耗类型	极限值 脉冲间隙	极限值 伺服基准
100		0	0.005					−	0	0	3	2	2	8	0	85	8			
101		0.04	0.025				0.7	+	0	0	2	6	9	8	0	80	8			
103		0.06	0.045			0.56	1.0	+	0	0	3	7	11	8	0	80	8			
104		0.08	0.05			0.8	1.5	+	0	0	4	8	12	8	0	80	8			
105		0.11	0.065			1.2	1.9	+	0	0	5	9	13	8	0	75	8			
106		0.12	0.07	1.2		1.5	2.6	+	0	0	6	10	14	8	0	75	10	0	6	35
107		0.19	0.15	3.0		2.0	3.8	+	0	0	7	12	16	8	0	75	10	0	6	55
108	1	0.28	0.19	10	0.10	3.04	5.0	+	0	0	8	13	17	8	0	75	10	0	6	55
109	2	0.4	0.25	15	0.05	3.92	6.8	+	0	0	9	15	18	8	0	70	12	0	8	52
110	3	0.58	0.32	22	0.05	5.44	7.9	+	0	0	10	16	19	8	0	70	12	0	8	52
111	4	0.7	0.37	43	0.05	6.32	8.5	+	0	0	11	16	20	8	0	65	15	0	8	48
112	6	0.83	0.47	70	0.05	6.8	12.1	+	0	0	12	16	21	8	0	65	15	0	8	48
113	8	1.22	0.60	90	0.05	9.68	14.0	+	0	0	13	16	24	8	0	65	15	0	10	50
114	12	1.55	0.83	110	0.05	11.2	15.5	+	0	0	14	16	25	8	0	58	15	0	12	50
115	20	1.65	0.89	205	0.05	13.4	16.7	+	0	0	15	17	26	8	0	58	15	0	13	50

表 26-3 铜打钢——标准型参数表

条件号	面积/cm²	安全间隙/mm	放电间隙/mm	加工速度/(mm³/min)	损耗/%	侧面Ra/μm	底面Ra/μm	极性	电容	高压管	管数	脉冲间隙	脉冲宽度	模式	损耗类型	伺服基准	伺服速度	极限值 脉冲间隙	极限值 伺服基准
121		0.045	0.040			1.1	1.2	+	0	0	2	4	8	8	0	80	8		
123		0.070	0.045			1.3	1.4	+	0	0	3	4	8	8	0	80	8		
124		0.10	0.050			1.6	1.6	+	0	0	4	6	10	8	0	80	8		
125		0.12	0.055			1.9	1.9	+	0	0	5	6	10	8	0	75	8		
126		0.14	0.060			2.0	2.6	+	0	0	6	7	11	8	0	75	10		
127		0.22	0.11	4.0		2.8	3.5	+	0	0	7	8	12	8	0	75	10		
128	1	0.28	0.165	12.0	0.40	3.7	5.8	+	0	0	8	11	15	8	0	75	10	5	52

(续)

条件号	面积/cm²	安全间隙/mm	放电间隙/mm	加工速度/(mm³/min)	损耗/%	侧面Ra/μm	底面Ra/μm	极性	电容	高压管	管数	脉冲间隙	脉冲宽度	模式	损耗类型	伺服基准	伺服速度	极限值脉冲间隙	极限值伺服基准
129	2	0.38	0.22	17.0	0.25	4.4	7.4	+	0	0	9	13	17	8	0	75	12	6	52
130	3	0.46	0.24	26.0	0.25	5.8	9.8	+	0	0	10	13	18	8	0	70	12	6	50
131	4	0.61	0.31	46.0	0.25	7.0	10.2	+	0	0	11	13	18	8	0	70	12	5	48
132	6	0.72	0.36	77.0	0.25	8.2	12	+	0	0	12	14	19	8	0	65	15	5	48
133	8	1.00	0.53	126.0	0.15	12.2	15.2	+	0	0	13	14	22	8	0	65	15	5	45
134	12	1.06	0.544	166.0	0.15	13.4	16.7	+	0	0	14	14	23	8	0	58	15	7	45
135	20	1.581	0.84	261.0	0.15	15.0	18.0	+	0	0	15	16	25	8	0	58	15	8	45

表 26-4 铜打钢——最大去除率型参数表

条件号	面积/cm²	安全间隙/mm	放电间隙/mm	加工速度/(mm³/min)	损耗/%	侧面Ra/μm	底面Ra/μm	极性	电容	高压管	管数	脉冲间隙	脉冲宽度	模式	损耗类型	伺服基准	伺服速度	极限值脉冲间隙	极限值伺服基准
141		0.046	0.04			1.0	1.2	+	0	0	2	6	9	8	0	80	8		
142		0.090	0.055			1.1	1.4	+	0	0	3	7	11	8	0	80	8		
143		0.11	0.06			1.2	1.6	+	0	0	4	8	12	8	0	80	8		
144		0.13	0.065			1.7	2.1	+	0	0	5	9	13	8	0	78	8		
145		0.15	0.07			2.1	2.6	+	0	0	6	10	14	8	0	75	10		
146		0.18	0.08			2.7	3.7	+	0	0	7	4	8	8	0	75	10		
147		0.23	0.122	10.0	5.0	3.2	4.8	+	0	0	8	6	11	8	0	75	10		
148	1	0.29	0.145	15.0	2.5	3.4	5.4	+	0	0	9	7	12	8	0	75	12		
149	2	0.346	0.19	19.0	1.8	4.2	6.2	+	0	0	10	8	13	8	0	75	12	6	45
150	3	0.43	0.22	30.0	1.0	4.6	8.0	+	0	0	10	10	15	8	0	70	15	5	45
151	4	0.61	0.3	45.0	0.9	6.0	9.2	+	0	0	11	11	16	8	0	70	15	5	45
152	6	0.71	0.35	76.0	0.8	8.0	12.2	+	0	0	12	11	17	8	0	65	15	5	45
153	8	0.97	0.457	145.0	0.4	11.8	14.2	+	0	0	13	12	20	8	0	65	15	7	48
154	12	1.22	0.59	220.0	0.4	13.9	17.2	+	0	0	14	12	21	8	0	58	15	8	48
155	20	1.6	0.81	310.0	0.4	15.0	19.0	+	0	0	15	15	23	8	0	58	15	10	48

2) 确定最终加工条件

根据最终表面粗糙度 Ra 要求查表 26-2、表 26-3 和表 26-4 确定最终加工条件。

3) 确定中间加工条件

全选第一个加工条件至最终加工条件间的全部加工条件。

4) 确定每个加工条件的底面留量

最后一个加工条件之前的底面留量按所选加工条件的安全间隙 M 的一半留取,最后一个加工条件按本条件的放电间隙的一半留取。

26.2.3 数控电火花加工编程基础

不同的数控电火花机床其指令与编程格式有所不同,下面以北京阿奇夏米尔 SE 系列机床为例讲解其常用指令及其功能。

1. G 指令

G 指令是数控电火花加工编程中最主要的指令,它是设立机床工作方式或控制系统工作方式的一种命令,分为模态指令和非模态指令。北京阿奇夏米尔 SE 系列机床的 G 指令见表 26-5。

表 26-5 SE 机床 G 指令一览表

指 令	功 能	指 令	功 能
G00	快速移动,定位指令	G30	按指定轴向抬刀
G01	直线插补,加工指令	G31	按路径方向抬刀
G02	顺时针圆弧插补指令	G32	伺服回原点(中心)后再抬刀
G03	逆时针圆弧插补指令	G40	取消电极补偿
G04	暂停指令	G41	电极左补偿
G05	X 轴镜像	G42	电极右补偿
G06	Y 轴镜像	G53	进入子程序坐标系
G07	Z 轴镜像	G54	选择工件坐标系 1
G08	X-Y 轴交换	G55	选择工件坐标系 2
G09	取消镜像和 X-Y 轴交换	G56	选择工件坐标系 3
G11	打开跳转(SPIK ON)	G57	选择工件坐标系 4
G12	关闭跳转(SKIP OFF)	G58	选择工件坐标系 5
G15	返回 C 轴起始点	G59	选择工件坐标系 6
G17	XOY 平面选择	G80	移动轴直到接触感知
G18	XOZ 平面选择	G81	移动到机床的极限
G19	YOZ 平面选择	G82	移到原点与现位置的一半处
G20	英制	G83	读取坐标值→H***
G21	米制	G84	定义 H 起始地址
G22	软极限开关 ON,未用	G85	读取坐标值→H*** 并 H***+1
G23	软极限开关 OFF,未用	G86	定时加工
G26	图形旋转打开(ON)	G87	退出子程序坐标系
G27	图形旋转关闭(OFF)	G90	绝对坐标指令
G28	尖角圆弧过渡	G91	增量坐标指令
G29	尖角直线过渡	G92	指定坐标原点

1)快速移动、定位指令(G00)

功能:使工具电极以预先设定的快移速度,从当前位置快速移动到程序段指定的目标点。

指令格式:G00 {轴} {数据};

例如:G00 X20.0 Y50.0;

说明:

(1)指令中移动轴用 X、Y、Z、C 指定,其后加数据,表示目标点的坐标值,其值与 G90、G91 的状态有关。可以移动一个轴,也可以移动几个轴,移动的轨迹为移动的起点到目标点的直线。

(2)为了安全地快速移动工具电极,一般在下刀时,先移动 X 轴和 Y 轴,再移动 Z 轴;抬刀时,先移动 Z 轴,再移动 X 轴和 Y 轴。

(3)G00 指令为模态指令,一般用于使工具电极趋近加工点或进行加工后的快速退刀,以缩短加工辅助时间。

2)直线插补指令(G01)

功能:使工具电极从当前位置进行直线插补到达指定的目标点上,在移动的过程中进行放电加工。

指令格式:G01 {轴} {数据};

例如:G01 Z-10.0;

说明:

(1)G01 指令与 G00 指令的格式要求一样,它们都是模态指令,都是通过运动发生了位置的变化,区别在于一个是进行移动,一个是进行加工。

(2)可以在同段中 G01 指令后面指定多个加工轴,来实现复杂形状的加工。

3)圆弧插补指令(G02/G03)

功能:使工具电极在指定平面内进行圆弧插补加工。

指令格式:{平面指定} {G02/G03} {终点坐标} {圆心坐标};

说明:

(1)G02 为顺时针圆弧插补加工,G03 为逆时针圆弧插补加工。G02 与 G03 的判别方法:沿着垂直于圆弧所在平面的轴,从正方向向负方向观察,若圆弧走向为顺时针,则用 G02 指令;若圆弧走向为逆时针,则用 G03 指令,如图 26-5 所示。

(2)终点坐标是指圆弧的终点坐标,用 X、Y、Z 坐标表示。

(3)圆心坐标是指由圆弧的起点向圆弧的圆心作一个矢量,这个矢量在 X 轴上的投影为 I,在 Y 轴上的投影为 J,在 Z 轴上的投影为 K,如图 26-6 所示。注意,圆心坐标带正

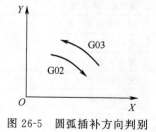

图 26-5 圆弧插补方向判别

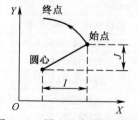

图 26-6 圆心坐标值的确定

负号,当这个分矢量的方向与对应轴的正方向一致时,为正,反之,为负;其值与 G90、G91 指令无关;当 I、J、K 中有一个为零时,可以省略不写,但不能都省略。

(4)圆弧插补指令为模态指令,主要用于圆形平动加工或者多轴轨迹加工。

【例 26-1】 如图 26-7 所示,要求电极沿圆弧轨迹从 A 点运动到 B 点,再运动到 C 点。

绝对坐标编程:G90　G17　G02　X25.0　Y30.0　I-20.0　J0;
　　　　　　　G03　X40.0　Y15.0　I15.0　J0;
增量坐标编程:G91　G17　G02　X20.0　Y20.0　I-20.0　J0;
　　　　　　　G03　X15.0　Y-15.0　I15.0　J0;

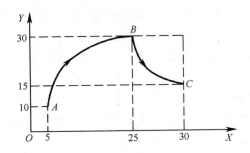

图 26-7　圆弧插补举例

4)暂停指令(G04)

功能:执行完该指令的上一段程序之后,暂停一指定的时间,再执行下一个程序段。

指令格式:G04 X{数据};

说明:

(1)X 后面的数据即为暂停时间,单位为 s,最大值为 99999.999s。如 G04 X60.0;表示暂停 60s 后接着执行下面的程序。

(2)G04 为非模态指令,仅在其自身程序段中有效。

5)抬刀方式指令(G30、G31、G32)

功能:指定加工中工具电极的抬刀方式。

指令格式:①G30{轴向};

　　　　　②G31、G32 单独作为程序段

说明:

(1)G30 为按照指定方向抬刀的方式,指令后面加轴向,它适用于轴向伺服加工,是加工最常用的抬刀方式。如"G30 Z+;",其抬刀方向为 Z 轴的正方向。

(2)G31 为按照加工路径反方向抬刀的方式。它适用于轴向伺服加工及多轴联动加工。G31 指令的最大特点是能实现复杂轨迹的抬刀方式,因此是实现多轴联动加工的技巧之一。

(3)G32 为伺服轴回平动中心点后抬刀的方式。它适用于伺服平动加工、型腔侧壁沟槽的加工等。

(4)抬刀方式指令应编写在程序里加工指令段(含G01指令的段)的前面。当一个程序要用到多种抬刀方式时,应注意抬刀方式方式指令在程序中的位置。不同的加工方式应与正确的抬刀方式相对应。例如,如果在轴向伺服加工时错用了G32指令,电极的加工轴就会往复游动,放电时间很短,抬刀速度很慢,使加工速度变得很慢;而在多轴联动加工中错用了G30指令时,就有可能发生电极碰撞的事故等。

6)坐标系指令(G53~G59)

功能:用来选择工件坐标系。

指令格式:单独作为程序段或与其他指令组合使用。

说明:

(1)G53指令为子程序坐标系,在固化的子程序中,用G53指令进入子程序坐标系;用G87指令退出子程序系,回到原程序所设定的坐标系。

(2)G54~G59指令为数控系统预定的6个工作坐标系。这6个指令均为模态指令,它们可相互注销,其中G54为系统默认的工作坐标系。

7)与H寄存器相关的指令(G83、G84、G85)

(1)G83指令:其是功能把指定轴的当前坐标值读到指定的H寄存器中。

指令格式:G83{轴指定及H寄存器地址};

(2)G84指令:其功能是为G85定义一个H寄存器的起始地址。

指令格式:G84{轴指定及H寄存器起始地址};

(3)G85指令:其功能是把当前坐标值读到由G84指定了起始地址的H寄存器中,同时H寄存器地址加1。

指令格式:G85{轴指定};

例如:G83 X001;表示把当前的X轴坐标值存入H001号寄存器中。

G84 X012;表示给G85指定的起始号寄存器为H012。

G85 Y;表示把当前的Y轴坐标值存入由G84指定的起始号寄存器中,同时H寄存器地址加1。

8)设置当前点坐标值指令(G92)

功能:把当前点的坐标值设置成所需要的值。

指令格式:G92{轴指定}{数值};

说明:

(1)G92指令相当于准备模块里的置零功能,用来赋予当前坐标一个坐标值。

(2)G92只能定义当前点在当前坐标系的坐标值,而不能定义该点在其他坐标系的坐标值。

(3)在补偿方式下,如果遇到G92指令,会暂时中断补偿功能,相当于撤销一次补偿,执行下一段程序时,再重新建立补偿。

(4)G92指令赋予当前坐标系的数值可以是一个H寄存器代号,如G92 X0+H001;因此可以和H寄存器数据配合使用。G92赋予的数值为0时,可以将0省略,如G92 X Y;相当于G92 X0 Y0。

(5)在程序段里指定G92指令时,要注意在不同位置执行程序时对加工位置的影响,否则很容易因没有在指定的位置执行了程序而发生加工错误。

2. M 指令

1)暂停指令(M00)

功能:执行 M00 代码后,程序运行暂停。当按下 Enter 键后,程序接着运行。

指令格式:单独作为程序段

2)程序结束指令(M02)

功能:整个程序结束,其后的代码将不再执行。

指令格式:单独作为程序段或与其他指令组合使用。

3)忽略接触感知指令(M05)

功能:当电极与工件接触时,要用此指令才能把电极移开。

指令格式:M05 G00 {轴} {数据};

说明:

(1)M05 为非模态指令。

(2)通常需要指定 M05 指令的场合:加工完成后电极回退;使用"G80"指令进行定位找到接触点后要移开的情况。

(3)运用 M05 指令时,应特别注意其后移动的轴代号和数值均要正确,否则,可能发生碰撞事故(因此时机床的防止碰撞保护功能不起作用)。

4)与子程序相关的指令(M98、M99)

(1)M98:使子程序进入被调用的子程序。

指令格式:M98 P {子程序号} L {调用次数};

(2)M99:子程序结束,返回主程序继续执行程序。

指令格式:单独作为程序段。

说明:

(1)子程序调用格式中的 P {子程序号} 与子程序 N {子程序号} 中的"子程序号"对应,为一个四位数值,子程序号最大为 9999。

(2)子程序的循环次数由 L {调用次数} 中的数值确定,如果 L {调用次数} 省略,此子程序只被调用一次,当为"L0"时,将不调用此子程序。"L"后最多可跟三位十进制数,也就是说一个子程序一次最多调用 999 次。

3. T 指令

T 指令为一组机械设备控制指令,表示一组机床控制功能。下面介绍数控电火花加工编程要用到的 T 指令。

1)电极号指令(T01~T24)

功能:在机床配有 ATC(电极自动交换装置)时,用于指定电极自动交换。

指令格式:单独作为程序段

说明:T 后面的数字代表电极号,应与电极库中的电极号对应。在使用电极指令时,一定要认真核对、检查,以防发生错误,而造成加工错误。

2)油泵控制指令(T84、T85)

功能:T84 为打开液泵开关;

      T85 为关闭液泵开关。

指令格式:可单独作为程序段或与其他指令组合使用。

4. H 指令

功能：每个 H 指令代表一个具体的数值，用来代替程序中的数值。

指令格式：H{H 寄存器代号}

说明：

(1) H 指令是一种变量，H 寄存器代号为 3 位十进制数，范围从 H000～H999 共 1000 个，每个 H 变量赋值范围为 ±99999.999mm，它存于"offset.sys"文件中，开机自动调入内存。

(2) 可在程序中用赋值语句对 H 指令进行赋值，并且将赋值数据存储在 H 寄存器，可以被引用，并可以作为 ＋、－ 和倍数运算。

对 H 指令进行赋值有两种方法：第一种方法是通过赋值语句 H{H 寄存器代号}＝＊＊＊赋值，如 H001＝52.6；第二种方法是通过"G83"类指令将当前坐标值存储在 H 寄存器，如 G83 X001。

例如：H001＝10.0；

G01 Z0.03＋2H001；(表示 Z 轴直线插补到 0.03mm＋2×10.0mm＝20.03mm 处)

(3) 可以在编程中直接调用存储于 H 寄存器中需要用到的数值，而不需再通过赋值语句 H{H 寄存器代号}＝＊＊＊来赋值。

26.3 任务实施

26.3.1 加工工艺的确定

1. 工艺分析

该零件为在一个正方形板上加工一个 10mm×10mm，深为 10mm 的方孔，零件材料为 45 钢，要求底面和侧面的表面质量均为 $Ra\ 2.0\mu m$，加工时要求电极损耗和加工效率兼顾。型孔较小，精度及质量要求一般。

2. 工件的装夹

采用电磁吸盘装夹工件，用千分表找正工件的位置。

3. 选择加工方法

由于该型孔形状简单，尺寸不大，精度和表面质量要求一般，可采用单电极加工。

4. 选择电极材料

由任务可知，电极采用纯铜做电极。

5. 选择电参数

(1) 确定第一个加工条件：根据型孔的底面积为 $1cm^2$（$10mm×10mm＝100mm^2$）和工艺要求为电极损耗与效率兼顾查表 26-3，得第一个加工条件号为 C128。

(2) 确定最后一个加工条件：根据侧面和底面的表面粗糙度为 $Ra 2.0\mu m$ 查表 26-3，得最后一个加工条件号为 C125。

(3) 确定中间加工条件：全选 C128 至 C125 间的条件号，即加工过程为 C128-C127-C126-C125。

(4) 每个条件底面留量的确定：根据最后一个加工条件之前的底面留量按所选加工条

件的安全间隙 M 的一半留取,最后一个加工条件按本条件的放电间隙的一半留取的算法,查表 26-3 得每个条件号的底面留量,见表 26-6。

表 26-6 加工条件与底面留量

加工条件	C128	C127	C126	C125
确定方法	取 $M/2$ 值			取放电间隙的一半
底面留量/mm	0.14	0.11	0.07	0.0275

6. 选择极性

采用正极性加工,即工具电极接脉冲电源的正极,工件接负极。

26.3.2 参考程序编制

选择工件顶面的中心为工件原点,参考程序见表 26-7。

表 26-7 方孔形工件的加工程序

主 程 序	
程 序	说 明
100.NC	主程序名
G54	建立工件坐标系
T84;	打开油泵
G90;	绝对坐标编程
G30 Z+;	指定沿 Z 轴的正方向进行抬刀
H970=10.0;	把加工深度赋值给 H970 号寄存器
H980=1.0;	把加工开始位置赋值给 H980 号寄存器
G00 X0 Y0;	工具电极在 XOY 平面内快速定位到型孔中心
G00 Z0+H980;	工具电极快速下移到开始放电加工的位置
M98 P1000;	调用子程序 N1000,加工型孔
T85;	关闭油泵
M02;	程序结束
子 程 序	
程 序	说 明
N1000;	子程序名
G00 Z+0.5;	快速定位到 Z 值为 0.5mm 的位置处
C128 OBT000;	选用电规准的标准参数条件号 C128,无平动
G01 Z0.14−H970;	启动加工,0.14 为 C128 条件号的安全间隙值

(续)

子 程 序	
程 序	说 明
C127 OBT000;	
G01 Z+0.11-H970;	
G01 Z+0.0275-H970;	
C126 OBT000;	
G01 Z+0.07-H970;	
C125 OBT000;	
M05 G00 Z0+H980;	忽略接触感知,Z轴快速回退到开始放电的位置
M99;	子程序调用结束

思考题与习题

26-1 简述数控电火花成型加工的工作原理。

26-2 简述数控电火花成型加工主要电参数的选择原则与方法。

26-3 在工件上加工四个型腔,如图 26-8 所示,底面和侧面的表面粗糙度要求为 $Ra1.6\mu m$,工件材料为 45 钢,采用纯铜电极加工,要求加工时损耗、效率兼顾。

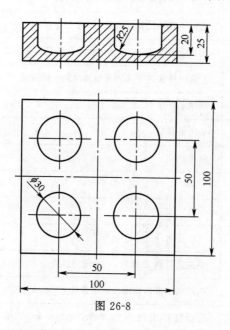

图 26-8

参 考 文 献

[1] 徐东元．数控加工工艺[M]．北京：电子工业出版社，2007．
[2] 赵太平．数控车削编程与加工技术[M]．北京：北京理工大学出版社，2006．
[3] 王爱玲．数控机床加工工艺[M]．北京：机械工业出版社，2006．
[4] 赵长明．数控加工工艺及设备[M]．北京：高等教育出版社，2003．
[5] 关颖．FANUC系统数控车床培训教程[M]．北京：化学工业出版社，2006．
[6] 林岩．数控车工技能实训[M]．北京：化学工业出版社，2007．
[7] 陈海舟．数控铣削加工宏程序及应用实例[M]．北京：机械工业出版社，2006．
[8] 李体仁．数控手工编程技术及实例详解[M]．北京：机械工业出版社，2007．
[9] 杨琳．数控车床加工工艺与编程[M]．北京：中国劳动社会保障出版社，2005．
[10] 徐衡．FANUC系统数控铣床和加工中心培训教程[M]．北京：化学工业出版社，2006．
[11] 赵正文．数控铣床/加工中心加工工艺与编程[M]．北京：中国劳动社会保障出版社，2006．
[12] 冯志刚．数控宏程序编程方法、技巧与实例[M]．北京：机械工业出版社，2007．
[13] 黄应勇．数控机床[M]．北京：北京大学出版社，中国林业出版社，2006．
[14] 刘万菊．数控加工工艺与编程[M]．北京：机械工业出版社，2006．
[15] 杨建明．FANUC系统数控车床培训教程[M]．北京：北京理工大学出版社，2006．
[16] 沈建峰．数控车床技能鉴定考点分析和试题集萃[M]．北京：化学工业出版社，2007．
[17] 周旭．数控机床实用技术[M]．北京：国防工业出版社，2006．
[18] 蔡厚道．数控机床构造[M]．北京：北京理工大学出版社，2007．
[19] 熊光华．数控机床[M]．北京：机械工业出版社，2007．
[20] 杨建明．数控加工工艺与编程[M]．北京：北京理工大学出版社，2006．
[21] 刘晋春．特种加工[M]．北京：机械工业出版社，2000．
[22] 伍端阳．数控电火花加工实用技术[M]．北京：机械工业出版社，2007．
[23] 周湛学．数控电火花加工[M]．北京：化学工业出版社，2006．
[24] 徐宏海．数控机床刀具及其应用[M]．北京：化学工业出版社，2005．
[25] 林岩．数控车工技能实训[M]．北京：化学工业出版社，2007．
[26] 沈建峰．数控加工生产实例[M]．北京：化学工业出版社，2007．